VOCÊ ESTÁ AQUI

CHRISTOPHER POTTER

Você está aqui
Uma história portátil do Universo

Tradução
Claudio Carina

COMPANHIA DAS LETRAS

Copyright © by 2009 by Christopher Potter

Grafia atualizada segundo o Acordo Ortográfico da Língua Portuguesa de 1990, que entrou em vigor no Brasil em 2009.

Título original
You are here — A portable history of the Universe

Revisão técnica
Walter Junqueira Maciel

Capa
Retina_78

Preparação
Leny Cordeiro

Índice remissivo
Luciano Marchiori

Revisão
Valquíria Della Pozza
Marise Leal

Dados Internacionais de Catalogação na Publicação (CIP)
(Câmara Brasileira do Livro, SP, Brasil)

Potter, Christopher
Você está aqui : uma história portátil do Universo / Christopher Potter ; tradução Claudio Carina. — São Paulo : Companhia das Letras, 2010.

Título original: You are here : a portable history of the Universe.
Bibliografia.
ISBN 978-85-359-1669-0

1. Cosmologia 2. Cosmologia – História I. Título.

10-04142   CDD-523.1

Índice para catálogo sistemático:
1. Cosmologia : História   523.1
2. Universo : História   523.1

[2010]
Todos os direitos desta edição reservados à
EDITORA SCHWARCZ LTDA.
Rua Bandeira Paulista, 702, cj. 32
04532-002 — São Paulo — SP
Telefone (11) 3707-3500
Fax (11) 3707-3501
www.companhiadasletras.com.br

Para minha mãe

Sumário

1. Orientação 11
2. 26 graus de separação 25
3. Medida por medida 61
4. Não tem nada a ver com você 79
5. Repetindo os movimentos 103
6. A saída pelo outro lado 124
7. Luz sobre a matéria 139
8. Alguma coisa e nada 180
9. Viva o nascimento das estrelas 204
10. Voltando para casa 225
11. Começando pelo começo 247
12. Dentro e fora da África 290
13. Estamos aí 305

Notas 321
Bibliografia 333
Agradecimentos 339
Índice remissivo 341

Ousarei perturbar o Universo?
T. S. Eliot, "A canção de amor de J. Alfred Prufrock"

1. Orientação

O silêncio eterno desses espaços infinitos me assusta.

Blaise Pascal

Você está aqui, dizem os mapas no parque, na estação do metrô e no shopping center, em geral com uma seta vermelha apontando alguma localidade definida e tranquilizadora. Mas onde exatamente é aqui? As crianças sabem, ou pensam que sabem. Na folha de rosto de um de meus primeiros livros escrevi, como todos fazemos de uma forma ou de outra, meu endereço cósmico completo — Christopher Potter, 225 Rushgreen Road, Lymn, Cheshire, Inglaterra, Reino Unido, Mundo, Sistema Solar, Galáxia — com minha caligrafia infantil ficando cada vez maior, como se eu soubesse que cada parte do endereço era maior e mais importante que a precedente, até que, num floreio final, o auge daqueles destinos fosse alcançado: o próprio Universo, onde se localiza tudo o que existe.

Quando somos crianças, logo percebemos que o Universo deve ser um lugar estranho. Eu costumava ficar acordado à noite tentando imaginar o que existia além da orla do Universo. Se o Universo inclui tudo o que existe, onde ele está incluído? Agora sabemos, nos dizem os cientistas, que o Universo visível é uma região de radiação que evoluiu e que não está incluída em parte alguma. Mas essa descrição levanta perguntas ainda mais perturbadoras que a pergunta que esperávamos fosse respondida em primeiro lugar, e por isso logo colocamos o Universo de volta em sua caixa e tentamos pensar em alguma outra coisa. Não gostamos de pensar sobre o Universo porque temos medo da imensidão de tudo o que existe. O Universo nos reduz a um ponto, tornando difícil fugir da ideia de que tamanho faz diferença. Afinal de contas, quem pode renegar o Universo se ele existe em tão grande extensão? "As aspirações espirituais se sentem ameaçadas de ser engolidas por esse volume insensato numa espécie de pesadelo de falta de sentido", escreveu o acadêmico anglo-germânico Edward Conze (1904-79). "A enorme quantidade de matéria que percebemos à nossa volta, comparada com o pequeno e tremulante lampejo de revelação espiritual que percebemos em nós, parece falar fortemente em favor de uma visão materialista da vida." A gente sabe que vai perder caso resolva contestar o Universo.

Igualmente aterrorizante é a noção de um nada absoluto. Há pouco tempo, cada um de nós era nada, e depois passou a ser alguma coisa. Não surpreende que crianças tenham pesadelos. Essa alguma coisa que é a nossa existência deveria reduzir o nada que precedeu a vida numa impossibilidade, uma vez que nós também sabemos, como afirma o rei Lear, que "nada pode surgir do nada". Mas sempre que se dá a aniquilação e a milagrosa ressurreição do ego, que todos os dias vai dormir para depois acordar, somos lembrados do próprio nada do qual todos surgimos.

E, se alguma coisa existir — como tudo leva a crer —, de onde vem essa alguma coisa? Esses pensamentos coincidem com as primeiras suspeitas que temos de nossa própria mortalidade. A morte e o nada andam de mãos dadas: terrores gêmeos dispostos ao lado do nosso terror do infinito; terrores que passamos o resto da vida suprimindo na forma de nossas personalidades adultas. Os seres humanos estão numa enroscada. Por um lado sabemos que existe alguma coisa, pois todos estamos certos da nossa existência; mas sabemos também que o nada existe, porque temos medo de termos vindo de lá e de para lá estarmos nos dirigindo. Nosso intelecto sabe que o nada da morte é inescapável, mas na verdade não acreditamos nisso. "Somos todos imortais enquanto estivermos vivos", nos lembra o romancista americano John Updike.

"O que acontece quando a gente morre?", pergunta uma criança, uma pergunta que nós, adultos, também deixamos de lado. Nem mesmo uma garota materialista num mundo materialista se daria por satisfeita com uma resposta que se limitasse a descrições da decadência física. Porém, mesmo uma resposta materialista a essa pergunta, e na verdade a qualquer outra pergunta, terminará sempre no mesmo lugar. Qual é o material do mundo e de onde ele vem? Pensar sobre o Universo é fazer de novo as perguntas da infância que não mais fazemos: o que é o tudo? E o que é o nada?

Parece que todas as crianças no início são cientistas, sem medo de seguir uma trilha de questionamentos até a exaustão, mesmo que em geral seja a exaustão dos pais. A curiosidade leva as crianças a perguntar por quê? E por quê? E por quê?, sempre esperando chegar a algum destino final, como o Universo do fim do nosso endereço cósmico, uma resposta final além da qual não existem mais porquês.

"Por que existe alguma coisa em vez de não existir nada?", perguntou o filósofo alemão Gottfried Leibniz (1646-1716), a questão com a qual qualquer descrição do Universo tem que lidar. A ciência tenta responder perguntas "por quê" com respostas "como", invocando a dinâmica das coisas do mundo. Mas respostas "como" convergem também para a mesma pergunta final: em vez de perguntar "*por que* existe alguma coisa em vez de não existir nada?", os cientistas perguntam "como alguma coisa surge do nada?". Para considerarmos o todo do Universo, precisamos também considerar o nada de onde tudo parece ter surgido. Mas como seria o material de que é feito o mundo quando esse mundo era nada, e quais as possíveis ações que poderiam ter transformado o nada em alguma coisa, e essa alguma coisa no todo que chamamos de Universo?

Há centenas de anos, e desde que a palavra passou a significar alguma coisa, a ciência vem sendo um processo evolutivo de investigação do que quer que exista Lá Fora, um lugar de coisas em movimento, e do que achamos que o Universo representa. Então, poderíamos pensar, quem melhor que os cientistas para responder a pergunta: onde — entre o nada e o tudo — estamos nós?

As respostas nem sempre são animadoras:

- "Finalmente o homem sabe que está sozinho na imensidão indiferente do Universo, da qual ele surgiu por mero acaso", escreveu certa vez o biólogo francês Jacques Monod (1910-76), que parece revelar a alegria que deveríamos sentir por afinal descobrir esse fato.
- "A ciência revelou muito sobre o mundo e nosso lugar nele. E de maneira geral essas descobertas nos levam a uma posição de humildade", escreve Nick Bostrom, diretor do Future of Humanity Institute, na Universidade de Oxford. "A Terra não é o centro do Universo. Nossa espécie descende das feras. Somos feitos do mesmo material que o lodo. Somos impulsionados por sinais neurofisiológicos e sujeitos a uma variedade de influências biológi-

cas, psicológicas e sociológicas sobre as quais temos controle limitado e pouco entendimento."

- "Nosso verdadeiro lugar", diz o físico americano Armand Delsemme, "[é de] isolamento, num Universo imenso e misterioso."

Estamos isolados na falta de sentido: não surpreende o fato de que nós, não cientistas, preferimos ficar em casa vendo televisão ou lendo o romance *Middlemarch* ou qualquer outra coisa que costumamos fazer dentro de casa. Se esse é o Universo que a ciência descreve, então sem dúvida não queremos nada com ele. Essa descrição apenas reacende aqueles nauseantes temores existenciais que vimos suprimindo desde a infância. Ou será que esses são os meus medos e não os seus? Tenho amigos que dizem nunca terem pensado sobre o Universo. Mas não consigo deixar de sentir que essa rejeição — do Universo de todas as coisas! — é prova de uma profunda repressão, não de falta de interesse. Afinal, quem quer ser informado de que somos partículas insignificantes num vasto Universo indiferente e sem sentido? E, pensando bem, é difícil culpar a ciência por ter descoberto isso. Essas inflexíveis afirmações científicas parecem impossíveis de serem negadas. Mais fácil, então, não pensar também na ciência, por medo de ficarmos sabendo de algo irrefutável que preferíamos não saber: que não temos livre-arbítrio; que a mente é apenas uma característica do cérebro; que não existem deuses; que a única realidade é a realidade material; que qualquer conhecimento que não seja científico não vale nada, não é conhecimento nenhum.

Às vezes é como se a ciência estivesse nos dizendo que o Universo tem pouco em comum com as experiências subjetivas que nos definem como seres humanos. Parecemos estar em oposição a um Universo que na melhor das hipóteses não se interessa pelas características que nos tornam humanos, que nos fazem pensar — um pensamento que preferíamos não ter — que ser humano é estar irremediavelmente separado da fonte da nossa criação. Não é fácil se sentir em paz no Universo. O matemático inglês Frank Ramsey (1903-30) encontrou uma forma de se acomodar num Universo aceitando sua noção de tamanho:

> Parece que eu discordo de alguns amigos ao dar pouca importância ao tamanho físico. Não me sinto de modo algum humilde diante da vastidão dos céus. As estrelas podem ser grandes, mas não pensam nem amam; e essas características me impressionam muito mais que o tamanho [...] Minha imagem do mundo é em perspectiva [...] O primeiro plano é ocupado pelos seres humanos, e as estrelas são pequenas como moedinhas.

O astrônomo contemporâneo Alan Dressler tem uma estratégia semelhante: "Se conseguíssemos olhar para o Universo com olhos cegos ao poder e ao tamanho, mas atentos à sutileza e à complexidade, nosso mundo brilharia mais que uma galáxia de estrelas".

Desenhar o Universo em escala humana pode nos recordar o mundo retratado em pinturas de antes da descoberta da perspectiva formal, quando uma hierarquia de diferentes tamanhos nos foi imposta. Nas pinturas pré-renascentistas, a hierarquia é baseada na importância espiritual relativa, de forma que a Virgem Maria, digamos, avulta sobre os santos, que por sua vez dominam o doador ajoelhado que encomendou a pintura. Para Ramsey, a espécie humana é a medida do mundo, não um referencial espiritual ou literal. Mas isso não nos ajuda muito se, ao deixar de lado todos os nossos temores e nossa vertigem espiritual, não conseguirmos escapar da noção de que a ciência pode ser tudo o que existe, que todo o Universo pode ser medido e contabilizado. É fácil nos convencermos de que a ciência reduz nossa vida a arquivos e cartões indexados, como um regime totalitário que acredita que seus cidadãos são mais bem subjugados quando reduzidos a estatísticas. Rígidos, autoritários, patriarcais, analíticos, sem conteúdo emocional: são alguns dos adjetivos que poderíamos ser tentados a atribuir aos cientistas e à ciência.

Mas existe outro lado. Há meio século, o astrônomo e físico inglês Fred Hoyle (1915-2001) observou, com uma admitida ponta de exasperação, o curioso fato de que "a maioria dos cientistas afirma descartar a religião, mas na verdade a religião domina mais seus pensamentos que os do clero". Sem dúvida, a maioria dos grandes cientistas do passado eram homens de fé. Uma pesquisa recente revela que cerca de 50% dos cientistas atuais acreditam em alguma forma de um Deus pessoal, enquanto outra pesquisa nos informa que apenas trinta entre cem cientistas acreditam que existem universos paralelos. "Eu gostaria de saber como Deus criou o mundo", afirmou certa vez Einstein.[1] "Não estou interessado nesse ou naquele fenômeno, no aspecto desse ou daquele elemento. Eu gostaria de conhecer os pensamentos Dele. O resto é detalhe."

Até mesmo materialistas linha-dura como o físico teórico inglês Stephen Hawking (1942) e o físico americano Steven Weinberg (1933) borrifam seus escritos com argumentos sobre a possível natureza de um Deus em que não acreditam. Hawking nos diz que podemos na verdade estar perto de conhecer a mente de Deus, enquanto Weinberg, mais imparcial, afirma que "a ciência não torna impossível acreditar em Deus. Simplesmente torna possível não acreditar em Deus".

A ciência é ateísta apenas à medida que deseja explicar a natureza sem apelar para o sobrenatural. Para a ciência, a natureza pode ser misteriosa, mas nunca poderá ser mística. Os *cientistas*, porém, não precisam ser ateus, nem o agnosticismo deve necessariamente descartar a espiritualidade. Os deuses só morrerão se a ciência chegar a explicar alguma coisa. Mas será que a ciência pode explicar tudo? Hawking afirmou que "podemos estar agora perto da conclusão da busca pelas leis definitivas da natureza", mas não está nada claro que isso tenha fundamento. No final do século xix, semelhante declaração foi feita pelo físico americano Albert Michelson (1852-1931): "Parece provável que a maioria dos grandes princípios básicos já foi estabelecida com segurança e que novos avanços devem ser buscados com a rigorosa aplicação desses princípios em todos os fenômenos que chamarem a nossa atenção". Ele não poderia estar mais enganado. Um dos períodos mais férteis da história da ciência estava prestes a começar. Talvez a piada mais fina do Universo seja a de se revelar cada vez mais misterioso à medida que a ciência sistematicamente descobre alguns de seus segredos.

De qualquer forma, já que a ciência nos persuadiu a sermos agnósticos a respeito de quase tudo, talvez agora, num último ato de enfado e ironia, possamos nos mostrar agnósticos a respeito da ciência também. "Seu brado de triunfo por alguma nova descoberta será ecoado por um brado universal de horror", é o que o dramaturgo alemão Bertolt Brecht faz Galileu falar em sua peça *A vida de Galileu*. Qual o custo do conhecimento? Essa é a pergunta que fazemos com insistência cada vez maior enquanto a ciência ao mesmo tempo cria e leva à beira da destruição o mundo em que vivemos. Às vezes a própria certeza da incerteza que a ciência descobriu parece um dogmatismo. Por que temos certeza de que a incerteza que alguns cientistas nos impelem a aceitar não é o que o poeta Keats tinha em mente quando escreveu sobre o "Homem de Realizações [...] capaz de incertezas, Mistérios, dúvidas, sem nenhuma luta impaciente em busca de fato & razão", uma característica que ele chamou de Capacidade Negativa? Pela mesma razão, suponho, me incomoda o otimismo desbragado dos cientistas que nos instam a buscar novos progressos científicos para consertar um mundo danificado.[2] Quanto otimismo desenfreado podemos aguentar em meio ao desenfreado progresso científico?

O método científico, assim como o capitalismo, está sempre em busca de novos territórios para explorar. Marx previu que o capitalismo chegaria ao fim quando não restassem mais mercados. Na nossa era, a emergência de alguns dos maiores mercados da história da civilização adia esse fim para bem além do horizonte. E a ciência chega mesmo a sobrepujar o capitalismo. Começamos a perceber que a Terra pode não durar mais muito tempo, ao menos como lugar pronto para nos hospedar. Mas não há razão para se preocupar, dizem os campeões do materialismo científico, confiem em nós, pois estamos certos (bem, mais ou menos certos) de que, quando conquistarmos o espaço, vamos descobrir muitos outros lugares por aí afora que podemos transformar em lar para nós. E, se não existir, construiremos um novo lar a partir do nada.

Mas, apesar de todos os confiantes planos de sair da Terra e encontrar outros lugares para viver, essas viagens fantásticas são muito especulativas, quase não científicas, dados os limites estabelecidos pela nossa atual compreensão das leis da natureza. Quanto mais soubermos sobre a formação do Universo, talvez percebamos mais razões para estar presos a este local que é o nosso lar. Deixando de lado todas as esperanças da ficção científica, ou de teorias científicas tão especulativas que poderiam muito bem ser ficção, parece mais realista supor que é improvável que viajemos para além do sistema solar, ou nem consigamos chegar tão longe. Faz uma geração que a espécie humana andou sobre a Lua e já começamos a perceber que mesmo esses pequenos saltos astronômicos podem causar consideráveis traumas psicológicos. Não está nada claro no que deveríamos nos transformar — talvez em alguma forma pós-humana feita pelo homem — para conseguir viver em algum outro lugar. Talvez sejamos especificamente adaptados à Terra, e esse conhecimento pode nos forçar a tomar mais cuidado com o nosso planeta. Em 2006, Stephen Hawking escreveu que a grande esperança da espécie humana de sobrevivência no futuro seria abandonar a Terra e procurar um novo mundo. Mas, enquanto isso, pode ser uma boa ideia ter um Plano B.

Eu quero saber o que é esse universo que me atrai e me repele, e que é descrito numa metodologia que também atrai e repele. A ciência me atrai pelo seu poder, sua beleza e mistério, e por seu apelo para viver com incertezas; o que me repele é o seu poder, seu niilismo e suas presunçosas certezas materiais. Talvez esses extremos polares possam ser conciliados se eu começar a entender o que os cientistas estão fazendo quando eles fazem o que fazem.

Na escola, a relação entre ciência e natureza (o Universo como aparece na nossa porta) nunca transpareceu. Nem ao menos sei ao certo se cheguei a estabelecer alguma relação entre o que acontecia no laboratório e o que acontece no mundo natural que se manifesta à nossa volta. Em física, o mundo era simulado com rolimãs e equipamentos elétricos (onde eles estão nas florestas e nas montanhas?); em química, observamos reações entre substâncias químicas que raramente são encontradas ao ar livre; e a biologia, que deveria lidar com o mundo vivo, se ocupava mais em dissecar coisas mortas especialmente para a ocasião. A ciência parecia tratar de como espancar um mundo relutante até uma espécie de submissão. E depois havia a matemática, onde isso se encaixa? Certa vez ouvi alguém declarar que a matemática é a rainha das ciências, mas o que isso significa? Cheguei à conclusão, por alguma razão, que a matemática existia para de alguma forma dar respaldo à ciência, mas ninguém no departamento de matemática — onde os matemáticos eram considerados especiais demais para ter qualquer coisa a ver com o laboratório — revelava o segredo.

Minha experiência com a ciência na escola foi traumática o bastante para fazer que me sentisse excluído, mas não tão traumática a ponto de eliminar meu interesse pelo que faz a ciência. Não é difícil sentir-se excluído da ciência: até mesmo os cientistas têm permissão para se sentir excluídos. Há muito se foram os dias em que "as leis do Universo eram algo com que um homem podia lidar enquanto trabalhava com prazer numa oficina montada atrás dos estábulos".[3] Observatórios lançados em órbita e aceleradores de partículas que custam bilhões de dólares e demoram anos para ser construídos puseram um preço na democracia mais abrangente da ciência.[4] Os matemáticos sempre pertenceram a um clube exclusivo, mas até esse clube está agora dividido em pequenos grupos segmentados. Existem provas matemáticas que levam anos para serem verificadas, e que só são compreendidas por um punhado de matemáticos envolvidos no processo de verificação ou pelos que formularam as provas em sua forma original. Se os próprios cientistas têm o direito de se sentir excluídos, o que nós, pobres espectadores perplexos, podemos fazer a não ser espiar através de um vidro opaco?

Descobri na escola que tinha um modesto talento para matemática. Minha professora de matemática, Miss Church, foi quem me instruiu:[5] ela literalmente trouxe algo à tona, o contrário do processo que força a informação de fora para dentro e às vezes por equívoco é interpretado como educação. Então aquilo era a matemática para mim na universidade, um tema para o qual, logo percebi, eu nunca daria uma contribuição original. Ser bom em matemática é como ser bom como cozinheiro ou ser bom como pianista: um grande fosso separa o amador do profissional. Os verdadeiros talentos começam além do ponto onde os amadores param. Boas refeições podem ser resultado de uma obsessiva dedicação a uma receita, mas de onde saem as novas receitas? Embora em algum momento eu conseguisse reproduzir as equações relativistas de Einstein ou provar o teorema de Gödel a partir do zero, eu tinha pouca noção do que estava fazendo quando reproduzia essas visões profundas sobre a natureza da realidade. Depois de anos de estudo, ainda não conseguia entender o que os cientistas fazem quando fazem o que fazem. Parte do problema é que a maioria dos cientistas se contenta em *fazer* o que faz sem questionar o que fazem exatamente. Eles não estão interessados em enigmas filosóficos para os quais suas prováveis respostas serão, como observou o físico americano Richard Feynman (1918-88): "Cale a boca e faça os cálculos!". Os cientistas são pragmáticos.[6] Se a coisa funciona, as considerações filosóficas se tornam supérfluas. O físico teórico americano Lee Smolin (1955) vai além. Ele declarou que "na ciência nossa meta é um retrato da natureza como ela de fato é, desonerada de qualquer preconceito filosófico ou teológico".[7] Mas como pode a ciência se divorciar da filosofia e da teologia, como se um rio envenenado corresse entre ela e as outras formas de investigação? Ao longo da história, a ciência se desenvolveu a partir da filosofia e da história da criação, e o que a ciência conhece agora é a nossa história da criação *moderna*. É exatamente nesse rio que eu quero estar.

Voltei à universidade para o que acabou sendo um último alento de educação formal: um curso de história e filosofia da ciência, iniciado como doutorado mas logo abreviado para um ano só. Minha lembrança mais forte daquele ano é de uma observação feita pelo chefe do departamento, da qual me lembro em parte porque ele imediatamente a renegou, e em parte porque eu a associo com minha persistente sensação de estar do lado de fora de um mundo que eu queria habitar. Ele refletia como seria ensinar piano sabendo que as únicas variáveis físicas são a velocidade e a força com que as teclas são tocadas. Fazendo uma pequena pausa, ele considerou se não haveria talvez apenas uma variável — só a força —, já que a ação do piano é constante. Meu coração bateu mais forte de interesse. Lá estava uma possível ponte sobre o rio. "Mas estamos nos desviando para a estética", logo concluiu o professor, mudando de assunto. Assim, no final do ano eu peguei meu título de mestre e saí para me aventurar, de maneira não muito sábia, num mundo mais abrangente.

Afinal, acabei me tornando editor, trabalhando com diversos autores, alguns dos quais escreviam sobre ciência e outros sobre as vicissitudes do coração humano. E durante muito tempo me senti mais ou menos feliz por ter encontrado uma acomodação entre os dois mundos.

Como muitos que começaram a escrever tarde, foi preciso uma crise[8] para eu chegar até aqui. Percebi que poderia continuar procurando alguém que escrevesse o livro que eu gostaria de ler, ou eu mesmo poderia escrevê-lo. O fato de ser um excluído talvez até me desse alguma vantagem.

Será possível para um leigo encontrar um caminho pelo Universo que a ciência descreve? Espero que sim. Não nos sentimos assim tão excluídos de nenhuma outra busca pela verdade empreendida pela espécie humana. Podemos ou não compreender algumas manifestações da arte contemporânea, mas ao menos nos sentimos com direito a uma opinião. "Eu poderia fazer isso em casa" não pode jamais ser uma resposta para a última teoria científica, mas talvez possamos nos sentir mais inclinados a arriscar uma opinião sobre, digamos, o Grande Acelerador de Hádrons se soubermos um pouco sobre o que é um acelerador de partículas e até onde pode chegar. Em vista de seu custo, podemos até ter direito a uma opinião, não apenas quanto a dinheiro mas em termos da nossa atual descrição física da realidade. Claro que existem locais onde encontrar essas informações — revistas especializadas e páginas específicas de alguns jornais —, mas mesmo nesses casos minha leitora imaginária se sente excluída. Ela gostaria de fazer um passeio pelo Universo, mas não sabe por onde começar a jornada, muito menos aonde esta pode chegar. Ela não tem os benefícios nem mesmo da minha limitada formação científica, mas partilha meu desejo de saber o que a ciência faz e se sente atraída, assim como eu, pelo que a ciência tem para nos dizer sobre o mundo lá fora, não importa quanto esse conhecimento possa ser doloroso. Os cientistas têm tido a coragem de se aventurar pelo Universo há séculos, armados apenas com um relógio e uma régua. Talvez seja por isso que a loucura é uma característica associada a esses destemidos aventureiros. Com essas varinhas de condão nas mãos, podemos seguir, não cautelosamente demais, mas com cautela suficiente para evitar a loucura e com bastante confiança para corresponder à máxima de T. S. Elliot: "Só os que se arriscam a ir longe demais conseguem descobrir até onde podem ir".

2. 26 graus de separação

O homem é a medida de todas as coisas: das coisas que são,
que eles são, e das coisas que não são, que eles não são.

Protágoras

Se quisermos descobrir nossa localização no Universo, precisaremos saber o que são as coisas no Universo, e onde estão. Os cientistas medem as coisas em metros, por isso vamos começar com uma fita métrica. Vamos ver o que conseguimos encontrar, e, mesmo que nos espantemos com o tamanho do Universo, ao menos será possível descobrir onde começa esse enjoo.

Seria um longo processo medirmos o Universo metro a metro. Esse cuidado logo se transformaria em tédio. Podemos acelerar o ritmo dessa exploração se nos permitirmos aumentar dez vezes cada passo — o que os cientistas chamam de uma ordem de magnitude. Todos os objetos com tamanho entre 1 e 10 metros de comprimento se encaixam em uma ordem de magnitude, que é o nosso primeiro passo. O passo seguinte da nossa caminhada pelo Universo medirá as coisas com 10 a 100 metros de comprimento, e assim por diante. Partindo daqui de onde moramos, podemos buscar partes daquele endereço que procurávamos quando crianças, quando mal tínhamos a altura da nossa fita métrica.

1 – 10 METROS (10^0 – 10^1 METROS)

Existe pouca variação de altura entre a maioria dos seres humanos. John Keats media 1,54 metro. O almirante e lorde Nelson e Marilyn Monroe tinham 1,65 metro. Stephen King tem, e Oscar Wilde tinha, 1,90 metro. Nos séculos XVIII e XIX os europeus e os americanos eram os povos mais altos do mundo, na média. Hoje em dia os povos mais altos se encontram na Herzegóvina e em Montenegro, onde a altura média dos homens é de 1,86 metro. Logo abaixo vêm os holandeses, com 1,85 metro. No final do século XIX os holandeses eram considerados um povo baixo. Nos últimos 2000 anos os londrinos mais baixos viveram na era vitoriana. Antes do século XX, os londrinos mais baixos viveram no tempo dos saxões.

O gigantismo e o nanismo podem produzir variações de altura extremas, de cerca de 20% na média. O ser humano mais alto que conhecemos foi o americano Robert Wadlow (1918-40), com 2,72 metros.

Boa parte da nossa vida cotidiana nos põe em contato com objetos que medem entre 1 e 10 metros. Quase todos os maiores animais terrestres estão nessa faixa. As girafas adultas são os animais terrestres mais altos, alcançando em geral alturas que variam entre 4,8 e 5,5 metros. A mais alta girafa conhecida tinha 5,87 metros.

10 – 100 METROS (10¹ – 10² METROS)

No entanto, o mais *longo* animal terrestre existente é a píton. O espécime mais longo foi capturado na Indonésia em 1912 e media 10,91 metros. Mas as baleias podem chegar a 30 metros de comprimento, se conseguirem viver o suficiente. A maioria não vive tanto por causa da caça, e a população atual do mundo já encolheu de 200 mil para 10 mil. O mais longo animal existente é um nemérteo chamado *Lineus longissimus*, também conhecido como verme-fita. Um espécime encontrado em St. Andrews, na costa da Escócia, tinha cerca de 55 metros de comprimento. Os animais terrestres eram maiores no passado. Até pouco tempo atrás, pensava-se que o *Tyrannosaurus rex* era o maior dinossauro carnívoro. Um espécime chamado de Sue (ou, mais formalmente, FMNH PR2081) é o maior exemplo de *T. rex* encontrado até agora, com 12,8 metros de comprimento e pesando de 6 a 8 toneladas métricas.[1] Calcula-se que tenha vivido há 67 milhões de anos. Fósseis de *Gigantosaurus*, outra espécie de dinossauro carnívoro, foram encontrados na Argentina em 1993. O maior espécime encontrado até agora tem 13,2 metros de comprimento. Alguns afirmam que o *Spinosaurus* foi o maior de todos, atingindo de 16 a 18 metros de comprimento, mas o espécime original, encontrado no Egito em 1910, foi destruído na Segunda Guerra Mundial, e desde então apenas um outro crânio foi descoberto.

Podemos supor ainda que os indícios fósseis de que dispomos são apenas de algumas entre as muitas espécies de dinossauros que já existiram. Além disso, mesmo esses poucos indícios que conhecemos até agora em geral se baseiam em um número reduzido de ossos. Existe um esqueleto de *Brachisaurus brancai* (vulgo *Giraffatitan*) surpreendentemente completo, tendo sido montado a partir de muitos achados separados. O espécime tem 12 metros de altura e 22,5 metros de comprimento, talvez pesasse cerca de

60 toneladas métricas e teria vivido há cerca de 140 milhões de anos. Desde os anos 70 foram encontrados outros dinossauros herbívoros, mas suas dimensões são baseadas em esqueletos incompletos, às vezes muito incompletos. Considera-se que o maior e o mais alto de todos os dinossauros tenha sido o *Amphicoelias iragillimus*, com 58 metros e 122 toneladas métricas, mas, como esse dinossauro foi reconstruído a partir do desenho de uma única vértebra (o osso em si foi perdido), a estimativa de seu tamanho é uma especulação, para dizer o mínimo.

A coluna de Nelson (incluindo a estátua de 5,5 metros) tem cerca de 52 metros de altura. Até 2006 se dizia que a coluna tinha 56,4 metros de altura. Ninguém tinha pensado em conferir suas medidas.

100 – 1000 METROS (10^2 – 10^3 METROS)

No início dessa faixa está a árvore mais alta encontrada até agora: uma sequoia medindo 112,51 metros, descoberta em 2006. Algumas palmeiras juncáceas (do gênero *Daemonorops*) crescem como trepadeiras e podem chegar a 200 metros de altura.

As crianças gostam de ficar no alto das coisas e observar o mundo. Os adultos já controlaram essa paixão. Ao longo da história, a espécie humana vem construindo os edifícios mais altos de que são capazes. Durante um breve período por volta de 2600 a.C., a pirâmide de Seneferu no Egito era a mais alta estrutura construída pelo homem. É considerada o primeiro exemplo de pirâmide com superfícies lisas. Outra pirâmide egípcia, a grande pirâmide de Gizé, construída por volta de 2570 a.C., tem 146 metros de altura e foi estrutura mais alta do mundo até a conclusão da catedral de Lincoln, com 160 metros. Durante vários séculos as catedrais competiram entre si por esse recorde. A catedral de Colônia (construída entre 1248 e 1880) foi a edificação mais alta do mundo entre 1880 e 1884. Pelos cinco anos seguintes, o monumento de Washington levou o prêmio, com 169 metros, até 1889, ano em que foi concluída a torre Eiffel, com seus 300,65 metros até o alto, ou 312,27 metros se for incluído o mastro da bandeira.

Se fizermos uma distinção entre edifícios e torres, o Trump Building, localizado no número 40 da Wall Street, em Nova York, foi por um breve período o edifício mais alto do mundo, com 282,5 metros. Construído em onze meses, foi ultrapassado em altura pelo Chrysler Building antes da inauguração das duas construções. Um pináculo erguido em segredo ajudou o Chrysler Building a elevar sua altura para 319 metros no dia 23 de outubro de 1929. O sonho do fabricante de automóveis americano Walter Chrysler (1875-1940) de ser o proprietário da edificação mais alta do mundo não durou muito mais que um ano. O Empire State Building ganhou o título quando foi concluído em 1931, com seus 381 metros de altura.

Hoje, a maior estrutura do mundo é o edifício Burj Dubai, em Dubai. O título foi requisitado em 12 de setembro de 2007, quando o edifício chegou a 555,3 metros, superando em dois metros a altura da CN Tower em Toronto. Quando for concluído, em 2009, o Burj Dubai pretende ter mais de 818 metros de altura.

1 − 10 QUILÔMETROS (10^3 − 10^4 METROS)

Em um território montanhoso o horizonte se situa a poucos quilômetros de distância.[2] O horizonte estabelece um limite para o alcance dos nossos olhos na superfície da Terra, da mesma forma que o alcance do braço ou de um passo estabelece um limite para a movimentação de um corpo físico no espaço.

Olhando através de uma planície, ou pelo nível do mar, e supondo que não sejamos muito altos, a maior distância absoluta que enxergamos no horizonte (uma consequência de vivermos num globo deste tamanho) é de cerca de 5 quilômetros. Claro que podemos enxergar mais longe se houver uma perspectiva de montanhas distantes. A maior montanha é o Everest, com 8 848 metros.

A mina mais profunda, uma mina de ouro na África do Sul chamada TauTona (que significa "grande leão"), tem 3,6 quilômetros de profundidade.

No fundo dos oceanos, a crosta terrestre tem entre 5 e 7 quilômetros de espessura.

10 – 100 QUILÔMETROS (10^4 – 10^5 METROS)

Embora o edifício mais alto do mundo tenha menos de 1 quilômetro de altura, o limite teórico para um prédio construído com os materiais atuais é de 18 quilômetros.

O ponto mais profundo do oceano Pacífico fica a 11 034 quilômetros abaixo do nível do mar, fazendo que os oceanos mais profundos sejam mais fundos que a altura das montanhas.

Muitas crianças começam a cavar a terra na esperança de chegar ao outro lado do planeta. Um projeto adulto de perfurar a terra até o ponto mais profundo possível começou em 24 de maio na península de Kola, na Rússia, perto da fronteira com a Noruega. Entre as diversas perfurações, a mais profunda foi feita em 1989. Ela foi interrompida em 1992, quando ficou claro que as temperaturas subterrâneas de 300 graus Celsius derretiam as brocas. A mais profunda dessas perfurações é a mais profunda que a humanidade já conseguiu fazer, chegando a 12 262 quilômetros.

Debaixo dos continentes, a crosta terrestre tem em média 34 quilômetros de espessura, e até 80 ou 90 quilômetros em algumas partes.

As nuvens mais altas (conhecidas como nuvens noctilúcias) são azuis e prateadas e em geral se formam nos meses de verão cerca de 80 quilômetros acima dos polos, embora nos últimos anos elas tenham aumentado em número e tenham sido vistas tão ao sul quanto o Estado de Utah, nos Estados Unidos.

Nos Estados Unidos, um astronauta é qualquer um que tenha estado a mais de 80,5 quilômetros acima da superfície da Terra.

A atmosfera da Terra não tem fronteira. Apenas vai ficando menos densa, infinitamente. Três quartos da massa da atmosfera, porém, se mantêm a até 11 quilômetros da superfície da Terra. Por razões práticas, a orla da atmosfera é definida pela linha de Kármán, assim chamada em homenagem ao engenheiro americano nascido na Hungria Theodore von Kármán (1881-1963), que descobriu que, à altura dos 100 quilômetros, se torna difícil conseguir um empuxo aerodinâmico.

Quando a Terra atravessa uma área de poeira e pequenas rochas — geralmente detritos deixados por algum cometa que tenha passado perto do Sol —, parte desse material pode entrar na atmosfera superior do planeta. A fricção causada pelo impacto é o que vemos como estrelas cadentes. A chuva de meteoros das Perseidas, também conhecida como lágrimas de São Lourenço, é observada no hemisfério Norte todo mês de agosto há 2000 anos. Todos os anos, centenas de toneladas de partículas de poeira fina flutuam do espaço cósmico em direção à superfície da Terra. Porções maiores de matéria que chegam ao planeta são chamadas de meteoritos.

100 – 1000 QUILÔMETROS (10^5 – 10^6 METROS)

Os satélites militares que orbitam a Terra a 500 quilômetros de altitude podem captar objetos de 20 centímetros de comprimento no solo.

O telescópio Hubble foi lançado em 1990 numa órbita a 600 quilômetros da Terra. No início, a eficácia do telescópio foi comprometida quando se descobriu que o espelho principal havia sido montado de forma incorreta. Uma notável correção feita no espaço em 1993 restaurou a capacidade original do telescópio. De um dia para o outro, a informação captada por esse telescópio dobrou o número de estrelas estimado na nossa galáxia, a Via Láctea. Diversos satélites que estavam com os dias contados foram explodidos. Em 11 de janeiro de 2007, a China explodiu seu satélite meteorológico Fengyun 1C em 2,4 mil pedaços maiores que uma laranja. Calcula-se que existam pelo menos 18,5 mil pedaços de detritos feitos pelo homem com mais de 10 centímetros de tamanho e 600 mil pedaços com mais de 1 centímetro orbitando a Terra a menos de 1000 quilômetros.

Existem atualmente 417 satélites em órbita da Terra em altitudes que variam de 160 a 2000 quilômetros, superando essa ordem de magnitude e a seguinte. Os satélites nessas órbitas são chamados de satélites de órbita terrestre baixa (Low Earth Orbit, ou LEO). A Estação Espacial Internacional (ISS, na sigla em inglês), em fase de montagen, circula 15,77 vezes por dia numa LEO entre 319,6 e 346,9 quilômetros acima da Terra. A ISS pode ser vista da Terra a olho nu.

Em 1948, Fred Hoyle previu que a primeira fotografia da Terra vista do espaço seria "uma nova ideia mais poderosa que qualquer outra na história". A primeira dessas imagens foi obtida pela Apollo 8 em dezembro de 1968, numa órbita entre 181,5 e 191,3 quilômetros. Essa foto, chamada *Earthrise* [Nascimento da Terra], é considerada um marco impactante na filosofia do ambientalismo, um movimento que decolou nos anos 70. Uma transmissão televisiva feita da Apollo 8 na véspera de Natal, mostrando a tripulação lendo o Livro do Gênesis, foi o programa de TV mais assistido da história na época.

1000 – 10 MIL QUILÔMETROS (10^6 – 10^7 METROS)

Existem atualmente 47 satélites construídos pelo homem orbitando a Terra entre 2000 e 35,8 mil quilômetros acima da superfície, isto é, superando essa ordem de magnitude e a seguinte. São chamados satélites de órbita terrestre média (Medium Earth Orbit, ou MEO). O MEO mais famoso é o satélite Telstar, lançado em 1962. Foi o primeiro satélite de comunicações. Sua primeira transmissão deveria ter sido uma mensagem televisionada do presidente Kennedy, mas, como ele não estava preparado, a primeira transmissão acabou sendo parte de um jogo de beisebol entre o Philadelphia Phillies e o Chicago Cubs. O Telstar 1 cessou suas transmissões em 1963, mas continua em órbita.

A Grande Muralha da China tem cerca de 4000 quilômetros de extensão. A distância entre a superfície da Terra o centro do planeta é de 6370 quilômetros. O rio mais longo da Terra é o Nilo, que percorre 6695 quilômetros.

10 MIL – 100 MIL QUILÔMETROS (10^7 – 10^8 METROS)

Outra consequência de viver num globo desse tamanho é que nunca estamos a mais de 19 mil quilômetros de casa. Não podemos jamais estar mais longe de casa sem andar em círculos ou retornar por outro caminho.

A fotografia da Terra chamada *Blue marble* [Bola de gude azul] foi tirada de uma altura de 28 mil quilômetros pela Apollo 17 em 1972, outra foto que disseminou o movimento ambientalista. Existem no momento 351 satélites feitos pelo homem em órbita acima de 35 786 quilômetros. Esses satélites são chamados de satélites de órbita terrestre alta (High Earth Orbit, ou HEO).

100 MIL – 1 MILHÃO DE QUILÔMETROS (10^8 – 10^9 METROS)

O Vela 1A é um exemplo de satélite HEO. Projetado para detectar explosões nucleares do espaço, foi lançado em 1963, três dias depois da assinatura do Tratado de Proibição de Testes Nucleares. Sua órbita se situa a pouco mais de 100 mil quilômetros acima da Terra.

Agora não há alternativa a não ser deixar a Terra para trás para prosseguir com essa pequena obsessão com as exatas diferenças de tamanho das coisas terrestres. Chegou a hora de ir além da atmosfera, além dos satélites feitos pelo homem, e olhar através do espaço para o primeiro objeto mais próximo de dimensões consideráveis.

A Lua, o satélite natural da Terra, fica a uma média de 384 399 quilômetros de distância. No seu apogeu chega a 405 696 quilômetros da Terra, e a 363 104 quilômetros em seu ponto mais próximo. A Lua é iluminada pelo Sol, como tudo o mais no sistema solar. O Sol é uma estrela, e só as estrelas brilham. A Lua parece ser o objeto mais luminoso depois do Sol, mas o que vemos (e chamamos de luar) não passa da luz do Sol refletida. A Lua nos parece o objeto mais brilhante no céu noturno. Mas, mesmo durante a lua cheia, o luar é 500 mil vezes menos intenso que a luz do Sol: fraco demais para mostrar as cores do mundo. Em noites claras, quando a Lua aparece prateada no céu, é possível ver a luz do Sol que ilumina a Terra refletida na Lua. Nessas noites, além do brilho prateado, pode-se avistar uma impressão difusa da Lua inteira. O brilho prateado é a Lua iluminada pelo Sol, e a parte difusa é a Lua iluminada pela luz da Terra. Leonardo da Vinci (1452--1519) foi o primeiro a registrar esse fenômeno corretamente.

1 – 10 MILHÕES DE QUILÔMETROS (10^9 – 10^{10} METROS)

Existe uma boa razão para o espaço ser chamado de espaço. Seria preciso muito esforço para encontrar algum objeto sólido de bom tamanho nessa região, com exceção de algum meteorito ou um asteroide errante. No entanto, o espaço nunca está vazio. Átomos e radiação estão em toda parte.

10 – 100 MILHÕES DE QUILÔMETROS (10^{10} – 10^{11} METROS)

Depois da Lua, Vênus é o objeto mais próximo de grandes dimensões que encontraríamos na nossa saída da Terra. Em sua maior aproximação, Vênus está a 40 milhões de quilômetros de distância. É o segundo objeto mais brilhante no céu noturno.

100 – 1000 MILHÕES DE QUILÔMETROS (10^{11} – 10^{12} METROS)

O Sol se situa, em média, a 150 milhões de quilômetros de distância. A distância média do Sol à Terra é chamada de unidade astronômica (UA), uma conveniente unidade de medida que os astrônomos usam para navegar pelo sistema solar e por suas imediações.

O Sol abriga mais de 99,9% de toda a matéria do sistema solar, e por isso a influência gravitacional que os planetas exercem sobre o Sol é insignificante se comparada com o efeito gravitacional que o Sol exerce sobre os planetas. Tendemos a dizer que os planetas orbitam o Sol, mas seria mais exato dizer que orbitam um centro gravitacional comum. Dada a gigantesca massa do Sol, o centro gravitacional está mesmo muito próximo de ser o centro do próprio Sol.

Embora tenhamos passado pela órbita de Vênus quando demos nosso passo anterior pelo espaço, sua órbita alcança também essa região mais distante. Na média, Vênus está a pouco mais de 100 milhões de quilômetros de distância. Marte e Mercúrio passam também pela zona anterior e por esta, dependendo do lado do Sol que eles estão em comparação com a Terra.

Aqui podemos fazer uma pausa e nos perguntar se faz realmente sentido medir a distância de objetos distantes da Terra. O Sol se apresenta como o centro físico do sistema solar pelo simples fato de abrigar quase toda a massa do sistema. No todo, o Sol não é muito denso — sua densidade média é uma vez e meia a da água. Isso que significa que, dada sua grande massa, o Sol é também grande (cerca de 1,4 milhão de quilômetros de diâmetro).

Poderíamos continuar a medir o Universo a partir da Terra, mas já dá para perceber que seria um trabalho complicado. Acontece que o Universo é um lugar onde as coisas estão em movimento, e quando observamos essas coisas em movimento fica claro que os planetas estão submetidos ao Sol. Sob o ponto de vista de massa e movimento, vemos Mercúrio percorrer a órbita mais próxima em torno do Sol, seguido por Vênus, pelo terceiro planeta, que é a Terra, e depois Marte. Essa coletividade compõe os planetas terrestres. Com o Sol como centro físico do sistema solar, fica clara a relação entre os diversos corpos que compõem esse sistema.

O cinturão de asteroides é um monte de lixo rochoso que sobrou da época em que os planetas terrestres se formaram. Separa os planetas que apresentam uma superfície visível dos planetas gasosos e ocupa uma região que se estende de 270 milhões a 675 milhões de quilômetros de distância do Sol (ou de 1,8 a 4,5 UA). O tamanho dos asteroides varia de um grão de poeira ao pequeno planeta Ceres, com 950 quilômetros de diâmetro. Existem três outros grandes pedregulhos, cada um com 400 quilômetros de diâmetro, e esses quatro corpos juntos formam a maior parte da massa do cinturão. O telescópio Sloan Digital Sky Survey, que começou a observar os céus no ano 2000, até agora detectou 600 mil asteroides. Calcula-se que terá fotografado 1 milhão de asteroides até 2017.

Ocasionalmente, a órbita de alguns asteroides passa pelo caminho orbital da Terra, às vezes no mesmo momento. Na média, colisões com asteroides de 5 quilômetros de diâmetro acontecem a cada 10 milhões de anos, com asteroides de 1 quilômetro de diâmetro a cada milhão de anos, e com os de 50 metros de diâmetro mais ou menos a cada mil anos. Um asteroide que tenha entre 5 e 10 metros de diâmetro explode na atmosfera superior a cada ano com força equivalente à da bomba atômica lançada em Hiroxima. Um asteroide de 50 metros de diâmetro (talvez maior) explodiu sobre o vale do rio Tungaska, na Sibéria, em 1908 e destruiu 2000 quilômetros quadrados de floresta. O asteroide Asclepius 4581, com 300 metros de diâmetro, errou o alvo da Terra por 700 mil quilômetros em 23 de março de 1989, o que significa ter passado exatamente onde a Terra estava seis horas antes. Se tivesse acertado, estima-se que a explosão teria tido o poder de uma bomba do tamanho da de Hiroxima detonada a cada segundo durante cinquenta dias. Em geral essas passagens de raspão só são percebidas depois do evento. Até agora já foram detectados oitocentos asteroides potencialmente perigosos (*potentially hazardous asteroids*, ou PHA). Acredita-se que existam outros duzentos. Por determinação do Congresso dos Estados Unidos, a NASA está catalogando todos os objetos próximos da Terra com mais de 1 quilômetro de diâmetro (qualquer objeto que passe pela órbita da Terra, não apenas asteroides). O asteroide 1940DA, com 1 quilômetro de diâmetro, pode colidir com a Terra no dia 16 de março de 2880. O primeiro planeta gasoso que encontramos é também o maior. Júpiter tem mais que o dobro da massa de todos os outros planetas juntos. Na média, está a pouco mais de 778 milhões de quilômetros do Sol (ou cerca de 5 UA). Júpiter aparece para nós como o corpo mais brilhante no céu noturno depois da Lua e de Vênus.

1 – 10 BILHÕES DE QUILÔMETROS (10^{12} – 10^{13} METROS)

Saturno é o sexto planeta mais afastado do Sol e o segundo maior depois de Júpiter. Na média, está a pouco mais de 1,4 bilhão[3] de quilômetros de distância do Sol. Nossa posição no espaço é tão distante que as medições estão na mesma ordem de grandeza se as calcularmos a partir da Terra ou do Sol. A partir da Terra, Júpiter está em média a pouco menos de 1,3 bilhão de quilômetros de distância.

Urano é o sétimo planeta mais distante, a 2,8 bilhões de quilômetros de distância. É o terceiro maior planeta em tamanho e o quarto maior em massa. Urano é também o primeiro planeta descoberto nos tempos modernos. Em 13 de março de 1781, o astrônomo inglês nascido na Alemanha William Herschel (1738-1822) percebeu que o que até então havia sido identificado como estrela deveria ser outro tipo de corpo celeste. A princípio pensou tratar-se de um cometa, mas em 1783 ficou claro que havia descoberto um novo planeta. O sistema solar se expandia pela primeira vez na era moderna. Por sua descoberta, Herschel ganhou do rei Jorge III uma pensão anual de duzentas libras.

Netuno é o oitavo planeta a partir do Sol, o quarto maior em tamanho e o terceiro maior em massa. Está a cerca de 4,5 bilhões de quilômetros de distância.

Nós só conseguimos ver porque a luz do Sol se reflete nas coisas, mas também conseguimos "ver" observando a influência gravitacional de um corpo sobre outro. Nas primeiras décadas do século XIX foi notado que a órbita de Urano era tão irregular que indicava a presença de um corpo maciço até então não detectado. Foi essa previsão que levou à descoberta de Netuno. É comum a ciência trabalhar desta forma: a previsão de que alguma entidade deve existir mostra para onde os cientistas devem olhar. Se a previsão for verdadeira, os cientistas têm uma chance melhor de trazer a entidade à luz do dia.

O fato de a luz e a gravidade serem as duas formas de encontrar o que existe lá fora pode sugerir que haja uma relação entre elas. Descobrir a natureza dessa relação é a história da física moderna e o tema deste livro.

Urano e Netuno se diferenciam dos outros planetas gasosos por terem uma maior proporção de gelo (faz frio lá), e por essa razão são conhecidos como gigantes gelados.

Todos os objetos no sistema solar situados além da órbita de Netuno são chamados objetos transnetunianos.

Plutão, antes considerado o menor planeta do sistema solar, agora é definido como planeta anão. Plutão tem órbita excêntrica que o leva mais perto do Sol que Netuno, mas também muito além da órbita máxima de Netuno. Descoberto em 1930, Plutão deixou de ser um planeta em agosto de 2006, quando foi rebaixado a planeta anão[4] e recebeu o número 134 340. É o equivalente astronômico, não se pode deixar de pensar, de ser mandado de volta para o fundo da sala de aula. Quando este livro estava sendo escrito, o verbete Plutão na enciclopédia on-line Wikipedia estava bloqueado por causa de vandalismos. Parece ter havido tentativas de recuperar seu status planetário. O status de Plutão foi detonado pela descoberta de Eris, outro planeta anão e objeto transnetuniano. Descoberto em 2005, é maior que Plutão tanto em diâmetro como em massa. Desde 11 de junho de 2008, Plutão, Eris e outros planetas anões transnetunianos passaram a ser chamados de plutoides. Até agora, Makemake é o único outro planeta anão considerado plutoide; mas existem ao menos outros 41 objetos transnetunianos que podem vir a ser promovidos. Makemake foi descoberto em 2005 e tem um diâmetro equivalente a três quartos do de Plutão.

Diversos objetos transnetunianos se localizam numa região chamada cinturão de Kuiper, que se estende até 7,5 bilhões de quilômetros (ou 50 UA) para além de Netuno. O cinturão de Kuiper abriga cerca de 35 mil pequenos corpos do sistema solar com mais de 100 quilômetros de diâmetro. Todos os cometas com órbitas de curto período moram ali, o que significa que esses cometas retornam para novas visitas a períodos relativamente curtos. O Halley é um cometa de curto período que retorna a cada 75 ou 76 anos. Cometas são feitos de pó e gelo. Alguns, como o Halley, têm órbitas excêntricas que os aproximam do Sol. Nesses períodos, emergindo das profundezas geladas do sistema solar, parte do gelo é derretida pelo calor do Sol e vista da Terra como uma cauda. Embora chamemos de cauda, a "cauda" de um cometa é um vapor expelido por um fluxo de partículas que emanam do Sol chamadas de vento solar. Por isso está sempre apontada para o lado oposto do Sol, quer o cometa esteja se aproximando ou se afastando do Sol. O cometa Halley se situa a 35 UA do Sol no ponto mais distante de sua órbita excêntrica, e a apenas 0,6 UA no seu ponto mais próximo.

Imagina-se que os objetos do cinturão de Kuiper tenham permanecido inalterados desde os primeiros dias de vida do sistema solar, tornando esses cometas valiosos objetos de investigação. O Wild 2, um cometa visitado há pouco tempo por uma sonda da NASA, tem origem no cinturão de Kuiper, mas deslocou-se para uma órbita mais próxima devido à gravidade de algum corpo maior numa época em que o sistema solar era mais jovem e mais volátil, o que o torna particularmente interessante, uma vez que agora está próximo o suficiente para ser visitado e analisado. Sua composição tem muito a nos dizer sobre o estado inicial do sistema solar.

10 – 100 BILHÕES DE QUILÔMETROS (10^{13} – 10^{14} METROS)

A jornada para além do cinturão de Kuiper nos leva a outra região destituída de grandes objetos físicos. Descoberto em novembro de 2003 e três vezes mais distante que Plutão, encontramos o minúsculo Sedna (com cerca de dois terços do tamanho de Plutão), que pode ter se originado no cinturão de Kuiper ou, por sua órbita ser tão elíptica, da nuvem de Oort (um lugar aonde ainda não chegamos). Sedna está a 13,5 bilhões de quilômetros de distância e é o objeto mais distante já observado no sistema solar. Dada sua distância do Sol, não surpreende que seja também o objeto mais frio do sistema solar, com uma temperatura de -240º C. Sedna, batizado com o nome da deusa do mar dos esquimós, que vive nas profundezas do oceano Ártico, está no momento a 70 anos de sua maior aproximação da Terra em sua órbita de 11 487 anos.

O vento solar afasta o gás interestelar (hidrogênio e hélio restantes dos primeiros dias de vida do Universo), formando uma enorme bolha com um raio maior que a distância até Sedna. Essa bolha às vezes é definida como os limites do sistema solar. A orla mais externa, onde os ventos não são fortes o bastante para afastar o gás, é uma região turbulenta chamada de heliopausa (numa referência a Hélio, o deus grego do sol).

O objeto mais distante e com maior velocidade construído pelo homem no Universo está agora se aproximando dessa região turbulenta. A sonda espacial de 722 quilogramas chamada Voyager 1 começou a se afastar do sistema solar em 2004. Encontra-se um pouco além de Sedna, a 14,4 bilhões de quilômetros de distância, embora esse "pouco" seja relativo. A Voyager 1 saiu da Terra em 1977 para visitar Júpiter e Saturno.

100 — 1000 BILHÕES DE QUILÔMETROS (10^{14} — 10^{15} METROS)

Passamos agora para uma região onde parecem faltar grandes objetos; se não estiver vazia, todo objeto que esteja aqui ainda não foi visto. O Sol é apenas uma lâmpada no sistema solar. Só o que estiver dentro do seu círculo de luz é iluminado. Para encontrar outras fontes de luz, precisamos continuar nos afastando em direção a outras estrelas. O Sol é o nome específico que damos à nossa estrela local, que é apenas uma entre muitas estrelas, esses corpos que brilham no Universo.

Podemos ver outros sóis (e agrupamentos de sóis chamados galáxias) com mais nitidez do que conseguimos ver a orla do nosso sistema solar. Sob alguns aspectos, sabemos menos sobre o nosso sistema solar, em especial sobre suas regiões mais longínquas, do que sobre o Universo como um todo. Parte do problema é como iluminar essa região do sistema solar, já que a única luz vem do Sol. A essa distância a luz não ilumina. Talvez haja muitos objetos por lá, até mesmo com dimensões consideráveis, mas não podemos enxergar porque eles não refletem a luz do Sol na quantidade necessária para serem visíveis, e também por estarem muito distantes para ser detectados a partir de sua gravidade.

Já foi sugerido que a órbita superexcêntrica do Sedna é prova de que o Sol tem uma companheira escura. Em geral as estrelas tendem a se formar em pares de estrelas, como sistemas binários, ou em grupos de três. O Sol seria um caso raro (embora não único) de estrela solitária. Mas, se o Sol for mesmo parte de um sistema binário, como se explica o fato de sua estrela companheira ainda não ter sido localizada? Já foi especulado que nós já a vemos: que ela às vezes empurra alguns cometas distantes para uma órbita mais próxima. Mas essa pequena influência gravitacional não é prova suficiente para transformar essa conjetura em teoria.

1000 – 10 MIL BILHÕES DE QUILÔMETROS (10^{15} – 10^{16} METROS)

A uma distância ainda maior do sistema solar, 50 mil vezes maior que a distância da Terra ao Sol, mil vezes mais longe do que os planetas mais distantes e no limite efetivo do poder gravitacional do Sol, encontra-se a nuvem de Oort, ou ao menos essa é a conjetura. Não existe prova direta de sua existência, mas em 1950 o astrônomo holandês Jan Oort observou que não existem cometas oriundos do espaço interestelar, ou seja, com órbitas que cheguem além da influência gravitacional do Sol.

Considera-se que a nuvem de Oort seja lar de todos os cometas com órbitas de longo período. Algumas dessas órbitas podem demorar milhões de anos para ser completadas. Talvez existam 1 bilhão ou até 1 trilhão (mil bilhões) de cometas nessa nuvem. Ela é chamada de nuvem não apenas pelo grande número de cometas, mas porque seus inúmeros objetos orbitam em todos os ângulos concebíveis. No cinturão de Kuiper todos os cometas orbitam no mesmo plano. Curiosamente, a nuvem de Oort pode abrigar objetos que já estiveram mais perto do Sol que os cometas encontrados na região bem mais próxima do cinturão de Kuiper. A nuvem de Oort contém corpos de luz (agora não mais visíveis) que os grandes planetas gasosos lançaram em órbitas mais distantes. Os fracos efeitos dos campos gravitacionais do Sol e dos planetas combinados mal conseguem mantê-los a essas grandes distâncias. Nos últimos trezentos anos, foram identificados quinhentos cometas de longo período.

Assim como os objetos de Kuiper, os corpos que formam a nuvem de Oort permaneceram inalterados desde a formação do sistema solar.

Os objetos mais distantes dentro do sistema solar estão a pouco menos de um ano-luz (10^{16} metros é mais ou menos a distância que a luz percorre em um ano). Prosseguindo em sua velocidade atual de 0,006% da velocidade da luz, a Voyager 1 chegará a esse ponto longínquo em mais ou menos mil anos.

Se o Sol fosse o único corpo maciço do Universo, veríamos sua influência gravitacional se estender infinitamente e se tornar cada vez mais fraca; mas, em termos práticos, a essas distâncias e à medida que começamos a entrar no âmbito gravitacional de outros corpos maciços o poder do Sol chega ao fim. O ano-luz é uma unidade usada para medir distâncias, apesar de parecer uma medida de tempo. A palavra ano-luz indica uma relação entre o tempo e o espaço, uma relação que ficará mais clara conforme avançarmos. Quando olhamos para essa região do sistema solar, que na verdade não conseguimos enxergar, também estamos olhando para trás no tempo.

1 ANO-LUZ — 10 ANOS-LUZ OU 10 MIL — 100 MIL BILHÕES DE QUILÔMETROS (10^{16} — 10^{17} METROS)

O próximo grande objeto que encontramos é a nossa estrela vizinha mais próxima, a Próxima do Centauro, a pouco mais de 4 anos-luz de distância. Não pode ser vista da Terra a olho nu. Como a maioria das estrelas obscuras com menos da metade da massa do Sol, a Próxima do Centauro pertence a um grupo de estrelas chamadas de anãs vermelhas. Foi observada da Terra pela primeira vez em 1915. Um pouco além, a 4,37 anos-luz, encontramos as estrelas Alfa do Centauro A e B: A é um pouco maior e mais brilhante que o Sol, e B é um pouco menor e menos brilhante que o Sol. Juntas, as duas podem ser vistas da Terra a olho nu e são visíveis até mesmo com pequenos telescópios. A natureza binária de Alfa do Centauro é conhecida há mais de duzentos anos. Agora começamos a pensar que a Próxima do Centauro faz parte do mesmo sistema estelar. As outras estrelas mais próximas são as estrelas de Barnard (5,96 anos-luz de distância), Wolf 359 (7,78 anos-luz de distância), Lalande 211 85 (8,29 anos-luz de distância), Sirius A e B (8,58 anos-luz de distância), Lutyen 726-8 A e B (8,78 anos-luz de distância) e Ross 154 (9,64 anos-luz de distância). A distância média entre as estrelas na nossa galáxia é de cerca de 3,3 anos-luz, um pouco menor mas não tão diferente — se nos permitirmos tomar algumas liberdades com o ano-luz — da distância entre o nosso Sol e sua vizinha mais próxima.

10 — 100 ANOS-LUZ (10^{17} — 10^{18} METROS)

Os sistemas estelares seguintes mais próximos em anos-luz são uma lista de números: 10.32, 10.52, 10.74, 10.92, 11.27, 11.40, e assim por diante. Na esfera espacial em torno do Sol, que abrange 16,31 anos-luz em todas as direções, foram encontrados até agora cinquenta sistemas estelares. A lista não é definitiva, e sem dúvida existem outras estrelas por perto que ainda não foram descobertas. Um programa de pesquisa com o objetivo de catalogar todos os sistemas estelares mais próximos relaciona 2029 sistemas numa esfera que engloba 32,6 anos-luz.

Essas estrelas se encontram em vários estágios de seus ciclos de vida. Ao se aproximar do final de sua vida ativa, uma estrela com mais da metade da massa do Sol entra numa fase em que o tamanho de seu centro aumenta muitas vezes. As camadas externas são dispersas de forma radical, o que faz a estrela parecer enorme. Nessa fase ela é chamada de gigante vermelha. Nosso Sol chegará a esse ponto daqui a 5 bilhões de anos. Arcturus é uma gigante vermelha situada a 36,7 anos-luz de distância. Embora tenha menos de uma vez e meia a massa do Sol, seu poder de radiação é cerca de 180 vezes maior que o do sol, o que nos dá a impressão de ser a terceira estrela mais brilhante do céu.

A 51 Pegasi é uma estrela a cerca de 50,1 anos-luz de distância. Ganhou destaque na história da humanidade por pertencer ao primeiro sistema solar que não o nosso a ser detectado. A 51 Pegasi é uma estrela semelhante ao Sol (embora um tanto mais velha) com pelo menos um planeta em sua órbita. Desde a descoberta desse planeta, em 1995, foram encontrados cerca de outros trezentos exoplanetas, como são chamados os planetas extrassolares. Acredita-se que mais ou menos uma em cada catorze estrelas seja o centro de um sistema planetário. Upsilon Andrômeda é um sistema estelar triplo situado a 44 anos-luz de distância, com múltiplos planetas em órbita da estrela principal.

Aldebaran (também conhecida como Alfa Tauri) é outra gigante vermelha a 65 anos-luz de distância de nós. Tem 38 vezes o diâmetro do Sol e é 150 vezes mais brilhante. Vista da Terra, parece a décima quarta estrela mais brilhante do céu. Gacrux (também conhecida Gama Crucis) é uma gigante vermelha situada a 88 anos-luz de distância.

Para chegar a esses grandes objetos, teríamos de partir em muitas direções diferentes. Diferenciamos essas variadas jornadas possíveis fazendo referência às constelações que vemos no céu noturno da Terra. As constelações são agrupamentos arbitrários de estrelas que receberam nomes diversos e foram concebidas de formas distintas por diferentes culturas em diversas épocas da história. Hoje, por exemplo, dizemos que a 51 Pegasi está em Pegasus, o que significa que poderíamos chegar a 51 Pegasi se partíssemos na direção daquele pedaço do céu onde no passado desenhamos a forma de um cavalo alado com as estrelas. Aldebaran fica em Touro, o que significa que está localizada na direção genérica onde os antigos viam um touro. As constelações são bússolas, e como todas as bússolas nada nos dizem sobre a distância dos objetos apontados. As próprias constelações são formadas por inúmeros objetos brilhantes, cada um deles podendo estar a diferentes distâncias uns dos outros. São bússolas estranhas, feitas com as próprias coisas para as quais apontam. E estranhas também por serem multiformes: os padrões formados por essas estrelas mudam durante os períodos mais longos vivenciados pela história humana. Da nossa perspectiva, as estrelas parecem não se mover. Mas elas se movem, e só parecem estacionárias por estarem tão distantes. Nós nos movemos num ritmo diferente.

100 — 1000 ANOS-LUZ (10^{18} — 10^{19} METROS)

Betelgeuse é uma supergigante vermelha com nome peculiar. Uma supergigante vermelha é igual a uma gigante vermelha, só que maior. Betelgeuse é 15 vezes mais maciça que o nosso Sol, porém 40 milhões de vezes maior em volume. Está a 427 anos-luz de distância e tem um diâmetro quatro vezes maior que a distância entre a Terra e o Sol (4 UA), o que a torna uma das maiores estrelas do céu. É também a nona mais brilhante. Betelgeuse é uma palavra de origem árabe, cujo significado é tema de debates. Pode ser a palavra que designa ovelha negra com mancha branca no meio do corpo. Pode ser *yad al-jawza*, que quer dizer "a mão [do guerreiro] do centro", que foi traduzido para o latim como Bedalgeuze. No Renascimento, pensou-se que a palavra fosse *bait al-jawza*, ou "axila [do guerreiro] do centro", que foi retraduzida para o latim como Betelgeuse.

Em algum momento o material ao redor do centro da estrela se dispersará. É possível que o centro venha a explodir, isto é, que a estrela se torne uma supernova. Alguns acham que isso acontecerá, outros não. Se acontecer, Betelgeuse ficará tão luminosa quanto a Lua durante vários meses. Alguns acreditam que Betelgeuse já pode ter explodido: nós simplesmente não sabemos ainda. A luz dessa explosão vai demorar 427 anos para chegar aqui.

1000 – 10 MIL ANOS-LUZ (10^{19} – 10^{20} METROS)

A nebulosa de Órion, ou M42, é uma tênue nuvem de gás e poeira situada a 1500 anos-luz de distância, onde milhares de estrelas estão se formando a partir dos detritos deixados pela explosão — como supernovas — de gerações anteriores de estrelas. Órion tem 30 anos-luz de diâmetro e é a região formadora de estrelas mais próxima na nossa galáxia. Nebulosa vem da palavra em latim para névoa. M42 significa objeto Messier 42. Charles Messier foi um astrônomo francês do século XVIII que catalogou estrelas no céu noturno. Sua lista de corpos astronômicos, rotulados de M1 a M103 e com sete adições posteriores, é usada até hoje.

As supergigantes grandes são chamadas de hipergigantes. A VY Canis Majoris é uma hipergigante situada a 5000 anos-luz de distância. É duas vezes maior que a Betelgeuse (e entre 1800 e 2100 vezes maior do que o Sol), o que a torna a maior (porém não a mais maciça) de todas as estrelas conhecidas.

A M1 está localizada na nebulosa do Caranguejo, a 6300 anos-luz de distância. À diferença da nebulosa de Órion, trata-se de uma nuvem formada pela explosão de uma única estrela (o que pode acontecer com Betelgeuse). Em 1054, ano em que foi pela primeira vez observada por astrônomos árabes e chineses, parecia uma estrela mais brilhante do que qualquer outra no céu. No momento de sua explosão, uma supernova pode ofuscar a galáxia que a abriga durante várias semanas e emitir mais energia do que o Sol irá emitir em seus 10 bilhões de anos de vida. Hoje, essa supernova é vista como uma nuvem de 6 anos-luz de diâmetro. O nome nebulosa do Caranguejo foi dado pelo terceiro duque de Rosse, William Parsons. Em 1844, ao observar a nebulosa pelo seu telescópio, ele desenhou o que parecia um caranguejo. Quando observou a nebulosa outra vez em 1848, com um telescópio maior, percebeu que na verdade não se assemelhava a um caranguejo, mas àquela altura o nome já tinha pegado. Em 1968, foi descoberta uma estrela de nêutrons em seu centro, remanescente da estrela original, comprimida num corpo muito denso de apenas 30 quilômetros de diâmetro. Uma estrela de nêutrons é basicamente formada por nêutrons muito comprimidos, uma partícula subatômica encontrada no núcleo da maioria dos átomos. Um pedaço desse material do tamanho de um cubo de açúcar pesa 100 milhões de toneladas métricas. Essa estrela de nêutrons específica gira em torno de seu eixo trinta vezes por segundo e emite radiação em todo o espectro de ondas de rádio e radiação gama. Uma estrela de nêutrons giratória é chamada de pulsar, e a estrela de nêutrons no centro da nebulosa do Caranguejo foi o primeiro pulsar observado. Os pulsares têm os maiores campos magnéticos do Universo, cerca de 100 bilhões de vezes mais fortes que o da Terra.

A nebulosa do Bumerangue é uma das mais peculiares descobertas até agora. Fica a 5000 anos-luz de distância e é o lugar mais gelado do Universo com seus -272 graus Celsius, apenas um grau acima da temperatura mais baixa possível. Uma vez que a temperatura é a medida da movimentação média de um conjunto de moléculas, a temperatura mais baixa é conseguida quando as moléculas apresentam um mínimo de movimentos. No zero absoluto (-273 graus), uma temperatura teórica que na verdade não pode ser alcançada, as moléculas não estariam mais se movendo. De acordo com a física quântica, é impossível que as moléculas fiquem em repouso absoluto.

Ainda não se sabe ao certo por que a nuvem de gás ao redor da estrela no centro da nebulosa do Bumerangue é tão fria. Ao que parece a estrela está expelindo monóxido de carbono de uma forma específica, como um vento frio que reduz a temperatura ao redor. Essa nebulosa foi descoberta em 1998 pelo telescópio espacial Hubble.

10 MIL − 100 MIL ANOS-LUZ (10^{20} − 10^{21} METROS)

A SN1604, ou supernova de Kepler, se tornou subitamente visível para diversos observadores da Terra em 9 de outubro de 1604. O nome foi dado em homenagem ao grande astrônomo alemão Johannes Kepler (1571-1630), um dos primeiros a observar o fenômeno. A supernova de Kepler está a 13 mil anos-luz de distância e foi a última supernova a ser observada na nossa galáxia. Na época, a supernova de Kepler brilhou tanto quanto Vênus por várias semanas. A luz brilhante que aqueles primeiros observadores registraram tinha se deslocado 13 mil anos-luz antes de chegar até eles.[5] A luz de Vênus, porém, leva apenas alguns minutos para chegar até nós. Quando olhamos para o céu noturno e registramos uma imagem do que acontece lá fora, tendemos a pensar que aquilo está acontecendo *agora*, neste momento. Mas esse *agora* é formado por muitos *agoras* sobrepostos para compor o que consideramos o registro de algum evento na vida do Universo e não uma experiência subjetiva. A localização do *agora* no Universo é tão incerta quanto a localização de seu centro.

A galáxia anã de Cão Maior (encontrada na direção da constelação chamada Cão Maior) contém 1 bilhão de estrelas (número pequeno para uma galáxia) e é a nossa galáxia vizinha mais próxima. É uma galáxia-satélite mantida nos confins da nossa galáxia, que é muito maior (como um planeta mantido pelo Sol no sistema solar). Foi descoberta há pouco tempo, em novembro de 2003. Em termos astronômicos, às vezes é difícil perceber o que está debaixo do nosso nariz. Justamente por estarmos em seu interior, pode ser difícil descobrir o formato e o conteúdo da nossa própria galáxia (que denominamos de Via Láctea), pois não dispomos de um ponto de perspectiva. Problema semelhante e também intratável se aplica ao Universo como um todo, por não haver uma perspectiva externa, a não ser talvez na imaginação humana.

A anã de Cão Maior se situa a cerca de 42 mil anos-luz do centro gravitacional da Via Láctea, mas está a 25 mil anos-luz do sistema solar. Por isso nossa galáxia vizinha mais próxima só tem interesse para nós.

A essa altura, podemos começar a perceber que faz mais sentido efetuar nossas medições a partir do centro gravitacional da galáxia do que a partir do nosso Sol (o centro gravitacional do sistema solar). Uma descrição material da realidade vê o Universo como um arranjo de objetos maciços que se movem ao redor uns dos outros. O indício físico de que as estrelas da nossa galáxia se

51

movem ao redor de seu centro de gravidade é uma razão simples e irredutível para mudarmos nossa perspectiva. E a partir dessa nova perspectiva fica claro que o centro da galáxia tem um papel mais destacado que o centro do sistema solar. Seria *possível* descrever o conteúdo da Via Láctea e a posição das galáxias vizinhas a partir do nosso sistema solar, mas o Universo pode ser descrito de forma mais precisa como o movimento em torno de centros gravitacionais comuns de estruturas cada vez maiores. Os planetas giram em torno do Sol, o Sol se move ao redor do centro gravitacional da galáxia. Como começamos a perceber, nossa jornada no espaço é a busca por estruturas cada vez maiores. Em uma descrição materialista do mundo, o material prevalece.

De forma geral as galáxias medem 10 mil anos-luz de diâmetro, embora a Via Láctea seja de oito a dez vezes maior do que a média. Galáxias anãs ligadas à força gravitacional de galáxias maiores, como a anã de Cão Maior está com a nossa, podem ter apenas dezenas de anos-luz de diâmetro.

A distância entre o sistema solar e o centro da Via Láctea é calculada em 26 mil anos-luz. Essa estimativa mudou bastante nos últimos anos, baixando do cálculo anterior de 35 mil anos-luz. Não estamos no centro do sistema solar, tampouco no centro da galáxia. Na verdade estamos um pouco mais próximos da galáxia-satélite anã do Cão Maior que do centro na nossa própria galáxia.

E, em vista da existência de um buraco negro chamado Sagitário A no centro da nossa galáxia, é até melhor estarmos a essa distância. O mistério da existência de buracos negros os transformou em entidades excêntricas e românticas. Buracos negros são concentrações de matéria tão densas que nem mesmo a luz consegue escapar delas: são o que as estrelas de nêutrons teriam se tornado se fossem mais densas. É fato conhecido que um foguete deve atingir certa velocidade se quiser escapar da atração gravitacional do planeta, ou seja, atingir a velocidade de escape da Terra. A luz viaja tão depressa — na verdade na velocidade mais alta possível, de acordo com as leis da natureza como as entendemos hoje — que um corpo precisa ser incrivelmente maciço (e, portanto, ter um campo gravitacional incrivelmente forte) para que a velocidade de escape seja maior que a velocidade da luz. Os buracos negros são corpos dessa espécie. A luz não consegue escapar deles.

Calcula-se que Sagitário A, cuja existência como buraco negro foi reconhecida em 1996, seja 3 milhões de vezes mais maciço que o Sol. Hoje se admite a existência de buraco negro no centro da maioria das galáxias, se não de todas.

As estimativas quanto ao número de estrelas na Via Láctea variam de 200 bilhões a 400 bilhões. Se a maioria for menor do que o Sol, como se acredita, a estimativa mais alta deve ser a mais provável. Nossa galáxia é um disco achatado e giratório com 100 mil anos-luz de diâmetro (e uma média de 1000 anos-luz de espessura), composto por espirais de estrelas, poeira e gás rodeados por uma esfera de estrelas maior e menos povoada chamada halo. Os braços em espiral apresentam a mesma forma espiralada que vemos nas conchas marinhas e nos ciclones. É onde se encontram as estrelas jovens, quentes e brilhantes (e onde nós estamos). Existem quatro principais braços espiralados: Perseu, Sagitário (nenhuma relação com Sagitário A), Centauro e Cisne. O sistema solar está num pequeno braço chamado Órion, entre o braço exterior Perseu e o braço interior Sagitário. Órion pode ser inclusive uma ramificação do braço Perseu. É nesses braços espiralados — pouco povoados por estrelas jovens como o nosso Sol — que acontece a maior parte das atividades de formação de estrelas da Via Láctea.

No centro desse disco existe um bojo de cerca de 10 mil anos-luz de diâmetro por 3000 anos-luz de espessura densamente povoado por velhas estrelas. Diametralmente a esse bojo central existe uma barra de estrelas de cerca de 27 mil anos-luz de diâmetro. Essa barra central foi descoberta em 2005 e consiste em antigas estrelas, em forma de gigantes vermelhas, ou em pequenas estrelas difusas chamadas anãs vermelhas.

100 MIL – 1 MILHÃO DE ANOS-LUZ $(10^{21} – 10^{22}$ METROS$)$

Envolvendo esse disco em espiral existe uma imensa esfera, ou halo, de 200 mil anos-luz ou mais de diâmetro. O halo é povoado por estrelas antigas, algumas das quais reunidas num aglomerado em forma de globo. Não há formação de novas estrelas nessa região. Existem cerca de 150 aglomerados globulares na Via Láctea. Considera-se que existam mais a serem descobertos, talvez entre dez e vinte ou mais. Cada aglomerado globular contém centenas de milhares de estrelas. Os aglomerados orbitam o centro gravitacional da galáxia a distâncias enormes, mais de 100 mil anos-luz.

Muitas outras galáxias anãs como a do Cão Maior se ligaram à nossa galáxia. A maior delas é a Grande Nuvem de Magalhães (Large Magellanic Cloud, ou LMC), visível apenas no hemisfério Sul e que leva o nome do explorador português Fernão de Magalhães (1480-1521). Ele observou a LMC em sua famosa viagem de 1519, a primeira vez que um europeu atravessou o Pacífico navegando em direção ao oeste. A LMC foi também observada pelo explorador italiano Américo Vespúcio (1454-1512) durante uma viagem realizada alguns anos antes; e centenas de anos antes disso o astrônomo persa Abd al-Rahman al-Sufi escreveu sobre ela em seu *Livro das estrelas fixas* (c. 964 a.C.), no qual a chamou de Boi Branco. A LMC está a 179 mil anos-luz de distância e é formada por cerca de 10 bilhões de estrelas. Tem mais ou menos a metade do diâmetro de uma galáxia média (ou um vigésimo do diâmetro da nossa galáxia, sendo maior que o normal).

Embora ligada à nossa galáxia, a LMC está fadada a ser consumida por Andrômeda, a galáxia autônoma mais próxima da nossa em termos gravitacionais. A galáxia anã do Cão Maior, por outro lado, está em processo de absorção pela Via Láctea. Em 24 de fevereiro de 1987 uma supernova explodiu na LMC. Foi a supernova mais próxima a ser observada desde a de Kepler, em 1604. Existe também a Pequena Nuvem de Magalhães, outra galáxia anã. Contém menos de 1 bilhão de estrelas e está a 210 mil anos-luz de distância.

Talvez seja o momento de observar que o Universo que descrevemos até agora é de interesse local. Os alienígenas teriam suas próprias rotas turísticas nas quais a LMC, por exemplo, não constaria.

1 MILHÃO – 10 MILHÕES DE ANOS-LUZ (10^{22} – 10^{23} METROS)

A galáxia de Barnard, outra galáxia anã ligada ao nosso campo gravitacional, está a 1,6 milhão de anos-luz de distância e tem 200 anos-luz de diâmetro. É uma das galáxias mais fáceis de se ver pelo telescópio e foi descoberta em 1881, embora na época não tenha sido reconhecida como galáxia. Naquele tempo, e até os anos 20, pensava-se que só existia uma galáxia: que a Via Láctea era o Universo inteiro.

A 2,5 milhões de anos-luz de distância encontramos Andrômeda (M31), nossa maior galáxia vizinha. Tem duas vezes o tamanho da nossa já atipicamente grande galáxia. Tanto Andrômeda como a Via Láctea têm 14 galáxias-satélites conhecidas. Andrômeda é uma galáxia em espiral, como a nossa. Nem todas as galáxias são formadas de braços espiralados. Algumas são elípticas, classificadas numa escala de E0 a E8, sendo que as E0 são mais circulares e as E8, as mais elípticas. Qualquer galáxia que não possa ser caracterizada como espiral ou elíptica é chamada de galáxia peculiar. Ainda não se sabe como são formadas as galáxias elípticas e peculiares, mais antigas, mas talvez seja o resultado de colisões entre galáxias em espiral.

Andrômeda é o objeto mais distante que conseguimos ver a olho nu. Parece uma estrela fosca.

10 − 100 MILHÕES DE ANOS-LUZ (10^{23} − 10^{24} METROS)

A gravidade aproxima as galáxias, assim como, em dimensões menores, atrai os planetas ao redor do Sol ou faz que maçãs caiam na Terra. A Via Láctea pertence a um pequeno aglomerado de galáxias ligadas em termos gravitacionais, chamado Grupo Local. Com 10 milhões de anos-luz de diâmetro, é formado por cerca de quarenta galáxias, algumas muito pequenas, como a galáxia-satélite anã do Cão Maior, a de Barnard e a anã elíptica de Sagitário. De longe as maiores galáxias do grupo são a nossa e a de Andrômeda, seguidas a certa distância por uma galáxia chamada Triangulum.

Embora a Via Láctea e Andrômeda sejam consideradas autônomas em termos gravitacionais, é tudo questão de grau. O destino das galáxias anãs parece determinado: a previsão é de que sejam engolidas e diaceradas por suas galáxias hospedeiras ou mais próximas. Da mesma forma, o destino de Andrômeda e da Via Láctea também é previsível, mas numa perspectiva temporal mais longa. Girando em torno de um centro gravitacional comum, essas duas galáxias maciças são como dois lutadores se enfrentando.

Em 3 bilhões de anos as duas vão se encontrar, dando início a um processo que pode levar vários bilhões de anos até que os buracos negros em seus centros se encontrem para formar um buraco negro superdimensionado no centro de uma superdimensionada galáxia. A galáxia resultante pode inclusive mudar de forma e se tornar uma galáxia elíptica.

O aglomerado de galáxias mais próximo de nós é o de Virgem, a cerca de 60 milhões de anos-luz do centro do Grupo Local. É tão grande — contendo talvez até 2500 galáxias — que atrai o Grupo Local por força da gravidade.

Para nós, que fazemos essa viagem específica, o centro da Via Láctea está se dirigindo ao centro do Grupo Local, que por sua vez se dirige ao centro gravitacional situado entre o Grupo Local e o aglomerado de Virgem. A caçada ao centro do Universo continua.

100 – 1000 MILHÕES DE ANOS-LUZ
(10^{24} – 10^{25} METROS)

Aglomerados de galáxias, como os do Grupo Local ou de Virgem, se acercam para formar superaglomerados: aglomerados de aglomerados de galáxias. O Grupo Local pertence ao superaglomerado de galáxias de Virgem (não confundir com o aglomerado de Virgem), formado por 2500 galáxias brilhantes; ou seja, as que podemos ver, e talvez existam mais. Há cerca de cem aglomerados de galáxias espalhados por uma região de 200 milhões de anos-luz de diâmetro no superaglomerado de Virgem. O Grupo Local está situado na orla. Devido ao seu tamanho, e portanto à sua influência gravitacional, o aglomerado de Virgem está próximo ao centro. Assim, fica cada vez mais claro que não estamos mesmo no centro de nada, a não ser que esse "nós" se torne cada vez mais abrangente.

Nosso superaglomerado vizinho mais próximo é o de Hidra-Centauro, a uma distância de 100 a 200 milhões de anos-luz. O superaglomerado de Coma, outro vizinho, está a mais ou menos 300 milhões de anos-luz de distância. Estima-se que existam 10 milhões de superaglomerados no Universo e quase nenhuma galáxia entre eles.

O superaglomerado de Coma fica no centro da segunda maior estrutura conhecida até agora no Universo, a Grande Muralha, descoberta em 1989. É uma sequência de galáxias superaglomeradas a cerca de 200 milhões de anos-luz de distância e calcula-se que tenha algo como 600 milhões de anos-luz de comprimento, embora possa ser ainda mais longa. Tem 300 milhões de anos-luz de largura, mas apenas 15 milhões de anos-luz de espessura.

1 – 10 BILHÕES DE ANOS-LUZ (10^{25} – 10^{26} METROS)

O maior objeto conhecido até agora no Universo é chamado de Grande Muralha de Sloan, descoberta em 20 de outubro de 2003 a partir de dados colhidos pelo Sloan Digital Sky Survey. Trata-se de um filamento de superaglomerados e aglomerados de galáxias a mais ou menos 1 bilhão de anos-luz de distância e com quase 1,5 bilhão de anos-luz de comprimento. Seriam necessárias 250 000 000 000 000 000 de cópias da Grande Muralha da China enfileiradas para cobrir essa distância. Não há um consenso geral de que a Grande Muralha de Sloan seja uma estrutura de verdade, uma vez que suas partes não estão ligadas umas às outras em termos gravitacionais.

O Sloan Digital Sky Survey[6] fotografou cerca de 200 milhões de objetos celestes nos primeiros cinco anos de funcionamento. Espera-se que esse número chegue a 20 bilhões até 2020.

MAIS DE 10 BILHÕES DE ANOS-LUZ
(MAIS DE 10^{26} METROS)

O objeto mais distante que podemos ver é um quasar (*quasi-stellar radio source*, ou fonte de radiação quase estelar) situado a cerca de 13 bilhões de anos-luz de distância. Os quasares são os mais antigos corpos conhecidos no Universo, e alguns são também os mais brilhantes e maciços, ofuscando o brilho de trilhões de estrelas. Um quasar é um halo de matéria ao redor de um buraco negro sendo atraído por ele. Enquanto houver matéria nas imediações, um buraco negro irá crescer em tamanho até ter absorvido toda a matéria em sua área de influência gravitacional. Enquanto consumir matéria nessa fase ativa, o quasar terá um brilho muito intenso. Na verdade, quasares são buracos negros rotativos sendo alimentados com matéria, e por isso não são negros, mas sim muito brilhantes.

Aqui está então o nosso Universo: algo entre 30 e 50 bilhões de trilhões (entre 3×10^{22} e 5×10^{22}) de estrelas organizadas em 80 a 140 bilhões de galáxias. Por sua vez, esses bilhões de galáxias são organizados em aglomerados, aglomerados de aglomerados chamados superaglomerados, e filamentos de superaglomerados como a Grande Muralha. Uma criança precoce poderia escrever o próprio endereço da seguinte forma: Terra, Sistema Solar, Braço de Órion, Via Láctea, Grupo Local, Superaglomerado de Virgem. Se o Universo for só isso — um opressivo agrupamento de estrelas organizadas em algumas estruturas —, podemos considerar essas assombrosas dimensões do Universo como sinal da nossa complexidade. Mas será que podemos dizer que fizemos algum progresso? Como levar em conta nossa presença no meio dessas estruturas de estrelas? E se essas são as maiores estruturas do Universo, o que existe além delas? Chegamos ao que parece ser o limite do Universo sem uma compreensão muito clara de como o Universo pode ter um limite. Ainda não é hora de parar para descansar.

3. Medida por medida

Espaço e tempo parecem ter uma precária existência na mente dos chamados povos primitivos, e só ficam mais sólidos com a noção de medições.

Carl Jung, *Sincronicidade*

Sem dúvida o Universo não foi medido por exploradores que avançaram com fitas métricas. A humanidade mal deu um primeiro passo no espaço, ao menos em termos astronômicos. A maior parte do que sabemos do Universo chegou até nós vinda de fora. Nós não fomos até o Universo, foi o Universo que veio até nós, na forma de luz.

Acreditamos que o Universo é como o definimos porque acreditamos nos meios pelos quais medimos e definimos, e porque acreditamos que a realidade lá fora é consoante com a realidade como achamos que deve ser localmente aqui na Terra. Acreditamos no método científico. Mas o que é o método científico e o que estamos de fato fazendo ao realizar uma medição?

Desde o início dos tempos a espécie humana tem tentado medir o tempo e o espaço. Vemos o mundo como se formado por coisas separadas, relacionadas no tempo e no espaço. O mundo é feito de coisas que se movem. Este é o nosso ponto de partida: não se trata de algo que temos que descobrir sobre o mundo, mas algo que acreditamos ser a realidade do mundo de forma irrefutável. Algumas formas de pensar orientais nos dizem o contrário: que as coisas não existem, que o que existe é uma unidade indivisível de fenômenos integrados, mas essa visão da realidade é difícil de alcançar e quase tão rara quanto os Budas. Não parece ser a nossa resposta natural ao mundo. O que sabemos com certeza — a mesma certeza que temos em relação ao nosso eu (outra ilusão, segundo filósofos e místicos) — é que o espaço está em expansão (e existem coisas separadas nele), e que o tempo flui (permitindo que coisas reapareçam em diferentes partes do espaço). Para a maioria de nós que batalhamos para viver, sem tempo livre para conjeturar que talvez não existamos, o mundo exterior todo-poderoso pesa sobre nós emoldurado no espaço e no tempo. O eu pode ser uma invenção da imaginação, como o filósofo escocês do século XVIII David Hume (1711-76) afirmou, e o tempo e o espaço são uma ilusão, como argumentava seu quase contemporâneo, o filósofo alemão Immanuel Kant (1721-1804), mas viver no mundo material é viver como vivia o dr. Johnson:[1] quando vemos uma pedra, sabemos que podemos chutá-la.

Podemos nos abismar diante do tempo e do espaço, mas definir o que o tempo e o espaço significam acaba sendo ainda mais problemático.

Podemos imaginar, uma vez que é uma noção da qual ainda lutamos para nos libertar, que ao começar a medir o mundo a espécie humana pode ter achado que estava no centro das coisas. Poderíamos culpar o ego, ou poderíamos atribuir isso ao fato de que olhamos para o mundo a partir daqui, do lugar onde "eu estou", o que explica, talvez, por que o egocentrismo parece ser a nossa condição natural. Então não deveria ser surpresa que quilômetros, metros e centímetros — ou milhas, jardas e polegadas, ou quaisquer outras unidades de medida — sejam adequados à vida na Terra, já que foram escolhidos por terem relação com o corpo humano e com as atividades dos corpos humanos no mundo, na época em que o mundo significava a Terra. A medida "pé" abre logo o jogo. A origem da jarda não é conhecida, embora uma versão popular a relacione com a distância entre o nariz e o polegar (com o braço esticado) do rei inglês Henrique I (1068-1135). Mas poderia também ser a medida de uma cintura ou de um passo, ou duas vezes uma antiga unidade chamada cúbito. O hieróglifo egípcio que representa o cúbito mostra um braço humano, como era definida essa unidade de medida de comprimento. Uma vara, antiga unidade de medida usada pelos alfaiates, parece ter sua origem no comprimento do braço medido do ombro ao punho. As varas inglesa, escocesa, flamenga e polonesa têm diferentes comprimentos.

A maioria das unidades de comprimento foi criada para ser usada em seres humanos, que é a razão de podermos saber quando a temperatura muda alguns graus, sentir a diferença de algumas libras por polegada quadrada de pressão do ar nos ouvidos, sustentar sem esforço 2 ou 3 quilos de peso numa só mão, e assim por diante. Mas, a partir do momento em que a humanidade começou a medir, a medição se tornou um problema que precisava de solução. Como podemos concordar que as medições que fazemos são sempre as mesmas? Hoje quase não se percebe esse problema. Quando medimos um comprimento, sabemos o que é um metro, mesmo que nos seja difícil defini-lo. Na realidade, definir o metro é um problema intratável, muito parecido com nossa incapacidade de definir o que são o tempo e o espaço.

Claro que as civilizações antigas não usavam o metro ou a jarda, mas o problema permanece o mesmo. Um bloco de mármore negro datado de 2500 a.C. descoberto no Egito com um cúbito de comprimento parece ser indício de um dos primeiros padrões de medição, a primeira unidade conhecida para medir o comprimento. Esse bloco de pedra assegurava a existência de um acordo local sobre como medir o comprimento, e provavelmente era validado por uma autoridade final para garantir que todos os cúbitos tinham o mesmo valor. Com a mesma finalidade, o rei Eduardo I (1239-1307) decretou que todas as cidades inglesas tivessem uma medida oficial chamada ulna, também conhecida como Cinturão de Órion.* Concordar com uma medida nos permite mudar de "eu estou aqui, eu estou no centro, eu sou a autoridade de todas as coisas" para "nós estamos aqui, nós estamos no centro de todas as coisas, nós somos a autoridade em todas as coisas". Ao menos já é um passo além do egocentrismo.

A espécie humana viveu milhares de anos sem chegar a um acordo global sobre suas medições. Houve incontáveis unidades diferentes, em diversas culturas e nacionalidades, aplicadas a substâncias distintas que variaram de maçãs ao ouro. A Inglaterra não fez nenhuma tentativa de unificar suas diferentes unidades até o século XIII. Até 1824 ainda havia três tipos de galão, usados para medir cerveja, vinho e milho. A polegada teve dimensões diferentes nos Estados Unidos e na Inglaterra até julho de 1959, quando se chegou a um acordo de que seria equivalente a 2,54 centímetros, embora nenhum dos países tenha ido tão longe a ponto de adotar o sistema métrico.

Os cientistas pelo menos concordaram em fazer suas medições de comprimento em metros. Às vezes alguém se esquece, como aconteceu em 1998, quando a Mars Climate Explorer caiu na

* O antigo nome Cinturão de Órion é Ulna do Rei. (N. T.)

superfície de Marte porque um fornecedor externo passou à NASA a medida da posição da sonda em milhas e não em quilômetros, um equívoco que custou 125 milhões de dólares.

A primeira tentativa de definir o metro foi feita na França em 1793, quando ficou estabelecido que fosse igual à décima milionésima parte do segmento da circunferência da Terra que vai do equador ao polo Norte via Paris.[2] Até mesmo o leitor com mentalidade pouco científica pode achar essa definição um pouco suspeita, um tanto francesa demais.

Em essência, a ciência busca definições que possam se confirmar em todo o Universo e não apenas ao redor do mundo. A ciência se baseia na convicção de que, a despeito de onde estejamos no Universo, a realidade que percebemos, não importa o que pensamos ser, é a mesma realidade. Os antigos não faziam essa suposição: para eles, a realidade era dividida em diferentes esferas de influência. O mundo que incluía a Terra e que se estendia até a Lua (o mundo sublunar) tinha uma realidade bem diferente da realidade dos céus: as leis da natureza se aplicavam de formas diferentes. A ciência moderna trabalha com a convicção de que existe uma realidade indivisível, universal e coerente. É imperativo que nós, na condição de cientistas, tentemos descrever essa realidade medindo as coisas que estão nela com uma unidade com que todos concordem.

Esse "nós" que descreve o Universo é um estranho grupo abrangente. Nós, terráqueos, ainda não viajamos para muito longe de casa, nem sabemos se somos os únicos seres no Universo a nos envolver numa descrição da natureza desse tipo, mas a ciência acredita que existe uma perspectiva universal. A ciência imagina que um dia os seres humanos vão explorar o Universo, ou que já existem por aí outras formas de vida — alienígenas capazes de descrever o mundo da forma como o apreendem fora de si mesmos — que tenham se envolvido no mesmo empreendimento científico que nós, terráqueos. Não surpreende que os cientistas se mostrem interessados em alienígenas e em ficção científica. A ideia de alienígenas é quase tão importante quanto sua existência real. Os cientistas precisam de uma perspectiva alienígena para eliminar uma visão parcial específica dos seres humanos. Mas qual será essa perspectiva e que formas essas outras vidas podem assumir são questões limitadas pela nossa capacidade humana de concebê-las.

Se houver alienígenas por aí medindo a realidade com um bastão, nós podemos nos convencer de que a forma como definimos o comprimento é universal. Se não chegarmos a esse acordo universal, sempre haverá a possibilidade de um alienígena descrever a realidade de forma bem diferente da que nós descrevemos. E, nesse caso, quem poderia dizer qual é a verdadeira realidade?

A definição do metro de 1793 nem mesmo chega a ser global — pois traz associado o privilégio de ser parisiense —, muito menos universal. Mesmo que pudéssemos convencer todas as formas de vida do Universo a aceitar essa fração específica da circunferência da Terra passando por Paris como a forma como definimos nossa unidade de medição, só poderíamos fazer isso impondo nossa autoridade, o que talvez até provocasse uma guerra.

De qualquer forma, essa primeira definição dos franceses fracassou por uma razão mais mundana: por não levar em conta o achatamento da Terra motivado pela sua rotação. O primeiro protótipo do metro, construído em 1874, era 0,22 milímetro mais curto. Esse erro de cálculo mostra um problema mais profundo: mesmo se tivéssemos levado em conta o achatamento da Terra naquela época, esse achatamento muda com o tempo. Então, mesmo que de alguma forma tivéssemos conseguido persuadir todos os seres do Universo a adotar a definição parisiense, nem assim um metro seria universal depois de algum tempo, mesmo se tivesse sido enviado para o espaço.

Um novo protótipo foi construído em 1889, e em 1927 o metro ganhou uma nova definição, que foi substituída outra vez em 1960, quando o metro foi definido como igual a 1 650 763,74 comprimentos de onda da linha vermelho-alaranjada do espectro do criptônio-86 medida no vácuo. Essa definição pode ser muito precisa, mas é quase tão arbitrária e desajeitada como qualquer outra. Se acreditarmos mesmo que o Universo é um local moldado por leis exatas, que nossas descrições de mundo se baseiam na estranha fé que temos na matemática, o mais provável é que não nos contentemos com uma definição tão feia de algo tão importante como a unidade que mede todo o espaço e o tamanho de tudo que ele contém. A partir de 1983, o metro foi definido como a distância que a luz se desloca no vácuo em 1/299 792 495 de um segundo, o que não parece muito mais convincente. Mas o que essa última definição tem a seu favor é que, afinal, eis aqui uma definição que pode ser chamada de universal.

Até o momento, acreditamos que a velocidade da luz é a mesma, seja onde for medida no Universo. Ao afirmamos nossa fé nessa constante, nos sentimos seguros de que, ao usar uma régua definida a partir da velocidade da luz, todos poderemos concordar (por todo o Universo, seja quem for) que nossas medições serão sempre as mesmas.

Podemos supor que é pouco provável que formas de vida alienígenas tenham escolhido o metro como unidade de medida. No entanto, se imaginarmos que elas evoluíram o suficiente para descobrir que a velocidade da luz é uma constante universal, então em teoria podemos concordar — com uma simples tradução da nossa unidade para a delas — quanto ao que é a realidade quando do levarmos nossas réguas até eles.

Mas existem problemas até mesmo com essa definição. Nos últimos anos, têm surgido algumas dúvidas sobre a constância da velocidade da luz, o que significa que essa definição também pode ser cultural e transitória. Isso abre a possibilidade de que a realidade ainda possa parecer bem diferente para formas de vida alienígenas, seja por terem evoluído mais do que nós ou por ter chegado à realidade de outra maneira.

As complicações não param por aí. Nossa melhor definição do metro vem das nossas descobertas e descrições científicas mais complexas, por sua vez derivadas de uma definição do metro que não era universal, e talvez ainda não seja. Toda a ciência e a história da ciência estão ligadas à definição do metro. Estamos presos no que parece ser uma circularidade. Se essa circularidade é real ou aparente é uma questão de argumento filosófico (e, no que tange aos cientistas, um argumento sem sentido). Cientistas pragmáticos podem argumentar que o progresso científico *é* o refinamento progressivo da medição; os filósofos podem argumentar que a ciência define seu progresso em seus próprios termos, o que não é uma saída.

Os cientistas medem o Universo usando réguas e relógios. Nossa definição atual de comprimento depende de saber como medir o tempo: o metro é a distância percorrida pela luz numa minúscula fração de *segundo*. Então, se quisermos saber o que é o metro, será melhor ter uma boa noção do que é um segundo. Mas o que achamos que o tempo significa é ainda mais difícil de definir do que o que entendemos por espaço. O tempo flui, mas o que é que flui? Um momento se transforma em outro momento, mas como? E o que é um momento? Por que o tempo parece fluir só numa direção, para o futuro? Será que o tempo é linear? Em algumas circunstâncias sua natureza circular fica mais aparente.

O filósofo grego Heráclito (c. 535-475 a.C.) tinha uma boa definição para o tempo. Um dos poucos fragmentos de seus escritos que chegou até nós diz: "Sobre aqueles que entram em rios e permanecem iguais outras águas fluem". Considera-se que essa afirmação se refere ao fluxo do tempo e ao fluxo da existência, e pode ser traduzida como: "Nenhum homem entra no mesmo rio duas vezes, pois o rio não será o mesmo e ele não será o mesmo homem". De qualquer forma, Heráclito nos diz que, embora as águas de um rio estejam sempre mudando, o rio também permanece o mesmo, uma ideia que não deixa de ser contemplada em seu fragmento: "Só a mudança é imutável". Parmênides, filósofo pré-socrático[3] que viveu no século V a.C., achava que o tempo era uma ilusão e que a realidade mais essencial é eterna e imutável. A maioria dos gregos considerava que o tempo não era criado a partir de alguma coisa: o tempo simplesmente é. O filósofo e teólogo santo Agostinho (354-430) acreditava que o tempo era uma experiência subjetiva: "Se ninguém me perguntar, eu sei; mas, se eu quiser explicar a alguém que me perguntar, eu não sei". Leibniz imaginava que tempo e espaço não têm uma existência fundamental, que são apenas meios de descrever a relação entre as coisas. Immanuel Kant definia o tempo como uma característica da mente que organiza as nossas visões do mundo. Ele era cético quanto à ideia de um mundo que existe no tempo e no espaço, e de seres que vivenciam esse mundo. No século XX o físico americano John Wheeler (1911-2008) definiu tempo como o que "impede que tudo aconteça ao mesmo tempo". Sejam quais forem as considerações filosóficas, nada disso ajuda os cientistas, que precisam de uma definição pragmática do tempo, mais do que uma descrição.

É provável que a necessidade de medir o tempo, seja lá o que o tempo for, tenha sido sentida pela primeira vez há cerca de 12 mil anos, quando a espécie humana começou a plantar. Plantio e colheita surtiam melhores efeitos em certas ocasiões do ano. Para realizar essas atividades com mais eficiência, pareceu uma boa ideia saber de antemão quando ocorreriam tais períodos, o que o calendário possibilita.

Os primeiros calendários se baseavam na atividade astronômica. Um dia é a medida do tempo que a Terra leva para girar em torno do seu eixo. Um ano é o tempo que a Terra leva para fazer uma órbita completa ao redor do Sol. Não há razão para supor que dias e anos se encaixem de uma forma simples, o que na verdade não acontece. A história do calendário é fazer esses dois elementos se encaixarem, com a complicação do movimento da Lua. Sua influência na formação de marés duas vezes ao dia e seus efeitos mensais nos ritmos biológicos tornaram difícil ignorar a Lua. Embora sejam corpos celestes — em contraste com nossas primeiras tentativas na Terra de definir o comprimento —, a Lua e o Sol são fenômenos locais, como nos diria um alienígena. Como cientistas, nossa intenção é encontrar um referencial que inclua terráqueos e alienígenas. Os cientistas acreditam num mundo que pode ser visto como realmente é: separado de nós, lá fora, um mundo sempre da mesma forma, a despeito de quem somos ou de onde nos encontramos.

A história do calendário é tão determinada pela cultura quanto as primeiras definições de unidade de comprimento. O calendário juliano permaneceu sem alterações desde o tempo em que foi introduzido por Júlio César, em 46, para reformar o calendário romano. Esse calendário foi regularizado pelo papa Gregório em 4 de outubro de 1528, data que foi logo seguida pelo 15 de outubro. O ajuste foi exigido para compensar a alteração da época da Páscoa ao longo dos séculos. A Inglaterra e os Estados Unidos resistiram à mudança gregoriana até quarta-feira, 2 de setembro de 1752, e a Rússia, até 1917. O calendário gregoriano tem uma imprecisão de 26 segundos por ano, ou um dia a cada 3323 anos.

Os cientistas tratam o tempo como se fosse uma dimensão como o espaço, que pode ser cortada em pequenos pedaços. A ciência precisa que o tempo flua e que possa ser medido. Sem isso, Isaac Newton (1643-1727) não teria conseguido formular suas leis do movimento. Um calendário preciso garante que o tempo tem essa natureza, que possa ser medido em partes como meses, dias, horas ou minutos. Mas nem sempre o tempo foi tratado dessa maneira. Na Europa, até o século xiv era comum medir o dia como o tempo transcorrido desde que o Sol nascia até a hora em que se punha, com o dia dividido em horas a partir desse referencial. O resultado é que o dia e a noite eram diferentes entre si, e iam ficando mais diferentes à medida que o ano passava. As horas noturnas eram vistas como muito longas no inverno porque *eram* mesmo mais longas.

Já havia relógios na China no século viii, e os relógios mecânicos já existiam na Europa no início do século xiv. Os primeiros relógios mecânicos eram enormes aparelhos instalados em torres de igrejas. Esses relógios usavam o escapo, um dispositivo que traduz de forma gradual e regular a energia rotativa de uma vela helicoidal em um movimento de oscilação de um pêndulo balançando numa roda. O primeiro relógio de pêndulo foi inventado e patenteado em 1656 pelo cientista holandês Christiaan Huygens (1629-95). Foi Galileu (1564-1642) quem primeiro estudou o movimento de um pêndulo, em 1602. Ele percebeu que os tiques uniformes de um pêndulo podiam ser usados para medir o tempo. A partir de 1673 ele começou a explorar a ideia de construir um relógio de pêndulo, mas morreu antes de transpor sua ideia para a realidade física. O movimento físico de um pêndulo nos permite acreditar (seja ou não verdade) que afinal de contas o tempo existe, que é algo que flui de maneira uniforme e que pode ser dividido, da mesma forma que acreditamos que o espaço pode ser dividido em partes regulares e medido. O tempo linear talvez tenha a única razão de a revolução científica ter acontecido no Ocidente e não no Oriente (embora durante o Renascimento tenha se debatido bastante a propósito da linearidade ou circularidade do tempo). Em termos genéricos, no Oriente, e também nas culturas chamadas primitivas, a história era considerada um interminável ciclo de repetições. Ainda hoje, o povo hopi e algumas tribos americanas nativas falam uma língua que evita construções lineares no tempo. Primeiro no mundo ocidental, e agora no mundo inteiro, o tempo se desdobra numa linha que se estende para o futuro, ao longo da qual nós marcamos o que chamamos de história e progresso.

O tempo do pêndulo é diferente do tempo celeste, como demonstra a natureza cíclica das estações. Porém, em termos científicos, sabemos que o tempo celeste não é linear. A Terra chega ao máximo de sua distância do Sol no dia 4 de julho, e encontra-se no ponto mais próximo em 3 de janeiro. A velocidade da Terra aumenta quando o planeta chega mais perto do Sol, por isso o intervalo entre duas alvoradas se altera. Não pode existir um tique-taque regular no tempo celeste semelhante ao do tempo do pêndulo. O tempo do pêndulo nos permite conjeturar uma unidade artificial de tempo como o segundo, que é bem diferente das verdadeiras (ainda que locais) medidas de tempo como o dia e o ano.

No entanto, as primeiras definições do segundo foram tentativas de relacioná-lo com o tempo real. Um segundo já foi definido como 1/86 400 de um dia solar, mas essa definição não é universal, e o dia solar não permaneceu constante. A Terra já girou mais rápido em torno do seu eixo, e o que chamamos de um dia seria muitas horas mais curto há meio milhão de anos. Essa definição de um segundo se revela uma escolha histórica e cultural.

O segundo teve várias outras definições, mas em 1967 ficou estabelecido que seria equivalente a 9 192 631 770 períodos de radiação de uma transição muito precisa entre dois níveis de energia do átomo do césio 133. Nitidamente, é uma definição tão arbitrária quanto nossa definição de comprimento.

Quando fazemos uma medição, a impressão que se tem é que não conseguimos separar a unidade de medição da nossa própria natureza. Mas esses enigmas filosóficos não incomodam a maioria dos cientistas. ("Cale a boca e faça os cálculos!") Embora não saibamos ao certo o que estamos fazendo quando medimos o tempo e o espaço, a ciência vai em frente e faz essas medições do mesmo jeito. A história da ciência é a história de medições cada vez mais precisas, o que por sua vez permite que as unidades de medida sejam mais bem definidas. O método científico é mais que um dilema filosófico: ele funciona. Por "funcionar" queremos dizer que existe uma realidade tecnológica que é a prova — o que chamamos de progresso — na qual vivemos e chamamos de lar. O conceito de progresso pode ser uma ilusão desenvolvida ao longo de uma linha de tempo imaginária, mas sem dúvida é uma ilusão atraente, que atende pelo nome de materialismo.

Ao longo de toda a história da ciência, o Universo que os cientistas descrevem aumentou em idade e tamanho. Embora isso pareça reduzir nossas unidades de medição à insignificância, não podemos saber se o Universo considera um segundo um tempo longo, ou um metro um comprimento longo. Mas existe um perigo: se as nossas unidades se mostrarem caseiras, nossa descrição do Universo será distorcida, por conta de sermos tendenciosos em relação à nossa casa. Os cientistas tentam encontrar descrições universais do mundo — na verdade, descrições universais do Universo — que não sejam caseiras nem tendenciosas em termos históricos ou culturais. Eles querem transformar as medições feitas pelos seres humanos em algo invariável. Talvez seja surpreendente, mas o fato de isso ser ou não possível é uma questão que continua em aberto. O que nos convence é que, a partir de medições científicas (em última análise, redutíveis a réguas e relógios), nós conseguimos elaborar lindas teorias que descrevem uma multiplicidade de fenômenos que caracterizam o mundo lá fora. E por isso mostramos pouco interesse pelos mutáveis alicerces sobre os quais esse conhecimento foi construído. Acreditamos na eletricidade não porque sabemos o que é (não na verdade, não em profundidade), mas por causa da descrição científica que explica boa parte do fenômeno. A eletricidade se encaixa numa história abrangente, coerente com nossas convicções sobre outros fenômenos — como o magnetismo, digamos. Podemos estar tecendo uma trama de descrições cujos fios são mais fortes por serem parte da trama como um todo, que captura e mantém cada vez mais o que chamamos de realidade material.

A ciência faz medições sistemáticas. A ciência mede o Universo e seu conteúdo, e o que entendemos por medições é qualquer ato de observação do que aceitamos como mundo lá fora. A ciência formaliza a observação como um experimento que pode ser repetido. Um experimento científico isola um aspecto da realidade, observa-o e o torna público. Em princípio, qualquer experimento é replicável. Na prática isso pode ser muito difícil. Por enquanto, são a confiança e o sistema de avaliação da comunidade científica que mantêm intacta a integridade do método científico.

Para que algo se caracterize como objeto de estudo científico, deve ser possível recuperar esse objeto e medi-lo mais uma vez. O objetivo de um experimento é isolar um objeto e separá-lo do restante do Universo de forma que possa ser medido. É esse ato de separação que transforma algo em uma "coisa" que pode ser medida.

O método científico é baseado na divisão, em dividir o mundo em partes e dar nomes a essas partes, como o primeiro passo para uma descrição de como essas partes interagem entre si. A palavra ciência deriva das palavras *sceans*, do inglês arcaico, que significa separar, e da palavra latina *sciens*, que significa saber. Porém, acreditar que a própria ciência é divisível seria confundir a metodologia com o que a metodologia descobre. A ciência faz separações para procurar melhores descrições de uma realidade unificada. As partes se encaixam.

Acreditamos que existe alguma coisa porque sabemos que nós existimos. A gente acredita no próprio ego. A ciência é uma forma de traduzir essa experiência de mundo individual numa experiência coletiva. Podemos validar pessoalmente uma descrição científica da realidade repetindo um experimento, ou confiando que os experimentos podem ser repetidos ou, de forma ainda mais inegável, apenas observando a natureza das mudanças do mundo criadas pela tecnologia à nossa volta. A tecnologia é a nossa prova de que a ciência está chegando a algum lugar. E esse algum lugar diz respeito à nossa capacidade de criar simulacros da realidade no mundo material. O motor a vapor, medicamentos, aquecimento central, armas, aceleradores de partículas, i-Phones, tudo isso nos convence de que o mundo é real, e que de alguma forma se torna mais real quanto mais sofisticada se torna a realidade material. Às vezes nos esquecemos de que, por mais complexo que o mundo material tenha se tornado, a natureza deve ser mais complexa ainda, uma vez que o mundo material é uma parte dela que passou por uma peneira. Um materialista convicto pode afirmar, por uma questão de fé, que em última análise a ciência passa todos os fenômenos pela peneira do método científico.

Alguns fenômenos são difíceis de serem reproduzidos. Pode-se argumentar que a maior parte dos fenômenos é difícil de ser reproduzida. Os cientistas classificam certos fenômenos como não merecedores ou não passíveis de investigações científicas: fenômenos que não podem ser isolados, que não são replicáveis de forma genérica. Como podemos, por exemplo, entender as alterações do amor? Será que esse fenômeno ocupa alguma região separada do terreno da ciência, a ser apreendido apenas por poetas e músicos, ou será que estão à espera de uma descrição material? A romancista Hilary Mantel observa:[4]

> Toda a nossa experiência de mundo chega até nós subjetivamente, mas isso não significa que não podemos fazer afirmações válidas

sobre ela. Só precisamos diferenciar entre características que podem ser medidas e características que não podem ser medidas — sem estigmatizar as últimas como menos úteis. É possível estabelecer um padrão elétrico do coração, mas não os caprichosos impulsos do amor e do ódio. Mas é capaz de afirmar que essas características não têm um efeito real no mundo? Os que não acreditam no que não pode ser medido ou quantificado se encontram num campo movediço: sua realidade interna está fadada a estar temerosamente divorciada da realidade da maioria das pessoas ao seu redor.

Curiosamente, o único fato que pensamos saber sobre o mundo — a certeza da nossa própria existência — não está aberto à investigação científica, pois não é público por definição. Se a meta da ciência é procurar uma descrição de tudo, em última análise, todas as formas de conhecimento devem se fundir de alguma forma. O mistério de uma descrição material deve se tornar indistinguível do misticismo de uma descrição poética, por exemplo. Ou talvez existam dois mundos fadados a permanecer separados: "Nossos sentimentos pertencem a um mundo, nossa capacidade de nomear coisas e nossos pensamentos, a outro; podemos estabelecer uma concordância entre os dois, mas não podemos construir uma ponte entre os dois".[5]

A tecnologia avança porque as teorias que descrevem o mundo que medimos se tornam cada vez mais sofisticadas, isto é, abrangem cada vez mais fenômenos numa única descrição; e a teoria avança porque desenvolvemos uma matemática cada vez mais sofisticada para descrever essas teorias. A razão de a natureza ser descritível pela matemática talvez seja o maior de todos os mistérios da ciência. A responsabilidade para por aqui: toda a nossa fé na ciência se apoia na matemática e na rede de fenômenos inclusos na descrição matemática. A tecnologia é o símbolo

76

exterior e visível dessa fé. Não acreditamos mais na perfeição humana, nem nas lições da história, ou em qualquer outro tipo de progresso, mas o progresso científico permanece porque os aspectos tecnológicos da nossa vida continuam mudando. O conforto do mundo material permitiu que o homem se retirasse para dentro de casa para se tornar física e filosoficamente removido da natureza. O progresso é um anel de retroalimentação que envolve tecnologia, teoria e matemática. Teorias novas e mais profundas são escritas numa matemática mais nova e mais refinada. Armados com as mais recentes tecnologias, os cientistas vasculham o mundo em busca de provas para respaldar suas teorias. De uma maior compreensão do mundo material advém a capacidade de construir instrumentos de medição cada vez mais aperfeiçoados. Com dispositivos tecnológicos como telescópios e microscópios, nossa capacidade de sondar o mundo é ampliada. Ou melhor, nosso sentido da visão é ampliado, uma vez que não conseguimos cheirar, provar, sentir nem ouvir o Universo (apesar do chamado Big Bang).

A ciência é uma medição coerente. Esperamos que o mundo seja o mesmo quando o medimos de novo ou, na verdade, se qualquer outra pessoa efetuar medições idênticas. A ciência exige a possibilidade de repetição. Fenômenos surgidos de condições enganadoras pela intervenção de indivíduos enganadores não são apropriados para o estudo científico. Mas todos nós somos enganadores. Seres humanos complexos e individualistas sempre serão os objetos mais intratáveis para a investigação científica. É a nossa natureza que apresenta o maior problema para a medição.

O próprio Universo pareceria fora do alcance da ciência, pois afinal o que pode existir para medir o Universo em comparação a si mesmo? Não existem outros universos para comparar com o nosso. Na prática, o Universo está sempre em processo de redefinição. Sempre existe um novo e mais abrangente conceito do Universo que contrasta com um Universo "menor" e mais antigo. Na era do computador, podemos simular modelos representando outros universos possíveis. Já chegou a ser sugerido que um dia será possível criar outros universos como o nosso, num processo que pode rebaixar o que chamamos de Universo para alguma coisa local. Ironicamente, se a ciência chegar a atingir sua meta de representar a unicidade da natureza, seja qual for o resultado, essa unicidade não poderia ser objeto científico. A descrição unificada do Universo levaria necessariamente a um tipo de ciência que compara uma coisa a outra e ponto final.

Mas essa definição parece estar sempre um passo além do nosso alcance. O Universo é um objeto quimérico que se transforma em *outra coisa* à medida que chegamos mais perto de entender o todo. O Universo parece ser sempre mais criativo do que nossas mais criativas especulações sobre ele, o que não chega a surpreender se nos considerarmos parte da produção do próprio Universo, "na tendência esperançosa e desesperada da vida para se conhecer a si própria, na autoinvestigação da natureza que sempre acaba sendo vã, visto a natureza não se poder resolver em conhecimento e a vida não ser capaz de contemplar os últimos segredos de si mesma".[6]

4. Não tem nada a ver com você

Os deuses não revelam tudo aos mortais desde o início, mas com o tempo, procurando, fazemos descobertas melhores.

Xenófanes

Nossa compreensão de como o conteúdo do Universo é organizado em grande escala — como uma hierarquia de estrelas em movimento — é resultado de centenas de anos de investigação científica. Seja o que for que tenha se tornado, o método científico nem sempre foi o que é. O método científico foi evoluindo com o tempo, acompanhando nossa compreensão do Universo, e sem dúvida continuará evoluindo à medida que nosso entendimento do Universo se aprofundar. A ciência e o Universo são inseparáveis.

Para chegarmos à orla do Universo temos de percorrer um longo caminho pela história. Para responder essas perguntas impertinentes — De onde veio o Universo? Do que é feito? —, precisamos voltar ao início da aventura científica para descobrir como chegamos ao nosso entendimento atual.

Em termos genéricos, tanto a ciência quanto o Universo têm um passado antigo e outro moderno. A ciência é um empreendimento coletivo, sem uma Constituição por escrito e cujo significado surgiu ao longo do tempo. Seja o que for a ciência agora, sua história remonta a um tempo em que a palavra não fazia sentido. Hoje sabemos como as estrelas estão organizadas, o que torna fácil perceber que não estamos no centro do Universo. Mas nem sempre foi assim. A antiga ciência começou com a ideia oposta. Na época de Aristóteles (c. 384--322 a.c.), a Terra estava firme e fixa no centro físico do Universo, uma descrição cosmológica com uma tradição que retrocede ao começo do que chamamos civilização

O que chamamos civilização, seja o que for, parece ter surgido em cidades-Estado no Oriente Médio. A mais influente civilização antiga (na história ocidental) foi a Mesopotâmia, uma região fértil entre os rios Tigre e Eufrates que nos dias de hoje é o Iraque. A palavra Mesopotâmia é derivada de duas palavras gregas que significam "entre dois rios". Indícios apontam que já havia agricultura aqui desde 10 000 a.c., período em que a Terra se tornou tão tépida como é hoje e mais quente do que havia sido durante quase 2 milhões de anos. Seres humanos nômades, que se movimentavam em grupos de vinte ou trinta, se assentaram em comunidades que começaram a crescer. Existem provas de que por volta do ano 7000 a.c existia uma comunidade agrícola em Jericó com 74 acres.

A tribo dos sumérios chegou à Mesopotâmia por volta de 5000 a.C. ou 4000 a.C., mas não se sabe de onde. A sociedade suméria foi a primeira a aprender a ler e a escrever. A mais antiga história conhecida, datando do terceiro milênio a.c., é a *Epopeia de Gilgamesh*, um resumo de lendas da Babilônia, um Estado no sul da Mesopotâmia. É a história do rei de Uruk, e menciona várias cidades-Estado em torno das quais a civilização evoluiu: Ur, Eridu, Lagash e Nippur. Contém também o primeiro relato de uma grande enchente e a primeira narrativa de um sonho. A Bíblia nos diz que Abraão, o pai das nações hebraicas e árabes (os israelitas são descendentes de seu filho Isaac, e os ismaelitas, de seu filho Ismael), viajou de Ur para a Caldeia. Caldeia era uma região da Babilônia.

Uma história de criação chamada "Enuma Elish", talvez do século XVII a.C., fala da criação da Mesopotâmia e do homem. Foi recitada em templos por centenas de anos. Essas primeiras histórias da criação são ao mesmo tempo os primeiros relatos religiosos e as primeiras cosmologias. Aspectos da "Enuma Elish" foram absorvidos pela cosmologia hebraica e pelos relatos bíblicos sobre a criação. A Terra é um disco plano cercado por água, acima e abaixo. O firmamento impede a água acima de se despejar na Terra, mas permite que a chuva escoe. A água abaixo surge como rios e mares. Os sumérios estudavam os céus como astrólogos e astrônomos. Conseguiam ver presságios dos deuses e prever eclipses.

Outras civilizações também se desenvolviam ao redor do mundo: no Egito por volta de 3000 a.C., no vale do Indo a partir de 2700 a.C., na China a partir de 2100 a.C. Mas, sejam quais forem as razões (e muitas razões têm sido apresentadas), a história da ciência é uma história que veio a ser contada pelo mundo ocidental. A forma oriental de pensar parece resistir à ideia de progresso, que é o cerne da ciência. Já foi sugerido que os pictogramas chineses não favorecem o pensamento abstrato. Como nos diz o filósofo John Gray: "Os pensadores chineses raramente confundem ideias com fatos".[1] Os egípcios e os babilônios não parecem ter deixado nada equivalente a uma descrição do mundo material, embora os babilônios tenham desenvolvido um sistema de contagem baseado no número 60, um legado que vemos até hoje nos sessenta minutos que compõem uma hora e nos 360 graus que completam o círculo. Os egípcios tinham um calendário baseado na observação das estrelas. O primeiro registro histórico de data que conhecemos vem do Egito: 4236 a.c. ou 4241 a.c., conforme a interpretação do calendário.

Havia tribos gregas vagando pelo Egeu desde 2000 a.c., que acabaram se estabelecendo em cidades. A civilização messênia se desenvolveu em 1150 a.c. A história da Grécia passou por uma era das trevas durante cerca de trezentos anos. Os Jogos Olímpicos foram estabelecidos em 776 a.c., e Homero (que talvez tenha sido uma tradição em vez de um único escritor) não pode ter estado por aqui antes do século VIII a.c. E assim começou a civilização que o filósofo alemão Friedrich Nietzsche (1844-1900) chamou de "a mais realizada, a mais bonita, a mais universalmente invejada da humanidade".[2] Alguns pensadores dizem que a filosofia grega começou em 28 de maio de 585 a.c. Consta que nessa data Tales de Mileto (c.624-c.546 a.c.), o primeiro filósofo pré-socrático, previu um eclipse. Hoje se sabe que Tales observou o eclipse e não o previu, e que seu conhecimento do fenômeno foi transmitido pelos babilônios. Sábios da Caldeia viajaram pelos impérios grego e romano difundindo seus conhecimentos de astrologia e suas primeiras observações astronômicas.

A despeito das descobertas a ele atribuídas, Tales com certeza eclipsou seus precursores, e por essa razão é chamado de o pai da ciência. Foi ele quem introduziu a palavra *cosmos* para descrever o Universo, que, além de ser a palavra grega que significa ordem, tem também o significado de algo que confere beleza, como na palavra "cosmético", e o contrário da palavra grega *chaos*.

Tales acreditava que tudo era feito de água, de uma forma ou de outra. Foi ele quem começou a busca para encontrar os componentes físicos que formam o mundo: foi aqui que começou o materialismo. Ele não fazia distinção entre o vivo e o inanimado. Para Tales, até mesmo rochas magnéticas possuíam alma, uma ideia mística que persistiu até o século XVI, no trabalho do físico e cientista inglês William Gilbert (1544-1603), um dos primeiros e mais ardorosos defensores do modelo do Universo heliocêntrico de Copérnico e um dos primeiros a usar a palavra "eletricidade". Os primórdios da filosofia grega podem ser traçados através de uma tradição de ensinamento entre professor e aluno. A palavra "mentor" foi tirada da *Odisseia* de Homero. Mentor assume o papel de pai de Telêmaco quando seu verdadeiro pai, Ulisses, está ausente, na guerra. Tales foi mentor de Anaximandro (c. 610-c. 546 a.C.), que foi mentor de Anaxímenes (c. 585-c. 525 a.C.), os três originários de Mileto, antiga cidade situada onde hoje é a moderna Turquia, na época parte do mundo grego. Anaxímenes continuou a busca por descrições simples do mundo. Em vez de água, ele afirmou que o ar era a fonte de que tudo se originava.

O mais famoso dos pré-socráticos foi Pitágoras (viveu no século VI a.C.), o primeiro a se denominar filósofo e amante da sabedoria. Ele estudou com sábios no Egito e depois na Fenícia (uma antiga civilização situada onde hoje se encontra a costa do Líbano e da Síria). Pode ter sido no Egito que ele se interessou por geometria e por trigonometria.

Pitágoras fundou uma escola que durou um milênio, embora os pitagóricos talvez fossem mais uma fraternidade que uma escola. Denominados *mathematikoi* (os que estudam tudo), eram vegetarianos e levavam uma vida monástica. Estudavam aritmética, geometria, música e astronomia: a base da educação que chegou até a Idade Média na época chamada *quadrivium*[3] (palavra que em latim significa "onde quatro estradas se encontram"). Para eles, a realidade é matemática, convicção que persiste até hoje. Uma importante diferença é que, embora consideremos a forma e o número como atributos das coisas, para os *mathematikoi* forma e número são a essência das coisas. A numerologia fazia parte da tradição pitagórica. No mundo antigo, a distinção moderna que o método científico faz entre misticismo e mistério não fazia sentido. A numerologia está na essência do livro de adivinhação chinês *I Ching* (provavelmente compilado no século IX a.c., mas cuja data mitológica é 2800 a.c.) e no corpo do esoterismo judaico chamado Cabala, datada de 1000 a.c.

Para os pitagóricos, a forma mais perfeita da natureza era o círculo. Pitágoras pôs a Terra no centro de um universo esférico e empregou números simples para descrever o movimento dos planetas conhecidos. Pelo fato de não ter deixado nada escrito (assim como não há muitos escritos de seus seguidores), tudo o que foi atribuído a Pitágoras tem sido muito discutido. O que sabemos de Pitágoras vem de relatos contraditórios escritos duzentos anos após sua morte. Hoje se sabe que não foi ele quem descobriu o teorema que leva seu nome,[4] nem a relação entre os intervalos musicais e os números simples, também atribuída a ele.[5]

Heráclito (c. 535-475 a.c.) descreveu como o cosmo é criado a partir do caos preexistente. O cosmo é a ordem imposta ao caos, que vemos como o mundo material. O princípio ordenador é chamado *logos*, de que deriva o sufixo "-logia". *Logos* é às vezes traduzido como "palavra" ou "verbo", como no início da tradução para o inglês da versão original em grego do Evangelho de são João: "No princípio era o Verbo". O caos é uma condição na qual não existem coisas, um mundo em que o que existe não tem nome. É o ato de nomear que transforma o caos no cosmo. Esse era o significado original do relato da criação no Gênesis, quando Deus separou do caos o que depois se tornou as coisas com nomes (a luz, a terra, o céu, a noite, o dia, e assim por diante). Os teólogos medievais impuseram a essa história da criação a ideia de que o mundo foi criado *ex nihilo* (do nada).

Heráclito escreveu que a mudança (também caracterizada como fogo) é a característica fundamental do mundo, um concei-

84

to coerente com a compreensão moderna de que tudo é uma forma de energia evoluída.

Fragmentos de um único poema são tudo o que sobreviveu da filosofia de Parmênides (c. 510-c. 450 a.C.). Ele escreveu que a existência é eterna e imutável: o que percebemos como mudança, como no movimento das coisas, é uma ilusão. Parmênides negava a existência do nada e escreveu que a realidade é um todo imutável. Suas ideias influenciaram a filosofia de Platão, que o reconhecia como "nosso pai Parmênides". Sua filosofia foi reduzida ao provérbio latino *ex nihilo nihil fit* (nada vem do nada).

Empédocles (c. 490-30 a.C.) sintetizou as primeiras filosofias. Para ele o cosmo é feito de terra, ar, fogo e água, e de dois princípios: atração e repulsão, também vistos como amor e ódio. Esses quatro elementos foram os componentes básicos do mundo material até a época do Renascimento na Europa.

Leucipo viveu na primeira metade do século v a.C. Nada sobreviveu de seus escritos, e só sabemos sobre ele porque foi mentor de Demócrito (c. 460-c. 370 a.C.), que propôs a filosofia do atomismo, que ele pode ter tomado do professor. Aristóteles foi um admirador de Demócrito, e é só por Aristóteles criticar o atomismo de Demócrito que sabemos alguma coisa sobre este. Mais uma vez, apenas fragmentos da grande produção de Demócrito sobrevivem, e seu trabalho é mais conhecido através de textos de outros autores. O atomismo nos diz que tudo é formado a partir de pequenas partículas chamadas átomos, indivisíveis e de existência perene. Alguns átomos, por exemplo, disporiam de ganchos, e outros poderiam ser redondos. As diferenças entre os átomos, suas formas e texturas distintas e o modo como se ligam entre si explicam por que substâncias diferentes têm características diferentes. Os átomos de diferentes comidas agem sobre a língua de várias maneiras, o que explica a experiência subjetiva do paladar. O paladar não é a característica essencial da comida. A característica essencial é sua natureza atômica. Até a alma tem uma estrutura atômica, feita com átomos mais refinados.

Demócrito foi o primeiro a afirmar que existem outros mundos em outras partes do Universo, com outros sóis e outras luas. A filosofia praticada pelos primeiros gregos tinha a convicção de que a sabedoria é a essência do cosmo. Os pré-socráticos herdaram uma tradição de 2000 anos da sabedoria poética dos sumérios. Embora trabalhos na forma de poesia sejam apenas ocasionais, em geral os textos dos pré-socráticos têm a força da poesia.

Eclesiastes, Provérbios, Livro de Jó, Cântico dos Cânticos, também conhecido como Canção de Salomão, e outros textos da Bíblia foram escritos por volta dessa época. Confúcio (551 a.C.- -479 a.C.) foi contemporâneo de Pitágoras. Consta que Buda viveu mais ou menos entre 563 a.C. e 483 a.C., embora estudiosos modernos sugiram uma provável data posterior, por volta de 400 a.C. De acordo com a tradição chinesa, o filósofo Lao Tse viveu no século VI a.C., ainda que historiadores tenham estabelecido essa data no século IV a.C. É possível que o poeta e profeta persa Zoroastro estivesse vivo na época, embora as datas ainda sejam muito discutidas. Embora seja pouco provável, ele pode ter vivido no ano 6000 a.C.

Sócrates (c. 470-399 a.C.), citado como o mais sábio de todos os gregos pelo Oráculo de Delfos, foi mentor daquele que pode ter sido o mais famoso de todos os filósofos. O matemático inglês Alfred North Whitehead (1861-1947) fez a famosa afirmação sobre Platão (c. 428-c. 347 a.C.), de que todas as contribuições feitas depois dele são simples notas de rodapé da filosofia. Platão fundou sua Academia num pomar pertencente a um homem chamado Academos, daí o termo. A Academia existiu até

529 a.C., ou seja, por mais de novecentos anos. As universidades de Oxford e Cambridge receberam seus certificados em 1231. Só em 2180 terão atingido a marca da escola de Platão. Para Platão, o mundo material decai e desaparece, por isso é temporário e ilusório. O mundo real, ele argumentava, era o mundo das ideias, e é eterno. O mundo material é uma imperfeita representação dessas ideias. Formas geométricas perfeitas, por exemplo, só existem nesse mundo platônico. O movimento dos céus é circular, assim como na filosofia pitagórica, porque o círculo é uma forma perfeita e idealizada. Por essa mesma razão os corpos celestes são esféricos. O conhecimento de que as órbitas planetárias são elípticas e não circulares nos parece estranho ainda hoje, o que demonstra que aceitamos naturalmente a ideia de que o movimento dos céus deve ser circular, como acreditavam os antigos.

Platão retratou o Universo esférico de Pitágoras como uma série de esferas em rotação, umas dentro das outras, com a Terra ao centro. Havia sete esferas celestes conduzindo os planetas conhecidos e a Lua. Deus estava logo além do sétimo céu. Para Platão, a natureza era impura. Aqui não se encontram formas perfeitas. A forma como as coisas de fato são só pode ser percebida através da razão, ou da sabedoria. Para ele, o cosmo é um lugar de ordem e bondade, uma filosofia também herdada de Pitágoras. O Universo é musical e tem alma. É dinâmico e vivo. Platão foi o primeiro a perguntar por que afinal existia um universo.

Platão insistia numa base matemática para a natureza que foi de pouco interesse para seu discípulo Aristóteles (c. 384-22 a.C.). Aristóteles estava mais interessado em como as esferas celestes se moviam umas dentro das outras do que em sua natureza ideal. Existem 54 esferas em sua cosmologia, inclusive uma exterior que conduzia as chamadas estrelas fixas. Aristóteles pegou os quatro elementos da filosofia de Empédocles e acrescentou o éter (ou quintessência), com o qual os corpos e esferas celestes eram construídos. Na era medieval, o éter tinha endurecido e se transformado em cristal.

Para Aristóteles, o mundo da mudança acontecia numa região que se estendia da Terra à Lua. Além dessa esfera sublunar, havia o mundo etéreo, das coisas eternas e imutáveis. No mundo abaixo, objetos pesados caíam em direção à terra por conterem mais terra que objetos mais leves, e por isso retornam para o lugar onde naturalmente residem. Objetos de natureza mais aérea, como as penas, tendiam a ser atraídos por ambientes mais aerados. As descrições de mundo de Aristóteles são mais discursivas que o tolerado pelo mundo científico moderno. Para fazer uma descrição desse tipo com o rigor científico moderno, precisaríamos quantificar as quantidades de terra, ar, fogo e ar que os objetos contivessem, e buscaríamos uma relação matemática que relacionasse os fenômenos e fizesse previsões.

Como muitos outros discípulos, Aristóteles contestou seu mentor. Para ele, o mundo era mais bem compreendido a partir da observação. "Nada está no intelecto que não estivesse primeiro nos sentidos" é o mote que o teólogo do século xii Tomás de Aquino criou para descrever a metodologia de Aristóteles. No entanto, as observações de Aristóteles não correspondiam a uma investigação científica da natureza no sentido moderno. Ele olhava para o mundo à distância e tirava conclusões sobre como ele deveria ser. Não tentava observar o mundo de perto, que é o que fazemos quando realizamos um experimento. Aristóteles afirmava, por exemplo, que homens e mulheres têm um número diferente de dentes, embora baste uma pequena observação da natureza para revelar esse equívoco. Mas a convicção de Aristóteles em um mundo físico existente, que podia ser observado para poder ser compreendido, é um passo à frente em direção ao método científico moderno. Seu método difere no sentido de enfatizar a percepção humana de como o mundo parece ser em oposição à investigação de como realmente é. Para Aristóteles, parecia claro que objetos mais pesados caíssem em menos tempo que objetos mais leves. Seriam necessários outros 2000 anos de estudos do mundo para mostrar que isso não tem fundamento. No século IV a.C., o mais famoso aluno de Aristóteles, Alexandre, o Grande (356-323 a.C.), invadiu a Mesopotâmia. A região tinha sido o centro dos impérios acádio, babilônio e assírio, mas na época seu significado histórico já estava esmaecendo. Em 331 a.C. Alexandre fundou a cidade de Alexandria. A partir do início do século III a.C. foi construída ali uma biblioteca chamada templo das musas (de onde deriva o termo museu). O primeiro bibliotecário se chamava Demétrio, outro aluno de Aristóteles. A biblioteca se transformou no maior corpo de conhecimento do mundo na época, contendo talvez meio milhão de manuscritos. O grande matemático Euclides esteve ativo na biblioteca por volta do ano 300 a.C.

Um dos mais famosos bibliotecários foi Eratóstenes (c. 276--c.194 a.C.), que fez a primeira medição precisa da circunferência da Terra. Havia algum tempo os gregos já imaginavam que a Terra deveria ser uma esfera, em vista da sombra curva projetada na Lua. Usando uma informação trazida até ele por um viajante em visita à biblioteca — que o sol ao meio-dia incidia diretamente sobre um poço perto de Assuan —, Eratóstenes percebeu que poderia calcular a circunferência do mundo todo. Usando a distância conhecida entre Alexandria e Assuan, o ângulo da sombra projetada por um marco ao meio-dia em Alexandria e o fato de não haver sombra em Assuan, Eratóstenes conseguiu calcular o grau de curvatura da Terra entre esses dois locais. A partir dessa informação é fácil calcular o tamanho do círculo inteiro, do qual a curva entre Assuan e Alexandria é um segmento. Esse círculo é a circunferência da Terra.

Eratóstenes mediu a circunferência em 250 mil estádios, embora haja um desacordo histórico quanto ao valor de um estádio. A arqueologia moderna sugere que, se Eratóstenes usou o estádio egípcio em suas medições, ele pode ter chegado a 1% de precisão em relação ao verdadeiro tamanho (que é um pouco mais de 40 mil quilômetros). Essa medida foi a mais surpreendente (provavelmente um golpe de sorte) de uma série de medições precisas feitas pelos gregos, que só serão repetidas nos tempos modernos.[6]

A biblioteca foi incendiada quando a cidade foi atacada por Júlio Cesar em 48 a.C., mas foi reconstruída depois. A maior parte de seu acervo foi destruída no século III por ordem do imperador Aureliano. E em 391 foram encontrados manuscritos escondidos e destruídos como parte da campanha do então bispo de Alexandria, Teófilo, para arrasar todos os templos pagãos. O último bibliotecário foi um homem chamado Téon, pai de Hipátia, matemática e astrônoma platônica e alta sacerdotisa de Ísis. Hipátia foi assassinada — esfolada com cascas de ostras[7] aos 45 anos de idade por um bando de monges cristãos em 415. Consta que em 642 os últimos manuscritos restantes foram usados como combustível para aquecer os banhos dos conquistadores árabes. É quase certo que essa história seja apócrifa, produzida por gerações posteriores para desonrar os conquistadores muçulmanos. No final do século VIII, os mil anos de história da biblioteca haviam desaparecido.

Embora a biblioteca de Alexandria não fosse o único depositário de conhecimento antigo — houve um rival em Pérgamo a partir de 200 —, quando a instituição entrou em sua decadência final, muito do que o mundo antigo havia aprendido tinha desaparecido para sempre ou estava para ser perdido para o Ocidente pelos próximos séculos. No final do século IV e início do século V, santo Agostinho transformou as ideias de Platão num sistema de fé cristão. O filósofo romano do século VI Anício Mânlio Severino Boécio (c. 480-524) dedicou a vida a preservar o antigo conhecimento clássico, traduzindo diversos textos gregos para o latim. Foi um dos últimos estudiosos versados em grego antes que o Ocidente perdesse contato histórico com o mundo clássico. Boécio é às vezes retratado como o último dos escritores clássicos. Sua obra-prima, *Consolatio philosophiae* [Do consolo pela filosofia], foi escrita na prisão enquanto aguardava a execução. Foi traduzida do latim para o inglês (como *The consolation of philosophy*) no século XIV por Geoffrey Chaucer (c. 1343-c. 1400), numa época em que o mundo ocidental, especialmente na Itália, começou a restabelecer sua conexão com o mundo clássico.

O Renascimento — o grande florescimento de conhecimento que se seguiu à Idade das Trevas — marcou não apenas a redescoberta dos clássicos pelo Ocidente mas também a descoberta e a síntese do corpo de conhecimento desenvolvido pelo mundo árabe por centenas de anos. Um século depois da morte do profeta Maomé (c. 570-632), Bagdá tinha se tornado o centro do mundo civilizado, e esse mundo era em grande parte inexpugnável para o Ocidente. Durante séculos, muito do que sobreviveu do mundo clássico foi protegido e completado no mundo árabe. A história da ciência tem sido contada basicamente como a história do mundo ocidental, com quatrocentos anos ou mais de pensamento árabe sendo deixados de lado. Às vezes, o "nós" que a ciência pretende universal nem sequer é global.

Durante algum tempo, o conhecimento era árabe. Esse conhecimento encontrou uma expressão específica na alquimia, da palavra árabe *al-kimiya*, ela própria derivada da palavra egípcia *keme*, que significa terra preta, atribuída ao lodo negro transportado pelas enchentes anuais do Nilo. A alquimia estuda o funcionamento do espírito e da matéria como parte de um sistema unificado. Só na era moderna os dois sistemas foram separados. Newton escreveu um milhão de palavras sobre a alquimia, inclusive um comentário para "A tábua de esmeralda", um texto cujo objetivo é revelar o segredo da transmutação da substância primordial do cosmo em outras formas. Consta que "A tábua de esmeralda" foi escrita pelo deus egípcio Thoth (em sua forma encarnada como Hermes Trismegisto) e chegou a ser guardada na biblioteca de Alexandria. Teve influência no Ocidente e levou ao desenvolvimento de um sistema de investigação baseado no sigilo e na obscuridade chamado tradição hermética. Contemporâneo de Newton, Robert Boyle, o pai da química moderna, também se interessava pela alquimia e pelo hermetismo. Seu *Dialogue on the transmutation of metals* se perdeu, mas foi depois recomposto a partir de fragmentos. De qualquer forma, a etimologia da química pode ser rastreada até a alquimia.

Durante o Renascimento, muitos trabalhos clássicos protegidos e alterados pelo mundo árabe foram traduzidos para o latim, não do original grego mas do árabe. Por algum tempo, a arte da tradução fez parte das belas-artes do Renascimento. Uma coletânea de escritos herméticos chamada *Corpus hermeticum*, composta de textos gregos dos séculos ii e iii, foi traduzida para o latim em 1469 pelo filósofo florentino Marsilo Ficino (1433-99), que deixou de lado sua tradução dos diálogos de Platão para trabalhar nesses escritos. Florença foi o centro da tradição humanista e do Renascimento no século xv, e *Corpus hermeticum* exerceu enorme influência por centenas de anos durante e após o Renascimento. A filosofia do humanismo — a ideia de que a humanidade é responsável por seu próprio destino — pode ser rastreada até esse trabalho. O surpreendente é que o humanismo talvez não tenha sido condenado pela Igreja. Ao contrário: o cristianismo e o conhecimento hermético foram sintetizados como cristianismo humanista. As antigas análises gregas do amor (Eros, ágape, *pothos* e *himeros*: os gregos tinham palavras para isso) foram reexa-

92

minadas e integradas numa filosofia humanista. Platão nos fala do quanto Sócrates gostava de seu aluno Alcibíades, uma forma de amor que veio a ser conhecida como amor platônico, representada durante o Renascimento como o amor entre o homem e Deus. O humanismo não nega Deus, mas sim afirma a convicção de que, quando se trata dos trabalhos do mundo, a crença não é suficiente, pois o que se exige são pensamento racional e observação. As leis da natureza são as leis de Deus, ou então se mantêm por si próprias. De todo modo, o homem pode chegar a compreendê-las por meio do pensamento e de medições. A mente divina, por outro lado, é buscada e compreendida por meio da contemplação.

Durante centenas de anos, o idioma grego se perdeu para o Ocidente. O poeta italiano Petrarca (1304-74) tentou aprender grego, mas não conseguiu. Dante conhecia Homero, mas não conseguiu lê-lo. O escritor italiano Boccaccio (1313-75) foi um dos primeiros a aprender grego nos tempos modernos, e assegurou que a língua fosse ensinada na Universidade de Florença. O grego foi restabelecido na Itália em meados do século xv. Na primeira parte do século xvi, foram os estudos dos manuscritos religiosos gregos que levaram Martinho Lutero (1483-1546) a reformular o cristianismo como protestantismo.

No século xiii, o filósofo e teólogo Tomás de Aquino (c. 1225--74) havia criado quase sozinho uma síntese da teologia cristã com a filosofia aristotélica. No século xv, o mundo ocidental era dominado pela igreja Católica, e ainda com bases sólidas no pensamento aquinense. O sistema filosófico de Aquino sobreviveu até os séculos xvi e xvii; na verdade, poderia ser dito que sobrevive até os dias de hoje. A cosmologia aristotélica tratava de como o Universo era descrito, com algumas modificações de percurso, mesmo no auge do Renascimento.

A Igreja era a autoridade máxima em todas as coisas espirituais e materiais, e, se a autoridade de Deus foi primeiro incorporada pelo papa, a segunda incorporação foi em Aristóteles. Consultar Aristóteles era o final impensável da maioria dos debates.

Aristóteles só não se mostrou útil para a Igreja em relação ao fato de que a Páscoa estava escorregando no calendário da Igreja, e ninguém parecia capaz de fazer algo a respeito. Após 1500 anos, o equinócio vernal tinha se movido de 21 de março para 11 de março. (A solução do problema do calendário faz parte da história da ciência, mas a busca por uma solução surgiu da história do cristianismo.)

Havia esperança de que a redescoberta dos trabalhos perdidos de Ptolomeu ajudasse a resolver o problema. A cosmologia de Aristóteles havia sido ampliada e de certa forma implementada por Cláudio Ptolomeu (c. 100-70), um astrônomo egípcio que trabalhou com os gregos em Alexandria e escrevia em grego. Uma tradução de seu principal trabalho para o árabe do século IX, o *Almagesto*, teve apenas um papel mitológico no Ocidente; uma tradução para o espanhol do século XII e uma posterior tradução para o latim não conseguiram restituir muitos aspectos técnicos da cosmologia de Ptolomeu. Foi só com a redescoberta do idioma grego no século XV que o trabalho de Ptolomeu começou a causar impacto.

Ptolomeu era astrônomo e místico. Como Aristóteles, ele colocava a Terra, e assim também a humanidade, no centro de sua cosmologia, e é provável que desejasse pôr a humanidade também no centro espiritual do cosmo. Ptolomeu parecia estar ciente, de uma forma moderna, da insignificância da humanidade diante de um universo espantoso. Ele escreveu que a Terra, embora colocada no centro, podia ser considerada nada mais que um ponto matemático (que não tem tamanho nem dimensão) em relação ao Universo como um todo.

Não se sabe até que ponto as ideias de Ptolomeu eram originais. Ele parece ter se inspirado muito em Hiparco (190-120 a.C.), que viveu três séculos antes e cujos textos se perderam. O *Almagesto*, a forma latina da versão árabe do título "O grande livro", é uma condensação de oitocentos anos de observações astronômicas e dá uma noção do que os gregos entendiam por astronomia. Ptolomeu, um seguidor de Platão, solapou a realidade física da cosmologia de Aristóteles ao acrescentar epiciclos na descrição das órbitas planetárias perfeitamente circulares. Um epiciclo — uma ideia tomada de Apolônio de Perga do século III a.C. — é uma pequena órbita circular adicional descrita na órbita circular principal. Não pode ter significado físico, mas é uma forma de assegurar que o modelo funciona em termos matemáticos. A adição de qualquer número de epiciclos garante que o movimento observado a partir de um planeta possa sempre ser descrito por círculos. Em outras palavras, uma enganação.

Ptolomeu nunca considerou seu modelo algo mais que uma descrição matemática (ou platônica). Seu sistema usava fórmulas diferentes para calcular a posição de cada planeta. De certa forma, eram pouco mais que tabelas de dados processados; nem sempre os dados eram muito precisos, aliás. Não existe uma unificação radical no sistema de Ptolomeu, algo que esperamos de uma teoria científica moderna. Dizem que havia até mesmo epiciclos nos epiciclos, embora não haja indício de que isso seja verdade. No século XIII, o astrônomo e rei da Espanha Afonso X teria dito dos epiciclos que, se tivesse participado da criação, teria feito uma sugestão melhor. Embora o sistema de Aristóteles seja ainda mais fraco na descrição de fenômenos observados que o de Ptolomeu, Aristóteles ao menos tinha a vantagem de apresentar uma realidade física. No século XVI já estava claro que o grande trabalho de Ptolomeu não era o que se esperava que fosse.

A Igreja abençoou a busca por uma cosmologia incrementada que pudesse estabelecer um calendário mais confiável. O lugar óbvio para procurar novas ideias era na leitura de antigos escritores recém-redescobertos. O clérigo e astrônomo polonês Nicolau Copérnico (1473-1543) parece ter se inspirado em Aristarco, do século iii a.c., cujas ideias (os textos originais se perderam) foram preservadas nos escritos de Arquimedes (c. 287-c. 212 a.C.). Aristarco foi a primeira pessoa a argumentar em favor de um cosmo heliocêntrico. Ele sabia até mesmo que uma Terra que se movesse nos mostrava que as estrelas estavam muito distantes, já que pareciam não se mover. No dia a dia, quando nos movemos em torno de objetos próximos a nós, temos consciência de que eles mudam sua relação espacial entre si. Esse fenômeno é chamado de paralaxe: a simples percepção de que existe uma mudança de perspectiva quando nos movemos entre as coisas. No modelo aristotélico de cosmo, não existe paralaxe entre a Terra e as estrelas porque elas estão fixas: a Terra imóvel no centro do Universo e as estrelas presas numa esfera celeste exterior em movimento a alguma distância além do Sol e dos planetas. Qualquer teoria em que exista uma Terra que se mova deve levar em conta o fato de que as estrelas parecem estar presas a um padrão fixo (as constelações) que circulam a Terra a cada 24 horas. O fato é que *existe* paralaxe entre a Terra e as estrelas. Mas, como as estrelas estão muito distantes, elas *parecem* não se mover. A pequena mudança de perspectiva é tão difícil de medir que a paralaxe estelar só foi observada no século xix, quando já havia telescópios potentes para efetuar as delicadas medições exigidas. Por muitos séculos, a maioria dos pensadores considerou o argumento de Aristarco, de que todas as estrelas estão muito distantes, como razão para descartar sua teoria heliocêntrica, em vez de respaldá-la.

Copérnico, que conhecia o *Almagesto* de Ptolomeu do início ao fim, percebeu que poderia simplificar o modelo geocêntrico de Ptolomeu se colocasse também o Sol no centro do cosmo. Seu modelo, assim como o de Aristarco, é mais heliostático do que heliocêntrico: a Terra imóvel é substituída por um Sol imóvel. Copérnico continuou a acreditar que as esferas eram feitas de cristal, mas reduziu o número delas de oitenta, no sistema de Ptolomeu (o número havia aumentado com o passar dos anos), para 34.

Copérnico conhecia o sistema heliocêntrico de Aristarco, ao qual se refere indiretamente em um manuscrito que sobreviveu, mas por alguma razão não cita a passagem na edição impressa de seu grande trabalho: *De revolutionibus orbium coelestium*. É possível que tenha se informado sobre essas ideias por meio de trabalhos de escritores árabes. Copérnico adiou a publicação de *De revolutionibus* até depois de sua morte. Costuma-se dizer que fez isso para se proteger da fúria da Igreja, mas parece que o adiamento foi motivado por uma esperança de primeiro encontrar uma prova, e por temer a reação dos colegas. Também parece provável que estivesse ocupado demais, pois, além de ser astrônomo e clérigo católico, ele era também classicista, médico, diplomata, filósofo, tradutor, jurista e governador. Assim como Aristarco, Copérnico não sabia como explicar a aparente falta de movimento da Terra. E, como não havia um ponto fixo por onde diferenciar o que estava em cima de o que estava embaixo, tampouco ele conseguia explicar por que as coisas pesadas caem na terra. Qualquer nova teoria que substituísse a Terra estática por uma Terra que se movesse precisaria responder por que os objetos caem na terra, como faz a descrição de Aristóteles. Copérnico postulou a existência de uma força de atração que prenunciava a gravidade, mas não conseguiu formulá-la numa teoria que pudesse fazer previsões estimáveis. Sua força era mística: "uma inclinação natural, conferida às partes dos corpos pelo Criador, a fim de combinar as partes na forma de uma esfera e assim contribuir para sua unidade e integridade". Nem está muito claro que seu sistema fosse mais simples ou exato que o de Ptolomeu. De qualquer forma, quando seu trabalho foi publicado praticamente não despertou reação e só foi banido em 1616, mais de setenta anos depois da publicação. Em vez de causarem uma revolução, as ideias de Copérnico poderiam ter desaparecido sem deixar vestígios se Galileu não tivesse se interessado por elas.

Desde o século XIII se sabia que lentes podiam fazer objetos distantes parecerem mais perto, mas os telescópios não existiam até os holandeses os inventarem no século XVII: uma novidade construída para espiar pessoas do outro lado da rua. Galileu Galilei (1564-1642) montou seu primeiro telescópio a partir de uma descrição verbal da invenção holandesa, e, embora logo tenha construído telescópios superiores a qualquer um na Holanda, mesmo seu aperfeiçoado conjunto de lentes produzia apenas impressões difusas, muito distantes das imagens cristalinas dos instrumentos modernos. Galileu pode ter experimentado seu telescópio olhando para o outro lado da rua, mas fez história quando o apontou para o céu e entendeu o que viu. É provável que o astrônomo inglês Thomas Harriot (1560-1621) tenha sido o pioneiro no uso de telescópio com propósitos astronômicos.[8] Ele começou a mapear a Lua em 1609, e continuou nos anos seguintes, mas foi Galileu quem primeiro notou que a Lua tinha vales e montanhas.

No cosmo de Aristóteles, o mundo sublunar é o lugar onde as coisas se degradam: porque é aqui que as mudanças acontecem. Longe de estar no centro do cosmo, a Terra era o fundo do Universo, o lugar para onde os objetos terrestres caíam. Essa visão foi validada pela teologia cristã desde a época de santo Agostinho (354-430) Em sua *A divina comédia*, o poeta florentino Dante Alighieri (1265-1321) coloca o inferno no centro do Universo, com Satã em seu centro absoluto. Mesmo no século XVII, durante a Reforma, a Terra era considerada por alguns como o mais ignóbil de todos os planetas. O humanismo foi uma reação contra essa teologia sombria, uma tentativa de encontrar um lugar mais elevado para o homem no cosmo.

Na cosmologia de Aristóteles os céus devem ser encontrados a partir de onde está a Lua, uma região pura, imutável e imaculada. Na teologia cristã o céu é visto como a mais respeitável das localidades, é claro. Quando Galileu descreveu uma Lua com montanhas e um Sol com manchas, surgiram sinais de que a cosmologia de Aristóteles era falha, ou que no mínimo precisava ser mais bem elaborada.

Foi nesse momento que começamos a confiar na tecnologia para estender o alcance dos nossos sentidos, quando passamos a acreditar que o Universo tem muitas das mesmas características evidentes na Terra, que os céus não são separados.

No dia 7 de janeiro de 1610, Galileu identificou três "estrelas" perto de Júpiter. Nas noites seguintes percebeu que elas mudavam de posição em relação às outras, o que descartou a possibilidade de serem estrelas fixas. Em 10 de janeiro descobriu que uma delas tinha desaparecido. Galileu havia descoberto três das luas de Júpiter, uma das quais agora oculta no outro lado do planeta. Em 13 de janeiro ele identificou uma quarta lua. Em menos de uma semana Galileu tinha reunido a primeira prova convincente de que nem todos os corpos celestes orbitavam a Terra como deveriam, de acordo com o sistema de Ptolomeu. Mais tarde, naquele ano, Galileu observou que Vênus tem fases como a nossa Lua. Os sistemas de Copérnico e de Ptolomeu fazem previsões diferentes sobre como esses planetas pareceriam vistos da Terra. As observações de Galileu favoreciam um sistema no qual Vênus orbita o Sol, não a Terra. Quando Galileu continuou a reunir seus indícios, o sistema de Ptolomeu começou a desmoronar.

A Igreja não ignorou as descobertas de Galileu, mas rejeitou o modelo de Copérnico como explicação. A Igreja favorecia um modelo diferente, que também estava de acordo com as novas descobertas.

Tycho Brahe (1546-1601) era um aristocrata dinamarquês, astrônomo e astrólogo cuja contribuição mais importante para a história da ciência foi a precisão de suas observações astronômicas. Foi sobre os fundamentos das observações de Brahe que o astrônomo, matemático e astrólogo alemão Johannes Kepler (1571-1601) descobriu as leis dos movimentos planetários que levam seu nome. Em sua descrição, os corpos executam órbitas elípticas, algo que Galileu não estava preparado para aceitar. (As leis de Kepler foram confirmadas mais tarde, quando as leis da gravitação universal de Newton ficaram estabelecidas.)

Tycho Brahe acreditava que o cosmo é geocêntrico, e elaborou um modelo que protegia esse aspecto do modelo de Ptolomeu. Esse modelo foi também usado para explicar as observações que Galileu faria depois da morte de Tycho. No modelo de Tycho (por alguma razão, Tycho, como Galileu, ficou conhecido pelo primeiro nome) se admite que Vênus, Saturno e os outros planetas conhecidos girem em torno do Sol, mas o Sol continua a girar em torno do ponto fixo da Terra. Em termos matemáticos, os modelos de Copérnico e Tycho são equivalentes. Na verdade o sistema de Copérnico tem a desvantagem de supor que o movimento da Terra e a paralaxe estelar precisavam ser explicados.

Foi sua afirmação de que a Terra de fato se move que a Inquisição obrigou Galileu a renegar em 1633, momento em que ele teria dito num suspiro, em frase apócrifa e famosa: "Mas ainda assim se move!" (*E pur si muove!*). Na verdade Galileu foi obrigado a negar seu novo método científico, que defendia que a simetria matemática mais precisa do sistema de Copérnico o tornava um sistema mais verdadeiro que o de Tycho. A tentativa de Galileu de imprimir uma realidade física ao modelo de Copérnico confrontava a precisão matemática com a autoridade da Igreja (como legitimada pela Bíblia e por certas ideias clássicas que a Igreja havia ossificado). Galileu pode ter sido forçado a recuar, mas seu apelo direto à precisão matemática como autoridade final pôs a ciência em um novo caminho.

Talvez não seja tão irracional o fato de a Igreja ter considerado isso um passo grande demais. De certa forma a Igreja estava fazendo apenas o que faz a ciência quando se recusa a aceitar um novo modelo até que este descreva com clareza outros fenômenos com provas experimentais. É preciso uma alma corajosa para desafiar a autoridade da Igreja, assim como é preciso uma alma corajosa para desafiar a autoridade da ciência: nenhuma das duas aceita inovações de braços abertos. A diferença é que, apesar da tendência ao dogmatismo da comunidade científica, a metodologia da ciência garante que todas as teorias sejam provisórias, e que todas as teorias acabem sendo substituídas por novas teorias se houver algum progresso.

Por medo da Inquisição, a investigação científica estancou no mundo católico e se mudou para a Inglaterra e para a Holanda. A Igreja pode ter depositado sua fé no sistema de Tycho, mas no cotidiano o sistema de Copérnico foi adotado em silêncio, principalmente por navegadores, e pela simples e prática razão de que era mais fácil de usar. Por que colocar a Terra no centro se os cálculos matemáticos produzem os mesmos resultados e são mais diretamente calculados quando o Sol for colocado no centro? Mas o que o sistema de Copérnico não pôde responder foi por que o Sol deveria ser agora o ponto fixo no centro.

Pode-se dizer que a ciência moderna começou no ano de 1543, quando Copérnico removeu a Terra do centro do Universo e a substituiu pelo Sol. Com esse único ato ele estabeleceu um princípio pelo qual a ciência desde então vem sendo guiada: a espécie humana não só não está no centro físico do Universo como não está no centro de nada, literal ou metaforicamente. O que inaugurou a revolução científica não foi tanto a instalação do Sol no centro do cosmo (de onde acabou sendo removido mais tarde), foi a simples *remoção* da Terra. Não tem nada a ver com a gente.

5. Repetindo os movimentos

Nossa curiosidade depende de um horizonte que se afaste.

Adam Phillips

O mundo material é um lugar em que existem coisas, e onde essas coisas estão em movimento. Durante 2000 anos o movimento foi aceito tal como descrito por Aristóteles. O filósofo formulou uma elaborada metafísica do movimento, mas em termos fundamentais ele afirmava que um objeto não se move a não ser que seja empurrado, e que objetos mais pesados caem mais depressa que os mais leves.

Galileu passou boa parte da vida tentando descrever o movimento de outra forma. Seu primeiro trabalho foi intitulado *De motu* (Do movimento), e ele voltou ao assunto em seu último livro, *Discursos e demonstrações matemáticas sobre duas novas ciências* (publicado em 1638 na Holanda sem autorização da Inquisição). Galileu revolucionou a ideia do movimento. Ele mostrou que, seja qual for sua massa, todos os objetos que caem de uma mesma altura chegam ao chão ao mesmo tempo, ou ao menos deveriam se comportar assim no vácuo. É quase certo que tenha chegado a esse resultado por meio do pensamento e não de experimentos. A relação entre pensar e medir o mundo é próxima e sutil. O famoso experimento em que bolas de canhão de tamanhos diferentes teriam sido lançadas da torre de Pisa na verdade não aconteceu. O fato de as bolas de canhão chegarem ao chão ao mesmo tempo na especulação de Galileu é na verdade uma idealização platônica do mundo, uma forma de imaginar como as coisas deveriam ser, em vez do que são no mundo corrupto que habitamos. Mas a partir dessas noções idealizadas é possível elaborar uma teoria que possa ser testada. Experimentos provam que o mundo é o que realmente é e não, afinal, o que parece ser. Às vezes um gênio como Galileu tem tanta certeza de que o mundo deve ser como seu intelecto imagina que já prevê o resultado experimental. Galileu pode não ter testado suas teorias, mas outros reles mortais o fizeram. Na ausência de um grande gênio, a ciência trabalha em outra direção. A natureza corrompida é observada e medida, a partir desse conhecimento se elabora uma teoria idealizada. Podemos dizer que o método científico moderno é uma extensão e uma fusão das filosofias platônica e aristotélica. A parte da observação do processo é o que herdamos de Aristóteles e da descrição matemática idealizada por Platão, apesar de corrermos o risco de fazer uma diferenciação exagerada entre os dois filósofos numa visão retrospectiva, uma diferenciação que não faz sentido depois de tanto tempo.

Foi Galileu, não Einstein, quem primeiro observou que todo movimento é relativo. Em outro experimento mental, ele imaginou dois barcos se deslocando a uma velocidade constante num mar perfeitamente plano e vazio (um cenário que só pode existir em um mundo platônico). Usando apenas o pensamento, ele percebeu que seria impossível o passageiro de qualquer um dos barcos dizer onde estava o verdadeiro movimento, pois só o movimento relativo entre os dois barcos seria perceptível. Não existe um experimento que possa dizer se eu estou me movendo, se é o outro que está se movendo no outro barco ou se os dois estão se movendo. Precisamos de uma praia, ou algum ponto fixo, para medir o movimento absoluto com base nesse referencial. Mas não existe uma praia no Universo, nem mesmo se considerarmos as chamadas estrelas fixas, que não são fixas de jeito nenhum, que só nos parecem fixas porque estamos muito distantes. O máximo que podemos dizer sobre o movimento de todos os corpos do Universo é que os vemos em movimento em relação uns aos outros.

O cosmo de Ptolomeu tem uma Terra estacionária no centro, representando uma praia do Universo a partir da qual é possível julgar todos os movimentos. No cosmo de Galileu não existe um centro imóvel e, portanto, nenhuma costa marítima. Na verdade não pode haver um ponto imóvel num universo feito de coisas se movendo em relação umas às outras. Nada no Universo pode ser considerado em repouso. Para os seres humanos na Terra, a noção de repouso é outra ilusão que nos atrai.

Isaac Newton (1643-1727) formalizou e desenvolveu as ideias de Galileu em três leis do movimento. A primeira lei nos diz que, em um mundo sem atrito, as coisas se movem para sempre sem interrupção até serem contidas por alguma força externa. Essa lei também é chamada de lei da inércia. A segunda lei descreve o que acontece se uma força for aplicada a um objeto (ele acelera), e a terceira estabelece que todas as forças vêm em pares: sempre que uma força é aplicada, outra força passa a existir, empurrando o objeto para o lado oposto. Aristóteles chegou perto de entender o princípio da inércia. Aliás, foi sua reação contra idealizações platônicas como eternidade, o vácuo e superfícies perfeitamente lisas que o fez chegar a conclusões opostas. Ele raciocinou que não poderia haver movimento no vácuo, e assim concluiu que o vácuo não existe. Pelos 2000 anos seguintes, o princípio da inércia seria descoberto diversas vezes, inclusive pelo filósofo chinês Mo-tzu no século III e pelos filósofos árabes no século XI. Mas essa concepção do movimento só foi estabelecida ao ser expressa por Newton em sua radical reformulação do que entendemos como realidade física. Com essas três leis, Newton formulou uma descrição matemática de um mundo físico em que existem conceitos como massa, velocidade, aceleração e *momentum*. Nesse novo mundo ele introduziu uma força nova e específica, que descreveu em separado em sua teoria da gravitação universal. Como Copérnico antes dele, Newton postulou que existe em todas as coisas uma tendência inerente que permeia o vazio do espaço e faz que os objetos se atraiam. A diferença é que Newton encontrou uma forma de definir a natureza dessa força em termos matemáticos. Numa única equação ele mostra que a força gravitacional está diretamente relacionada com a massa dos corpos que se atraem, e diminui na razão do quadrado da distância que as separa. Os dois, Galileu e Newton, descobriram como relacionar a matemática com a cognição. A natureza é "escrita na linguagem da matemática", escreveu Galileu, "e seus caracteres são triângulos, círculos e outras figuras geométricas, sem as quais é humanamente impossível entender uma palavra; sem isso estamos perambulando num labirinto".

É possível imaginar o mundo antes de Newton descrevê-lo em termos de velocidade, massa e gravidade, quando a gravidade era um estado de espírito e não uma força? O mundo conceitual de Newton se tornou tão real para nós que podemos ter sido desligados do mundo que existia antes de uma forma que nunca conseguiremos entender totalmente.[1]

A força gravitacional de Newton não é menos mística que a força postulada por Copérnico, mas agora nos sentimos dispostos a pagar o preço do ingresso — suspendendo a nossa descrença

— graças ao abrangente poder descritivo da sua teoria. A gravidade unifica o céu e a terra. A mesma força que faz uma maçã cair no chão também impele a Lua ao redor da Terra. Na física de Aristóteles existem descrições diferentes para diferentes partes do cosmo: sua explicação do que faz os planetas se moverem no céu é diferente da explicação do que faz as coisas se moverem na terra. O filósofo francês René Descartes (1596-1650) tentou explicar os movimentos planetários como o resultado de vórtices de algum tipo de fluido que permeava o espaço. Newton oferece uma única descrição para os grandes e pequenos objetos em todo o Universo: não é uma descrição local, mas sim universal. Ele descreve como deveria ser a força mística postulada por Copérnico — como precisaria se comportar em termos matemáticos — para explicar por que não percebemos o movimento da Terra pelo espaço. A gravidade mantém as coisas da Terra ligadas, inclusive sua atmosfera, como se fosse um navio navegando no vácuo. A gravidade mantém as estruturas do Universo ligadas em qualquer escala de tamanho, na forma de sistemas planetários, galáxias, aglomerados de galáxias e aglomerados de aglomerados de galáxias.

As leis do movimento de Newton nos dizem por que, uma vez em movimento, os planetas permanecem em movimento. Os planetas estão mais próximos ao mundo platônico das ideias, movendo-se através de um espaço sem atrito. Na Terra, fica menos óbvio que o movimento é como Newton o descreve. Objetos em movimento reduzem a velocidade e param, pois na Terra existe atrito: o movimento das coisas é tolhido, ocultando sua verdadeira natureza platônica.

Em uma visão de mundo puramente mecânica, uma força mística como a gravidade deveria ser proibida, mas os cientistas são pragmáticos. Se a teoria funciona, algum misticismo pode ser tolerado em lugar do mistério, ao menos por algum tempo. A tentativa de Descartes de uma descrição mecânica para explicar o movimento dos planetas pode parecer mais convincente para o espírito do materialismo, mas a explicação de Newton, embora se baseie numa força imaterial, conta com os incontestáveis benefícios da universalidade e da precisão matemática. A teoria da gravidade de Newton é conhecida como teoria da gravitação *universal*, e por boas razões. Galileu e Newton removeram a imobilidade que existia no centro do velho cosmo, substituindo o repouso pela relatividade. A Terra se move em torno do Sol a mais ou menos 30 quilômetros por segundo, e com isso queremos dizer o seguinte: supondo que o Sol esteja imóvel, a Terra se move a 30 quilômetros por segundo em relação a ele. Mas o Sol não está imóvel. O Sol se move, por exemplo, em relação ao centro da galáxia. O sistema solar leva de 225 milhões a 250 milhões de anos para completar uma órbita ao redor do centro da galáxia, deslocando-se a velocidades supersônicas (217 quilômetros por segundo). A Via Láctea se move em direção a Andrômeda a 88 quilômetros por segundo. O Grupo Local se move ao redor do superaglomerado de Virgem a 600 quilômetros por segundo. E o superaglomerado de Virgem se move ao redor de um complexo de galáxias chamado Grande Atrator. Tudo está em movimento no Universo, em todas as escalas.

A imobilidade é uma ilusão. Medimos os movimentos em um referencial de eixos de tempo e espaço que levamos conosco. Foi Descartes (1596-1650), ao observar uma mosca em seu quarto, que percebeu que os objetos só poderiam ser descritos no mundo do espaço e do tempo em referência a um conjunto de coordenadas: três espaciais e uma temporal. Só podemos saber que um movimento é constante se o medirmos a partir de diferentes observadores, fazendo uma operação simples de soma ou subtração que transponha o movimento de um referencial para outro: eu na Terra, digamos, e você em algum outro lugar distante, em algum braço espiralado ou em outra galáxia. Seria puro egoísmo dizer que o resto está onde eu determinei que estivesse. A afirmação de que a Terra é o centro imóvel do Universo só pode ser imposta por decreto.

O Universo de Newton, com coisas separadas e em movimento, é encenado num teatro enquadrado pelo espaço e pelo tempo sem lugar para o repouso. Espaço e tempo são imutáveis, eternos e infinitos. O espaço é infinito em extensão e o tempo é medido como se por um pêndulo que mede arcos no espaço por toda a eternidade. De acordo com o ponto de vista newtoniano, mesmo num universo vazio ainda haveria tempo e espaço. O vazio teria significado. Sempre haveria o tempo e o espaço, mesmo se nada mais existisse.

Durante centenas de anos a descrição do Universo de Newton funcionou muito bem. Mas depois, no mundo moderno cada vez mais veloz, começamos a perceber que nem mesmo sua teoria resiste. As leis do movimento de Newton se mantêm para as velocidades que associamos à vida cotidiana, mas, se tomarmos um ponto de vista menos egocêntrico, vamos descobrir que essas leis não são universais. Elas não funcionam a velocidades muito altas. A concepção de movimento de Newton, como se percebeu, só funciona para alguns tipos limitados de movimentos. É uma descrição aproximada, como afinal todas as teorias científicas demonstram ser.

Às vezes uma teoria pode ser salva, com algumas alterações; outras vezes, para descrever o mundo com mais exatidão, o mundo tem de ser descrito de outra forma. Foi o que aconteceu nesse caso.

Albert Einstein (1879-1955) reformulou o Universo para dar sentido a um novo fenômeno que a mecânica de Newton não conseguia explicar. O remédio de Einstein foi drástico. Tempo e espaço não são absolutos, como Newton os concebeu, nem são como pensamos que os percebemos. Einstein compreendeu que existe algo mais fundamental que o tempo e o espaço. A palavra fundamental, assim como a palavra único, não deveria admitir comparação ou superlativos. Não existe "mais único", nem "o mais único de todos". Se alguma coisa é fundamental, não pode haver uma compreensão mais profunda, nem algo mais fundamental. Porém, no discurso científico, o fundo está sempre sendo retirado de baixo do mundo. Não podemos jamais ter a certeza de que o que aceitamos como características fundamentais do mundo permaneçam fundamentais por muito tempo. A verdade na ciência é sempre provisória. Na prática, a ciência pode sempre contornar a noção de verdade. Existe apenas o que é mais verdadeiro, não uma verdade final. E sempre existe algo mais verdadeiro. O progresso da ciência pode ser entendido como o conhecimento de que sempre existirá outra característica, ainda não revelada, que será mais fundamental.

Einstein enunciou uma nova ideia do que é o movimento. Ele percebeu que todo movimento é o movimento da luz. É preciso acostumar-se com o significado dessa afirmação. Temos uma concepção tão sólida do que pensamos ser o movimento que concebê-lo de outra forma está quase além da nossa imaginação. Sentimo-nos tão à vontade com a ideia de Newton, de que tempo e espaço são absolutos e que as coisas se movem em relação a um enquadramento fixo, que a teoria de Einstein ainda nos choca, mais de cem anos depois de formulada.

A famosa teoria de Einstein, conhecida como teoria da relatividade especial, surgiu em 1905 num estudo intitulado "Sobre a eletrodinâmica dos corpos em movimento". Foi o cientista alemão Max Planck (1858-1947) que deu outro nome à teoria, embora Einstein considerasse a palavra relatividade enganosa e preferisse a palavra invariância, que significa o contrário.

Einstein herdou de Galileu o princípio da relatividade e a ideia de Copérnico incorporada a ela, de que a realidade deve parecer a mesma para qualquer observador que se desloque a velocidades constantes. Inspirou-se também no trabalho do físico e filósofo austríaco Ernst Mach (1838-1916). Em um experimento hipotético, Mach percebeu que o movimento de um único objeto num universo vazio não faz sentido (uma vez que movimento só tem significado em relação ao movimento de alguma outra coisa). O princípio de Mach, ainda não muito bem compreendido, sugere que o Universo inteiro está envolvido em algum movimento. O Universo reage cada vez que aplicamos força a um objeto. Utilizando esse princípio, Einstein conseguiu explicar uma minúscula oscilação da Terra, despercebida pela mecânica de Newton, que se deve à presença de tudo o que existe no Universo além dos planetas e do Sol. O curioso princípio de Mach parece implicar que de alguma forma o Universo sabe fazer a Terra oscilar; na verdade, que o Universo inteiro sabe quando uma maçã cai no chão. Fossem quais fossem as implicações, Mach libertou Einstein da noção da necessidade de eixos fixos de tempo e espaço para descrever o movimento. Na concepção da realidade de Newton, tempo e espaço formam a estrutura na qual o drama do Universo se desencadeia. Libertado dessa concepção, Einstein partiu para transportar o Universo para um teatro diferente.

Sabia-se que a velocidade da luz era finita havia mais de um século, embora só no final da década de 1840 o físico francês Armand Fizeau (1819-96) tenha feito a primeira medição séria. Em 1862 essa medição chegou a uma margem de erro de 1%. Foi Einstein, no entanto, quem percebeu que a velocidade da luz deveria ser também a maior velocidade do Universo. Por si só, essa afirmação desmonta a noção newtoniana de movimento relativo. Einstein está nos dizendo que o movimento da luz não pode ser relativo. Não importa a velocidade que alguma coisa tenha em relação à luz, essa velocidade jamais pode ser maior que a da luz (porque não existe velocidade maior que a velocidade da luz). No mundo newtoniano, o movimento relativo de dois raios de luz indo um em direção ao outro é calculado como sendo duas vezes a velocidade da luz. No mundo de Einstein, a soma desses dois movimentos combinados não pode ser maior que a velocidade da luz. Por causa de algo peculiar na natureza da luz, Einstein percebeu que o movimento não podia ser como Newton o descrevia. Dizer que nada se desloca mais rápido que a luz é apenas outra forma de dizer que o movimento da luz é invariável, ou *não* relativo.

No mundo newtoniano em que pensamos viver, achamos que sabemos distinguir de que forma um movimento difere de outro, se não por outra razão, pelo fato de poder ver as coisas se movendo em relação a nós com velocidades diferentes. Achamos até que podemos medir essas velocidades relativas. Colidir de frente com uma parede é metade do que seria ruim colidir de frente com um carro vindo em nossa direção com a mesma velocidade.

Einstein nos mostra que o mundo não é assim: isso é apenas a aparência do mundo nas baixas velocidades com que nos habituamos na nossa vida cotidiana. Temos de reconhecer que a descrição de Newton é uma boa aproximação. Isso não significa que a descrição de Newton não funciona apenas em velocidades próximas à da luz. Não funciona em velocidade nenhuma. Só que é mais difícil perceber isso a velocidades mais baixas. Em última análise, a ciência não trata de medições aproximadas, mas de medições cada vez mais precisas. Às vezes medir com mais precisão implica medir de forma diferente. Quando objetos estão se deslocando a altas velocidades — próximas da velocidade da luz —, fica claro que suas velocidades relativas não podem ser somadas da forma simples que costumamos fazer. Para poder explicar por que Newton estava equivocado, Einstein teve que descrever o movimento de outra forma. Numa descrição unificada do mundo, como seria possível existir um movimento cuja natureza difere do movimento de todas as outras coisas? Isso não é possível, e é por essa razão que deve haver algo errado com nossa concepção de como pensamos que o mundo é.

Einstein descarta a ideia de velocidades relativas e a substitui por uma compreensão mais profunda: a de que o movimento não é relativo. O movimento é invariável, e é o movimento da luz. Mas como pode ser possível? Como pode um pedestre que faz um passeio ter o mesmo movimento da luz? Não faz sentido. Mas isso acontece porque pensamos saber o que é o movimento, e nós pensamos em termos newtonianos. Einstein descreve o movimento de outra forma, e faz isso ligando o espaço e o tempo mais intimamente. Espaço e tempo estão ligados, diz Einstein, numa única realidade quadrimensional chamada espaço-tempo, e é nessa realidade extradimensional que todo movimento pode ser visto da mesma forma. O movimento só parece diferente para nós porque não conseguimos vivenciar essa unidade de tempo e espaço.

Einstein desorganiza a realidade absoluta e eterna do espaço de Newton e a substitui por um novo absoluto: a imutável natureza da luz. Tempo e espaço se tornam características relativas justamente porque a velocidade da luz não é relativa. Uma das consequências dessa visão é que no novo mundo revelado por Einstein o relógio de alguém que esteja se movendo em relação a nós vai bater mais devagar (no mundo newtoniano que vivenciamos). O mais estranho é que a pessoa que estamos observando vai pensar a mesma coisa: que o *nosso* relógio está mais lento. E se o princípio de Copérnico — de que todos observamos a realidade da mesma forma — continuar valendo, essa simetria deve ser verdadeira.

Do nosso ponto de vista, em um raio de luz o tempo é reduzido de forma tão drástica que o relógio não anda. A luz não se movimenta através do tempo. Todo o movimento da luz se dá através do espaço. A partir desse entendimento podemos vislumbrar um lampejo de esclarecimento que nos mostre como todos os movimentos são o movimento da luz: em menor ou maior grau, todos os movimentos se transformam de movimento no espaço em movimento no tempo. O pedestre que faz seu passeio parece se mover mais devagar em relação à velocidade da luz porque a maior parte do seu movimento acontece no tempo e não no espaço. Quando observamos esse movimento no espaço-tempo, podemos ver (ou um matemático pode nos convencer) que os movimentos do pedestre e o da luz são equivalentes.

Mas existe um grande problema na concepção de Einstein. A teoria não explica por que na verdade vivenciamos o tempo e o espaço como entidades separadas. É difícil aceitar que vivemos num mundo de quatro dimensões, e não de três dimensões no espaço e uma no tempo. Será que conseguiríamos perceber essa unidade de forma mais clara se estivéssemos mais conscientes, ou será que existe algo na teoria de Einstein que a caracteriza como uma descrição matemática e não física da realidade? Platônica em vez de aristotélica? Mas devemos também nos lembrar de que nossa reação natural ao mundo é nos colocarmos no centro dele e acreditar na existência do nosso ego. Mas parece que o mundo também não é desse jeito.

Einstein batalhou para fazer de sua teoria uma teoria geral. A teoria especial se baseia no movimento constante (e pode se basear no movimento acelerado), mas não leva em conta a gravidade. Um experimento mental simples (porém impossível) nos mostra que existe algo na gravidade que contradiz o que sabemos sobre a luz. Se o Sol fosse removido do Universo, perceberíamos esse desaparecimento no mesmo instante, pois de acordo com Newton a gravidade age de forma instantânea. Mas nós só *veríamos* que o Sol foi removido oito minutos mais tarde, pois esse é o tempo que a luz leva para se deslocar do Sol até aqui. Esse aparente paradoxo precisa de uma solução.

A transferência instantânea de informação embutida na teoria de Newton é refutada pela teoria de Einstein. Einstein teria de elaborar outra teoria da gravidade. Sua grande sacada surgiu quando ele percebeu que existe uma simetria entre aceleração e gravidade. Ele chamou essa ideia de "o pensamento mais fortuito de toda minha vida". Mas sua teoria teve de lutar para se impor. Einstein, que nunca se considerou um grande matemático, precisou aprender alguns fundamentos muito difíceis para escrever sua teoria. Demorou dez anos. As equações eram complexas, bem diferentes da memorável e precisa equação $E = mc^2$, que é a base matemática da teoria da relatividade especial. O escritor inglês C. P. Snow (1905-80) observou certa vez que, se não fosse por Einstein, estaríamos até hoje esperando a teoria geral. Não é um ponto de vista unânime e, de qualquer forma, como poderíamos saber?

O triunfo da teoria geral é que a natureza mística da força gravitacional de Newton evapora na geometria do espaço-tempo. A presença de massa distorce o espaço-tempo, e a gravidade é essa *distorção*. Uma órbita planetária é um caminho escavado no espaço-tempo pela massa do Sol. A Terra gira em torno do Sol porque a massa do Sol (e, em menor grau, a da Terra) distorce o espaço-tempo, e a Terra se move através dessa distorção. Se o Sol tivesse mais massa, o espaço seria mais curvo, tornando a órbita da Terra mais curta e mais próxima. Ao redor de objetos com massa relativamente baixa, como o nosso Sol, a distorção do espaço-tempo fica mais visível como uma distorção do espaço. Ao redor de objetos mais maciços, como uma estrela de nêutrons, a dilatação do tempo também seria visível. Num golpe final, Einstein elimina o misticismo da força de Newton. "A matéria diz ao espaço como se curvar, e o espaço diz à matéria como se mover", resume com elegância John Wheeler. Ou, como define o físico americano Michio Kaku (1947): "Em certo sentido, a gravidade não existe; o que move os planetas e as estrelas é a distorção do espaço e do tempo". Para Mercúrio, o planeta mais interno, o efeito gravitacional do Sol é bem mais forte. Uma pequena anomalia observada em seu movimento se deve ao fato de o planeta estar num forte campo gravitacional, e é explicada pela teoria da relatividade geral.

O efeito da gravidade não é só astronômico: o efeito retardador da gravidade já foi medido de forma mundana. Um relógio no alto de uma torre de 25 metros de altura no campus de Harvard andou mais depressa — um segundo a cada 100 milhões de anos — do que um relógio em sua base, onde a gravidade é um pouco mais forte. A diferença de andamento entre os dois relógios é exatamente a prevista pela relatividade geral. Isso sim é uma medição precisa.

Se o Sol fosse subitamente removido do Universo de Einstein, o espaço-tempo se desdobraria numa onda que se deslocaria em nossa direção à velocidade da luz. Sentiríamos o desaparecimento da gravidade do Sol no mesmo instante em que presenciássemos seu desaparecimento. Tanto a luz como a gravidade são meios de transferência de informação, e ambas são limitadas pela velocidade da luz. Existe aqui uma indicação de que talvez a gravidade e a luz estejam de alguma forma ligadas, que talvez até sejam dois aspectos de algo mais profundo que as ligue. Einstein passou a segunda metade da vida tentando unificar esses dois aspectos fundamentais da natureza, busca que continua até hoje.

A cosmologia moderna começou com a teoria da relatividade geral, mas sua explicação matemática é tão complexa que no início não ficou claro como a teoria seria interpretada pela linguagem da física. Ao refletir sobre como adaptar sua teoria ao Universo como um todo, Einstein percebeu que precisava de alguma suposição simplificadora sobre a natureza da realidade, sobre como o Universo teria de ser. A suposição de Einstein foi que o Universo deveria parecer o mesmo a partir de qualquer ponto de vista; isto é, deveria ser isotrópico. Essa suposição é chamada de princípio cosmológico e é outra confirmação da afirmação de Copérnico de que ninguém tem uma posição privilegiada no Universo. Ninguém está no centro do Universo, no sentido literal ou figurativo. Nesse caso, Einstein vira o princípio copernicano de cabeça para baixo: se o centro do Universo não está em parte alguma, e se o Universo parece igual a partir de qualquer ponto de vista, isso equivale a dizer que seu centro está em todas as partes.

Quando a teoria da relatividade geral foi publicada pela primeira vez, em 1915, houve muita especulação sobre até onde se estenderia o Universo. Muitos pensavam que a Via Láctea talvez fosse todo o Universo. Mas aqui da Terra nós a vemos como uma espécie de estrada no céu que os romanos chamavam de *Via Lactea*.[2] Mas, se fosse o Universo inteiro, a Via Láctea pareceria diferente para alienígenas que a observassem de outro ponto de vista. Por essa razão, de acordo com o princípio cosmológico de Einstein, a Via Láctea não pode ser o Universo inteiro.

Einstein fez outra suposição simplificadora: que o conteúdo do Universo isotrópico é distribuído de maneira uniforme. Uma suposição e tanto. Claro que o Universo não é uniforme nem regular em nenhuma ordem de magnitude que o observemos, mas, nas maiores escalas, além das estruturas formadas por aglomerados de aglomerados de galáxias, há razões para acreditar que a suposição de Einstein esteja correta. Mas aqui parece haver certa circularidade no argumento difícil de ser evitada: a uniformidade do Universo é descoberta a partir da suposição de sua uniformidade. Mais uma vez, devemos pôr de lado essas ninharias filosóficas. O princípio cosmológico permite aos cientistas aplicar a relatividade geral ao Universo como um todo, surgindo daí uma compreensão mais profunda, que se confirma por meio de experimentos e fica evidenciada pelo progresso tecnológico. Cale a boca e faça os cálculos!

Meses depois de sua publicação, o físico alemão Karl Schwarzchild (1873-1916) encontrou uma solução matemática para a teoria da relatividade geral que previa a existência de buracos negros, embora eles só ganhassem esse nome em 1967. No início, a ideia de que esses estranhos objetos pudessem existir no Universo encontrou forte resistência, mesmo do próprio Einstein. Com o passar do tempo, esses corpos superdensos se tornariam conhecidos como um dos aspectos mais importantes do Universo.

Em 1917, Einstein e outros perceberam que as equações da relatividade geral não descreviam um Universo estático. A preocupação de Einstein era que a gravidade não permitisse que o Universo se contraísse. Ele consertou a situação acrescentando um termo arbitrário, que chamou de constante cosmológica (não confundir com princípio cosmológico), para manter o Universo estável. Acrescentar termos adicionais e arbitrários não é algo que os cientistas façam sem uma boa razão. A teoria de Ptolomeu era respaldada pela adição repetitiva de epiciclos, uma solução *ad hoc* [para esse fim específico]. Um arranjo de epiciclos sempre poderia ser formulado para explicar novos dados relacionados ao movimento planetário, mas à custa de uma teoria matemática desajeitada e sem realidade física. No método científico moderno, a interpretação física de uma teoria é primordial. Sem uma interpretação física, a ciência é reduzida a abstrações matemáticas. Tempos depois, Einstein chamou o acréscimo de sua constante cosmológica como a maior asneira da sua vida.

Em 1922, o matemático russo Aleksandr Friedman (1888--1925) percebeu que sem a constante cosmológica as equações da relatividade geral na verdade descreviam um Universo em *expansão*. Mais uma vez, foi Einstein quem primeiro resistiu à ideia de que essa interpretação de suas equações pudesse ter alguma realidade física. Mas o padre e astrônomo belga George Lemaître (1894-1966) resolveu aceitar essa solução por seu valor nominal. Ele argumentou que, se o Universo está se expandindo, deve estar se expandindo a partir de algo menor. Levando essa ideia até sua conclusão lógica, ele conjeturou que tempo e espaço poderiam ser revertidos até um ponto onde o Universo inteiro se concentrava em certo tempo e em certo local: que o Universo tinha começado antes de existir o tempo e o espaço.

O raciocínio de Lemaître não poderia ser mais sugestivo, explicitado quando ele descreveu o Universo como um "ovo cósmico explodindo no momento da criação". Para muitos cientistas, cogitar que o Universo teria um começo não era uma boa ideia: na verdade, parecia um mal disfarçado dogma cristão, apresentado por um padre católico dando uma de astrônomo. Mas Lemaître tinha conseguido acomodar a dualidade da sua vida: "Existem duas formas de chegar à verdade", declarou certa vez. "Eu decidi seguir as duas."

Mesmo sem intenção, até os anos 20 a ciência manteve a convicção comum a certas religiões orientais de que o Universo é eterno, infinito e sem uma causa para sua existência, sem a necessidade de um ato da criação ou de uma história da criação. O Universo de Newton nunca termina e jamais começou, coerente com a noção de um Deus eterno e imutável. Newton tentava entender as leis de Deus. Deus criou o mundo e as leis da natureza, e o Universo existia como Deus, desde sempre e para sempre. Olhar para o Universo de Newton é olhar eternamente para trás, para objetos cada vez mais distantes.

O astrofísico inglês Sir Arthur Eddington (1882-1944) deixou de lado sua rejeição pessoal à ideia da existência de um momento da criação e encontrou no trabalho de Lemaître de 1927 uma possível explicação para a inquietante observação feita dois anos antes pelo astrônomo americano Edwin Hubble (1889-1953). Uma das suposições da ciência é que o Universo é coerente. Sejam quais forem as propriedades que entendemos a partir de elementos observados nas proximidades da Terra, acreditamos que esses elementos tenham as mesmas propriedades quando os encontramos em outras partes do Universo. Quando elementos queimam, a luz emitida produz um padrão distinto de cores, observado no nível atômico por meio de um processo chamado espectroscopia. O espectro das cores pode ser usado para identificar cada elemento individual. Em 1929, Edwin Hubble encontrou o espectro específico do hidrogênio numa estrela distante, só que esse espectro estava alterado, como se todas as cores estivessem mais vermelhas do que deveriam. Supondo que o que estamos vendo é hidrogênio, e se estamos certos de que o hidrogênio é o mesmo em todo o Universo, esse fenômeno requer uma explicação.

O efeito Doppler oferece uma explicação simples. O físico austríaco Christian Doppler (1803-53) foi o primeiro a explicar um efeito que todos percebemos quase todos os dias na vida moderna. Fica claro quando uma ambulância passa por nós em alta velocidade. O som começa mais alto que o verdadeiro tom da sirene e se reduz quando a ambulância passa. A impressão é que o tom cai de repente, mas na verdade é a intensidade do som que diminui. Assim como a paralaxe, o efeito Doppler é resultado da mudança da relação entre o observador e o que é observado.[3] Algo semelhante acontece quando vemos os espectros alterados para a região vermelha do espectro. Um desvio para o vermelho nos diz que as cores parecem ter menos energia. O efeito Doppler nos revela que a aparência de menos energia corresponde a um objeto que está se afastando de nós. A queda de intensidade é um efeito do movimento, não de alguma coisa inerente ao próprio objeto. Em outras palavras, estamos olhando para o mesmo hidrogênio, mas esse hidrogênio está se afastando de nós. A explicação é simples, mas as implicações são monumentais, e já haviam sido previstas por Lemaître.

Lemaître fez uma conjetura ousada, que num Universo em expansão os corpos mais distantes dariam a impressão de estar se afastando de nós e, quanto mais distantes estivessem, mais rapidamente pareceriam se mover. E esses corpos distantes estão se distanciando uns dos outros não por algum movimento inerente, mas sim pela expansão do próprio Universo. A observação de Hubble em 1929 e outras observações subsequentes confirmaram essa interpretação. Quase todos os objetos distantes no céu noturno parecem estar se afastando de nós, e a melhor explicação não é a de que se movem por coincidência ou por acaso, mas sim que é o próprio espaço que está se expandindo e os transportando.[4] Uma das primeiras observações dessas misteriosas linhas espectrais em desvio para o vermelho foram feitas no espectro de Andrômeda. O desvio das linhas para o vermelho no espectro poderia ser explicado se Andrômeda estivesse se afastando de nós no que seria a maior velocidade astronômica já medida. Repetidas observações de objetos astronômicos com desvio para o vermelho (antes considerados estrelas) foram interpretadas como mais uma prova tanto de um Universo em expansão como da existência de outras galáxias além da nossa. Andrômeda e todos aqueles distantes objetos astronômicos que se afastavam foram promovidos a galáxias, o que resultou numa extraordinária unificação da natureza: o conhecimento de que o mundo atômico fora usado para compreender o Universo em proporções astronômicas. Assim como aconteceu quando Galileu ergueu pela primeira vez o telescópio para os céus, o Universo se reformulava mais uma vez. Além de conseguirmos entender o Universo como um todo estudando suas grandes dimensões, pela primeira vez começamos a entender o Universo como um todo ao observar com mais precisão suas menores dimensões.

Com a constante cosmológica já descartada, uma nova solução — a chamada teoria do Big Bang — foi extraída da matemática da relatividade geral, embora mais uma vez sob a resistência inicial do autor da teoria. Agora, quando observamos o espaço, estamos olhando para trás, não para a eternidade de Newton, mas para o início do Universo. Olhar para o horizonte é percorrer a história do Universo numa volta no tempo. A matéria de movimentos lentos que vemos ao nosso redor ganha velocidade e fica mais parecida com radiação (cada vez mais como a luz) na medida em que o Universo encolhe até suas origens. Quando o Universo começou, só existia luz de alta energia, da qual foi criada toda a matéria que existe. O Universo é uma evolução da luz.

Parte da luz originária de um momento pouco após o Big Bang chega até nós hoje, depois de viajar através do Universo desde o início do tempo. Ela chega até nós na forma de radiação cósmica de fundo em micro-ondas (CMB), descoberta em 1965 e que é o indício experimental mais forte de que o Big Bang aconteceu. Essa radiação foi mapeada pela primeira vez pelo Cosmic Background Explorer (COBE) da NASA, lançado em 1989. Os resultados foram anunciados para o mundo no dia 23 de abril de 1992. Um novo mapeamento foi feito pela Wilkinson Microwave Anisotropy Probe (WMAP), da NASA, nos primeiros anos do novo milênio, e produziu a imagem mais detalhada que temos de como era o Universo logo após o Big Bang e, até o momento, a estimativa mais precisa da idade do Universo. Em 11 de fevereiro de 2003, a NASA anunciou que o Universo tem 13,7 bilhões de anos, com margem de erro de 200 milhões de anos para mais ou para menos. O mapa ficou mais detalhado nos últimos anos. Um novo mapa foi divulgado em 17 de março de 2006, e outro, em 28 de fevereiro de 2008. Esses últimos dados significam que o Universo pode ser datado com precisão ainda maior. Considera-se agora que o Universo tenha 13,73 bilhões de anos, com margem de erro de 120 milhões de anos para mais ou para menos. Einstein reformulou a noção de movimento para unificar o movimento de todas as coisas. A natureza da luz nos mostra como fazer essa unificação. Ele também expôs uma ligação profunda entre a luz e a gravidade, as duas formas pelas quais vemos e, em última análise, apreendemos o Universo. O Big Bang nos diz que o Universo começou como uma bola de fogo há 13,7 bilhões de anos. Passados todos esses anos, sabemos agora que o Universo contém coisas complexas, inclusive seres humanos que descobriram que tudo o que existe já foi radiação indiferenciada. Mas, se tudo já foi luz, parece razoável perguntar como parte dessa luz virou matéria, e como essa matéria se transformou em nós. A ciência faz essas perguntas, e tem respostas para elas.

Até agora na nossa narrativa já vimos o Universo em termos de luz e da presença de gravidade. E a existência de uma relação entre a luz e a matéria fica cada vez mais clara à medida que a ciência avança.

Por meio da luz e da gravidade podemos conceber o Universo como um contêiner limitado no qual existem objetos em movimento processando informação. A orla do Universo é um horizonte. Está na distância máxima que podemos enxergar: o que se chama de Universo *visível*. Existem todas as razões para supor que existe muito mais no Universo — talvez um Universo infinito — além desse horizonte, onde as leis da natureza podem ser bem diferentes. Metaforicamente, também vemos o Universo ao tentar entendê-lo. Quando consideramos o Universo, essa capacidade metafórica de ver é equivalente à nossa capacidade literal de enxergar. Se quisermos enxergar mais longe, devemos pensar melhor sobre a natureza da luz e da gravidade.

6. A saída pelo outro lado

> *Mas, a quem alcançasse o ponto onde se trata daquilo que "nem sequer é pequeno", escaparia toda a medida; "nem sequer pequeno" equivalia a "infinitamente grande", e o passo dado em direção ao átomo manifestava-se, sem exagero, como falta no mais alto grau. Pois, no instante da mais extrema dissecação e diminuição do material, descortinava-se de repente o cosmo astronômico.**
>
> Thomas Mann, *A montanha mágica*

Mas não existe nada visível a olho nu para nos lembrar que o Universo também é muito pequeno. A existência de uma região de coisas minúsculas em equilíbrio com os céus não está clara

---

* Tradução de Herbert Caro, São Paulo, Círculo do Livro, 1986. (N. T.) As minúsculas estrelas são um constante lembrete de que o Universo é muito grande. A vastidão dos céus tem sido celebrada por culturas desde que as culturas existem. Os céus são a morada dos deuses, a quem nos dirigimos em busca de sinais e significados.

para nós. Um dos primeiros a explorar esse novo território foi o cientista e arquiteto inglês Robert Hooke (1635-1703). Seu livro *Micrographia* (publicado em 1665) foi um sucesso de vendas, destacando-se por suas detalhadas gravuras (algumas podem ter sido feitas por Christopher Wren), particularmente a da pulga, uma ilustração que se desdobrava até ficar com quatro vezes o tamanho do livro. Em seu diário, Samuel Pepys (1633-1703) escreveu que se sentiu tão empolgado que ficou acordado até duas horas da manhã, e disse que era "o livro mais criativo que já li na minha vida". Só com a invenção do microscópio foi possível perceber a existência de um mundo de significados a ser encontrado no muito pequeno. Embora o microscópio e o telescópio tenham sido invenções dos holandeses nos primeiros anos do século XVII, as revelações de Hooke aconteceram meio século depois de Galileu ter erguido seu telescópio para o céu.

A vastidão (se essa é a palavra certa) da pequenez desses mundos fica clara no desejo quase adolescente daqueles pioneiros de contar o que viam, tão entusiasmados se sentiram com a prodigalidade da natureza. Hooke calculou que havia 1 259 712 000 compartimentos numa polegada quadrada de cortiça, um dos primeiros indícios da estrutura celular das formas vivas. O cientista holandês Anton van Leeuwenhoek (1632-1723), usando microscópios que não se aperfeiçoaram por mais de 150 anos, contou 8 280 000 animálculos numa gota d'água.

O século XVII viu o Universo se abrir em suas maiores e menores dimensões, mas só no século XX a espantosa pequenez do mundo passou a figurar em nossa compreensão física do Universo como um todo.

Não temos um nome para as características minúsculas do Universo (sem dúvida "reino das fadas" não nos serve), e nenhuma linguagem com a qual navegar em espaços pequenos. Nós olhamos para as estrelas, mas para onde olhamos para chegar às coisas pequenas? Para dentro? Para baixo?

Imaginamos que algum dia poderemos viajar pelo espaço para verificar por nós mesmos que o Universo é como o descrevemos, mas como poderíamos explorar o mundo dos átomos e das partículas subatômicas? Não existe acesso para o mundo microscópico (a não ser que nos imaginemos como versões menores de nós mesmos, como Alice, que encolheu para passar pelo pequeno portão do jardim). Só podemos nos comportar como observadores passivos, usando a inventividade para aumentar de forma artificial nossa capacidade de ver.

É fácil pensar que o Universo se reduz à vastidão. Afinal, o que é a altura de um ser humano comparada com a distância até nossa estrela mais próxima? Um ser humano não parece ser muito maior do que nada. Estamos mais dispostos a aceitar a ideia de um lugar que contenha tudo do que um lugar que, de forma simétrica, deveria conter uma noção do que é o nada. O espaço contém tudo, mas onde está o nada? O nada parece perto, de uma forma quase irritante. Entendemos que para abordar o nada devemos nos aproximar de coisas que ficam cada vez menores, assim como acreditamos que só podemos abranger o Universo olhando para objetos cada vez maiores, até não restar mais nada para ver. Podemos nos imaginar segurando um objeto que diminua entre nossos dedos até chegar afinal àquele lugar onde está o nada. Mas onde fica esse lugar? Não chega a ser uma localização ou destino, mas ainda assim parece um destino inerente a todas as localizações.

Os materialistas acreditam que o mundo é feito de alguma coisa, e que essa coisa pode ser medida e descrita. Os materialistas são forçados a dizer: já que existe alguma coisa, essa coisa deve ser feita de alguma outra coisa menor. Se uma descrição material do mundo deve incluir uma descrição do que é o nada de que se originam as coisas, torna-se inevitável uma investigação de coisas menores ainda. Na física, esse é o estudo dos átomos e de suas partes constituintes.

Se as maiores estruturas do Universo visível podem ser abrangidas com uma modesta sequência de ordens de grandeza crescentes, deveria ser possível também sair em busca das menores estruturas do Universo a partir de uma sequência de ordens de grandeza decrescentes. É uma questão de lógica. Podemos descer (se é que é descer) até o mundo das coisas pequenas, encolhendo objetos de 1 metro de comprimento até a um décimo de metro (10 centímetros), a um centésimo de metro (1 centímetro), a um milésimo de metro (1 milímetro), e assim por diante. Existem misteriosas estruturas de pequenez a serem encontradas, talvez ainda mais misteriosas que as do Universo como um todo. E cada um desses passos nos conduzirá para mais perto do maior mistério do mundo material: o nada absoluto.

100 – 10 CENTÍMETROS (10^0 – 10^{-1} METRO)

O menor adulto humano foi Lucia Zarate (1864-90), uma mulher mexicana que se apresentava no Barnum's Circus cuja altura máxima chegou a 50,8 centímetros. Um feto humano desenvolvido tem em média 51,3 centímetros da cabeça aos pés. Antes da vigésima semana, os fetos são medidos da cabeça ao uropígio, pois nesse estágio as pernas estão encolhidas contra o tronco.

10 CENTÍMETROS – 1 CENTÍMETRO (10^{-1} – 10^{-2} METRO)

Com catorze semanas o feto humano tem, na média, 8,7 centímetros da cabeça ao uropígio.

O menor pássaro do mundo conhecido é o colibri-abelha, com 5 centímetros de comprimento. Seu ninho tem apenas 3 centímetros de diâmetro. O menor mamífero pode ser tanto o morcego-abelha da Tailândia como o musaranho-pigmeu-etrusco, dependendo de como a pequenez for definida. O morcego-abelha mede de 3 a 4 centímetros de comprimento e pesa cerca de 2 gramas. O pigmeu-etrusco tem mais ou menos 3,6 centímetros de comprimento e pesa 1,3 grama. O morcego-abelha, porém, tem o menor tamanho de crânio (1,1 centímetro) de todos os mamíferos.

10 MILÍMETROS − 1 MILÍMETRO (10^{-2} − 10^{-3} METRO)

Os menores peixes pertencem ao gênero *Paedocypris*, da Indonésia, e têm 7,9 milímetros de comprimento. Os machos da espécie *Photocorynus spiniceps*, ou diabo-marinho, são ainda menores, medindo entre 6,2 e 7,3 milímetros, mas as fêmeas são bem maiores.

1 − 0,1 MILÍMETRO (10^{-3} − 10^{-4} METRO)

A cabeça de um alfinete tem cerca de 1 milímetro de diâmetro. A maioria de nós não tem problemas para enxergar objetos do tamanho da cabeça de um alfinete, que medem um milésimo de metro, mas só com uma excelente visão os seres humanos conseguem discernir algo com um décimo de milímetro (10^{-4} metro) de comprimento, quatro ordens de grandeza menores que nós. A maior parte dos ácaros e carrapatos tem esse tamanho: quase microscópico. O ácaro-branco (*Polyphagotarsonemus latus*) tem menos de 0,2 milímetro de comprimento.

0,1 – 0,01 MILÍMETRO (10^{-4} – 10^{-5} METRO)

O menor ovo de inseto está na fronteira entre o discernível e o indiscernível a olho nu. Os ovos da mosca parasita *Zenillia pullata* podem chegar a 0,02 milímetro de comprimento. Representando uma das estruturas básicas a que a vida pode ser reduzida, as células, que compõem toda a vida animal e vegetal, estão nessa faixa de dimensões. As células do nosso corpo são tão pequenas em relação ao nosso corpo quanto somos pequenos se comparados a uma montanha.

0,01 – 0,001 MILÍMETRO (10^{-5} – 10^{-6} METRO)

Os menores organismos unicelulares — a alga azul esverdeada e as bactérias — estão nessa faixa de dimensões. O fato de esses organismos serem as criaturas vivas mais antigas e também nossos mais antigos parentes vivos é uma descoberta evolutiva recente, e reforça a convicção materialista de que é possível um entendimento fundamental da natureza a partir do estudo das coisas menores.

Os vírus podem ser encontrados na base dessa variação. São extensões de DNA com cerca de 0,001 milímetro (10^{-6} metro) de comprimento. Embora sejam as menores formas de vida, os vírus não conseguem ter vida autônoma sem formas de vida maiores que os hospedem.

1000 – 100 NANÔMETROS[1] (10^{-6} – 10^{-7} METRO)

O menor organismo vivo registrado é o *Nanoarchaeum*. Vive nas profundezas oceânicas sob as severas condições existentes ao redor dos ventos hidrotermais, onde a água se encontra em ebulição. Os *Nanoarchaea* têm em geral 400 nanômetros de comprimento.

100 – 10 NANÔMETROS (10^{-7} – 10^{-8} METRO)

Desde 1996 alguns cientistas afirmam ter encontrado organismos vivos ainda menores que os *Nanoarchaea*, chamados nanóbios. Porém há quem alegue que essas estruturas, de 20 nanômetros de comprimento, não passam de ramificações cristalinas. Os fundamentos que definem a vida estão sempre sendo revisados para baixo. A evolução rastreou no tempo os ancestrais comuns de todos os seres vivos até a alga e a bactéria; ir além disso nos leva ao mundo das moléculas complexas. A biologia molecular talvez seja a área mais fértil de pesquisa em biologia evolutiva hoje em dia. A maioria dos biólogos moleculares apoia a ideia de que a vida surgiu pela primeira vez de moléculas auto-organizadas, e os primeiros candidatos possíveis estão começando a ser identificados.

Parece cada vez mais claro que a vida não é uma fronteira concreta entre o animado e o inanimado, mas sim algo difuso como a orla do sistema solar ou, na verdade, como a orla do Universo. A vida começa a parecer uma espécie de rótulo arbitrário que impomos a um fenômeno não inteiramente distinto, cujo significado aos poucos vem surgindo de um processo evolutivo que deve afinal se fundir com as descrições que temos para as menores estruturas do Universo.

10 NANÔMETROS – 1 NANÔMETRO (10^{-8} – 10^{-9} METRO)

A barba cresce alguns nanômetros durante o tempo que levamos para erguer o barbeador até o rosto.

O buckminsterfullereno é uma esfera na forma de uma bola de futebol feita pelo homem e composta por 60 átomos de carbono (C_{60}). Trata-se de algo importante na história do desenvolvimento da nanotecnologia. Seu nome vem do utopista e projetista americano Buckminster Fuller (1895-1983) por causa de sua associação com o domo geodésico, uma complexa estrutura esférica, ou quase esférica, que tem a propriedade de ser muito mais forte que suas partes constituintes. O buckminsterfullereno é uma esfera geodésica formada por vinte planos hexagonais e doze planos pentagonais de átomos de carbono. Quando comprimida, torna-se mais dura que o diamante, outra forma de carbono puro. Sua forma simétrica lhe confere muitas propriedades químicas interessantes. Uma única molécula de C_{60} cabe num vão de 1 nanômetro de largura.

O nanotubo é outro tipo de fulereno. É uma estrutura de carbono cilíndrica com poucos nanômetros de largura, mas talvez alguns milímetros de comprimento, ou seja, 1 milhão de vezes mais longo que seu comprimento. Essas formas de carbono feitas pelo homem têm muitas aplicações na emergente ciência da nanotecnologia e em eletrônica.

Nanotecnologia é a ciência que constrói máquinas e estruturas com partes do tamanho de moléculas, usadas hoje em circuitos integrados de computadores ou, de forma mais prosaica, na manufatura de roupas que não mancham e para aumentar as propriedades coloidais de loções bronzeadoras. No futuro, a nanotecnologia pode propiciar formas de conduzir medicamentos pelo corpo humano até locais específicos. O engenheiro americano Eric Drexler (1955), um dos pais e fundadores da nanotecnologia, prevê que um dia nanomáquinas menores que uma bactéria poderão ser enviadas ao espaço para construir novos materiais, molécula por molécula, a partir da matéria-prima ali existente: conquistar a pequenez do espaço talvez se torne um meio de conquistarmos o espaço cósmico.

Moléculas são feitas de átomos, e estão nessa escala de grandeza. Moléculas longas, chamadas polímeros, podem ser longas o suficiente para se estender até várias ordens de grandeza que a precedem, mas mesmo os polímeros não têm mais que alguns átomos de largura. A molécula longa mais famosa é a molécula do DNA. A dupla-hélice da molécula de DNA tem 2 nanômetros de largura.

1 − 0,1 NANÔMETRO $(10^{-9} - 10^{-10}$ METRO$)$

Nessa escala de tamanho estão os átomos dos quais as moléculas são construídas. O maior átomo, o do césio, tem 0,546 nanômetro de largura, situando-se no ponto médio dessa escala de tamanhos. O menor átomo é o de hidrogênio, com 0,106 nanômetro de diâmetro, só um pouco acima da base da escala.

Toda a matéria em larga escala, ou macroscópica, é formada por moléculas, e todas as moléculas são formadas por átomos de 94 diferentes elementos naturais. Há outros elementos que só existem em laboratório. Podemos reduzir a natureza a este modesto número de diferenças: os elementos relacionados de forma conhecida na tabela periódica.

Os átomos deveriam ser a última palavra numa descrição física da matéria, já que a palavra "átomo" significa indivisível. Mas agora sabemos que os átomos estão longe de serem indivisíveis, embora saibamos também que não é fácil dividi-los. Os átomos formam uma forte barreira, difícil de ser rompida, que se ergue entre o mundo conhecido das "coisas" e o intrigante mundo que jaz além.

O atomismo foi uma filosofia proposta pela primeira vez por Leucipo e seu discípulo Demócrito antes de 400 a.C. e se baseia na ideia de que o Universo era feito de pequenas coisas imperceptíveis, indestrutíveis, indivisíveis, eternas e não criadas. Essa maneira de conceber o mundo só foi retomada no início do século XIX, quando o cientista inglês John Dalton (1766-1844) percebeu que em algumas reações químicas as substâncias se combinam em números inteiros de peso, o que o fez pensar que deveria existir uma quantidade mínima para cada substância. Assim, nos tempos modernos o átomo emergiu mais da química que da física. A ideia de Dalton, contudo, permaneceu hipotética por mais algumas centenas de anos. Mesmo já no final do século XIX, o físico Ernst Mach, cuja compreensão da relatividade do movimento influenciou Einstein, era de opinião de que os átomos nunca seriam percebidos pelos sentidos, e por isso deveriam ser considerados entidades teóricas, não físicas.

O atomismo, a filosofia das coisas indivisíveis, é incômodo. Como pode haver um fim para a pequenez no mundo material? Qualquer partícula que ocupe um lugar no espaço não pode ser ao mesmo tempo indivisível e fundamental. Qualquer coisa que ocupe um espaço pode ser rotulada: esta área A, aquela área B. Uma coisa assim tem de ser divisível — mesmo que não saibamos como fazer isso —, ou seremos forçados a dizer por decreto que essa coisa é feita de algum material que não pode ser dividido, e por isso não é fundamental em si mesmo. Os físicos que procuram as partes fundamentais da matéria dizem que essas partes não podem ter estrutura. Os cientistas dos dias de hoje chegaram à mesma conclusão filosófica que os antigos críticos do atomismo, a de que, caso existam, as partículas elementares devem de alguma forma ser puntiformes, ou seja, não estendidas. Qualquer coisa que se estenda deve ter uma estrutura. O fato de a matéria elementar não ocupar lugar no espaço levou os cientistas a descartar o atomismo. Embora a ciência moderna tenha chegado à mesma conclusão quanto ao que deve ser a matéria elementar, isso não impediu que os cientistas partissem no encalço desse intrigante mistério.

Ao longo da história, os átomos deixaram de despertar interesse, assim que se tornou claro que eles têm um tamanho, mas a busca continuou pelos "átomos" dos átomos, pelas partículas elementares, como ficaram conhecidas.

Mas poderíamos perguntar que tipo de existência é possível atribuir a algo que não ocupa lugar do espaço. Será que essas *coisas*, assim como os átomos de Mach no passado, devem ser consideradas entidades puramente matemáticas, sem significado físico? E como encontraremos essas misteriosas substâncias, mesmo numa peneira capaz de separar objetos infinitesimais? Essas partículas elementares vão sempre passar através da peneira, já que não ocupam lugar no espaço.

Seja qual for a realidade filosófica dos átomos, as provas experimentais estavam deixando cada vez mais claro que até mesmo os átomos — se é que existem — são feitos de alguma outra coisa.

ABAIXO DE 10^{-10} METRO

Segundo o escritor de ciência britânico John Gribbin (1946), foi a invenção de uma bomba de vácuo, aperfeiçoada na metade do século XIX, que levou à "maior revolução na história da ciência". Vácuos perfeitos não existem, nem na natureza nem em laboratório. A natureza chega mais perto. A maior parte do vácuo do espaço cósmico está mais próxima do vácuo do que qualquer vácuo criado em laboratório. Mas essas primeiras bombas de vácuo criaram uma nova situação sobre a Terra: uma aproximação do nada. Dessa nova situação surgiu uma nova compreensão da natureza da realidade.

Uma corrente elétrica que flui no vácuo pode produzir raios incandescentes que se deslocam em linha reta e projetam uma sombra. Descobertos na década de 1880, esses raios foram chamados de raios catódicos. Por algum tempo se pensou que seriam uma forma de luz, até se descobrir que eles se deslocam a uma velocidade mais baixa que a da luz. Nos últimos anos do século xix, o físico inglês J. J. Thomson (1856-1940) conseguiu demonstrar que esses raios são formados por fluxos de elétrons, partículas ainda menores que os átomos. Em 1899 ele mediu a carga de um único elétron e mostrou que sua massa era mais ou menos equivalente a 1/2000 da massa de um átomo de hidrogênio. A despeito do que sejam, ali estava uma prova de que os átomos são mesmo feitos de alguma coisa muito menor.

O físico francês Henri Becquerel (1852-1908) descobriu a radiação por acaso, enquanto estudava vários materiais fosforescentes, como o urânio, que tinha acumulado desde o tempo de seu avô, que havia pesquisado o fenômeno. O que foi a princípio chamado de raios de Becquerel se revelou mais tarde como dois tipos de radiação — feixes de partículas carregadas —, chamados raios alfa e beta. Por serem energéticos o suficiente para fazer parte de reações nucleares, e por ocorrerem na natureza, esses raios foram de crucial importância nos primórdios da física das partículas. A explicação das radiações alfa e beta contém boa parte da subsequente história da física das partículas.

Em 1909 o físico neozelandês Ernest Rutherford (1871-1937) supervisionou um experimento usando raios alfa que revelaria um retrato moderno e reconhecível do átomo. No experimento, uma fina lâmina de ouro foi bombardeada com raios alfa. A folha de ouro é usada porque pode ser muito fina, com apenas alguns átomos de espessura. Esperava-se que os raios alfa atravessassem a folha e fossem defletidos numa série de ângulos, como previsto pelo então vigente modelo de estrutura do átomo. Em 1904, J. J.

Thomson havia enunciado o que depois foi chamado, embora não por ele, de modelo do pudim de ameixas do átomo, em que as cargas elétricas negativas eram incorporadas numa nuvem de carga positiva como se fossem ameixas num pudim.[2] O resultado do experimento de Rutherford mostrou que esse modelo precisava ser revisto, pois a maior parte das partículas alfa que formavam os raios não foi defletida ao passar pela folha de ouro. E, o que é ainda mais espantoso, cerca de uma em cada 8000 partículas foram defletidas num ângulo de mais de 90 graus. Na época comentou-se que era como atirar numa folha de papel e descobrir que algumas balas voltavam para a arma. Em 1912, Rutherford interpretou corretamente o resultado, que às vezes uma partícula alfa — com carga positiva — faz uma colisão frontal com o centro maciço do átomo, também com carga positiva, que depois foi chamado de núcleo. Nesse novo modelo, o minúsculo núcleo do átomo é cercado por elétrons que giram em torno dele, como planetas ao redor do Sol. A forma como os elétrons se movem em torno do núcleo seria uma das descobertas-chave da física quântica. Em 1912 ainda faltava essa explicação.

Um átomo típico mede uma fração de um nanômetro de diâmetro (menos de um bilionésimo de metro), mas Rutherford mostrou que para encontrar o núcleo de um átomo é necessário atravessar outras quatro ordens de grandeza. O núcleo de um átomo comum mede cerca de 10^{-14} metro de diâmetro,[3] o que o torna mais de 10 mil vezes menor que o próprio átomo. Encontrar o núcleo dentro de um átomo foi comparado a encontrar uma ervilha suspensa no espaço de uma catedral, mas essas analogias caseiras, ainda que poderosas, podem desviar a atenção. O átomo não é uma catedral, nem o núcleo é uma ervilha; eles não mantêm uma escala de tamanho com as coisas do nosso mundo local. Na ciência, é importante não trocar o conhecimento pelo egocentrismo doméstico, não dar precedência a ervilhas ou catedrais. "Analogias não provam nada", escreveu certa vez Freud, "mas podem nos fazer sentir mais em casa." Casa, por definição, é um lugar próximo. A ciência, por sua metodologia, pretende tornar essa casa cada vez mais abrangente: a casa como o Universo.

À parte algumas eventuais charadas filosóficas, a busca pelo material elementar do Universo parecia estar indo bem. Em 1932, as 94 diferenças entre os elementos foram reduzidas a apenas três. Os diferentes átomos da natureza são arranjos de prótons, nêutrons (como acontece no núcleo) e elétrons. Por outro lado, descobriu-se que os prótons e nêutrons tinham tamanho (os dois na região de 10^{-15} metro de diâmetro), e por isso foram também descartados como partículas fundamentais.

Em meados do século xx, foi descoberto que prótons e nêutrons são feitos de uma partícula ainda menor, chamada quark, um nome intelectualizado extraído do pouco lido romance *Finnegans wake*, de James Joyce (*"Three quarks for Muster Mark"*). Foi o físico de partículas americano Murray Gell-Mann (1929) — um nobre declarado e detalhista que às vezes corrigia as pessoas quanto à pronúncia dos próprios nomes — quem concebeu a rebuscada teoria que resultou na busca e na descoberta dessas misteriosas partículas. E foi ele quem lhes deu nome. Com um toque mais leve e mais apropriado à sua natureza populista, Richard Feynman,[4] que estava desenvolvendo uma teoria na mesma linha, propôs que as partículas fossem chamadas de párton, em homenagem a Dolly Parton.[5]

Quarks e elétrons têm uma propriedade que os distingue das outras pequenas partículas: medem *no máximo* 10^{-18} metro (um bilionésimo de um bilionésimo de metro) de diâmetro, uma dimensão a que só chegamos descendo várias ordens de grandeza a partir do tamanho de um próton ou nêutron. Quarks e elétrons são considerados as partículas elementares que estávamos procurando. Mas, se as partículas elementares não têm uma dimensão no espaço, como seriam? E, se não têm dimensão, como podemos dizer que elétrons e quarks têm no máximo 10^{-18} metro de diâmetro? A pista está em "no máximo".

7. Luz sobre a matéria

Chute uma pedra, Sam Johnson, e o seu dedo quebra:
Mas gasosa, gasosa é a substância da pedra.

Richard Wilbur, "Epistemology"

Nossa compreensão do mundo em larga escala se aprofundou porque nos tornamos mais sensíveis à luz. Ao construirmos telescópios melhores, estendemos o alcance dos nossos olhos e elaboramos melhores teorias, estendendo também o alcance do nosso cérebro. Algo semelhante parece estar acontecendo na outra extremidade do mundo. Os microscópios são outra forma de aumentar nossa capacidade de ver.

Sem dúvida a luz é fundamental para a nossa descrição do mundo material, mas nós ainda não perguntamos, até agora, o que seria uma descrição material da própria luz, e a relatividade geral aponta na direção de uma possível unificação entre a luz e a gravidade. Sabemos que a gravidade é a geometria do espaço-tempo, mas o que é a luz? Nosso bom-senso nos diz que o mundo é onde está a matéria que torna o mundo visível. Para conseguirmos formular uma descrição unificada da natureza, de alguma forma teremos que entender como o mundo invisível da luz se transforma no mundo visível da matéria. Temos de resolver o paradoxo de que o que vemos é visto por meio de algo invisível. Aristóteles achava que os olhos geravam a luz que enxergamos. Os primeiros estudos da luz eram relacionados à natureza dos próprios olhos e de como eles enxergavam. Esse campo foi chamado de óptica. Leonardo da Vinci talvez tenha sido um dos primeiros a perceber a difração da luz em várias cores, como se pode ver através de uma pena, por exemplo, ou nas pistas compactas de um CD atual. Newton ouviu seu contemporâneo, o polímata Robert Hooke, "falando de um estranho desvio da luz causado por sua passagem próximo ao fio de uma navalha, de uma faca ou de outro corpo opaco", um fenômeno não compreendido até pelo menos um século depois. Newton começou a se interessar pela natureza da luz depois de comprar um prisma numa feira itinerante. Ele usou o prisma para decompor a luz visível em suas cores constituintes e depois conjeturou, levando em conta a simetria (um procedimento científico muito útil), se as cores poderiam ser recompostas para se tornar luz invisível outra vez. Ele teve de esperar que a feira itinerante voltasse para poder comprar outro prisma e testar sua teoria. Embora Newton tenha feito importantes descobertas sobre a natureza da luz no final do século XVII, sua concepção da luz como feixe de "partículas flamejantes" não podia explicar o estranho efeito que Hooke havia observado nas imediações do fio de uma faca. Christiaan Huygens, contemporâneo de Newton, havia proposto uma teoria ondulatória da luz. Um dos problemas da teoria ondulatória da luz é que as ondas precisam propagar-se através de um meio. Huygens propôs que elas se moviam através de uma espécie de geleia superfina chamada éter. (A substância de que Aristóteles dizia serem feitos os céus tinha o mesmo nome, mas claro que não é a mesma coisa.) A objeção de Newton era de que o éter teria de preencher o espaço todo, e isso reduziria a velocidade dos planetas. O problema do éter iria atormentar a ciência por um bom tempo depois disso. A fama de Newton, com seu apoio à teoria das partículas, atrasou o estudo da luz por mais de um século.

Nos primeiros anos do século xix, o extraordinário cientista e egiptólogo Thomas Young (1773-1829) forneceu a primeira explicação plausível do fenômeno observado por Hooke. Consta que Young guardava um caderno de anotações desde os dois anos de idade, aos quatro anos já tinha lido a Bíblia duas vezes, começou a ler Newton aos sete e aos dezesseis já lia em latim, grego, francês, italiano, hebraico, caldeu, siríaco, samaritano, árabe, persa, turco e etíope. Em Cambridge, era conhecido como Young, o Fenômeno. Young elaborou um experimento para tentar provar que a difração da luz ao redor de lâminas afiadas é um fenômeno mais bem explicado se considerarmos a luz como onda e não como partículas. Seu experimento simples, de 1801, é um dos mais famosos e de mais fácil repetição na história da ciência. Ele projetou uma luz brilhante através de duas fendas de um milionésimo de metro de largura (da largura de uma fenda feita por uma navalha). Numa tela do outro lado, aparece uma série de bandas de luz e sombra, como se fossem ondas de água, neutralizando-se onde vales e picos se encontram e se reforçando onde picos se encontram com picos e vales se encontram com vales. Esse efeito é chamado de interferência. Em 1802, William Wollaston descobriu que a luz que passa por um prisma também revela linhas claras e escuras se observada ao microscópio. Embora não se soubesse na época, ele estava olhando para a assinatura do Sol: para os elementos de que o Sol se compõe. Uma observação semelhante, feita depois no século xix, levou à descoberta do hélio, um elemento até então desconhecido na Terra e assim denominado em referência a *hélios*, a palavra grega para Sol. Antigamente se pensava que o Sol era igual à Terra, só que mais quente. O filósofo pré-socrático Anaxágoras (c. 500 a.C.-428 a.C.) achava que meteoritos eram um material lançado pelo Sol. Até os anos 20 ainda se pensava que o Sol era composto de apenas 5% de hidrogênio. Agora sabemos que o Sol é quase todo de hidrogênio, com um pouco de hélio e pequenas quantidades de alguns outros elementos.

Quando os benefícios superam os custos, a ciência pode surpreender com sua complacência. A gravidade invisível de Newton foi aceita (com alguma resistência, claro) porque a teoria gravitacional unifica muitos aspectos da natureza. Se além disso uma nova teoria — mesmo com a influência nociva de alguma nova substância inexplicável — resultar num maior poder explanatório — ou seja, se explicar um monte de fenômenos até então não explicados —, bem, nesse caso se trata de um mal necessário. O éter ao menos tem a vantagem de ser material, mesmo que não se saiba de que é feito esse material.

Aceitar a proposta de Young significava encarar seriamente o problema do éter, e levou algum tempo para a ciência se acostumar com isso. O trabalho de Young foi ridicularizado por décadas, porém aos poucos o poder explanatório de sua descrição ondulatória começou a compensar o desconforto de ter que aceitar a existência de uma substância inexplicável e não observada através da qual as ondas se deslocavam.

Em 1877, os cientistas americanos Albert Michelson (1852--1931) e Edward Morley (1838-1923) criaram um experimento preciso o bastante, em teoria, para detectar o vento que deveria resultar da passagem da Terra através do éter durante a órbita do planeta em torno do Sol. Apesar de todos os esforços, os dois não encontraram nenhum indício do tal vento etéreo. Foi um experimento num sentido específico do termo experimento. Eles testaram a ideia de que existe um vento etéreo e *ajustaram* os resultados dentro da margem de erro do aparato que utilizaram.

O filósofo britânico nascido na Áustria Karl Popper (1902-94) remoeu a noção do que constitui uma prova científica. Ele entendeu que uma teoria científica não pode jamais ser provada de forma absoluta, que deve sempre ser ajustável. A mecânica newtoniana, por exemplo, é ajustável, porque reafirma que todo movimento é relativo. A teoria foi ajustada quando ficou claro que uma teoria melhor poderia ser elaborada com base na hipótese de que a velocidade da luz *não* é relativa. A descrição de Ptolomeu dos movimentos planetários, por outro lado, não é uma teoria propriamente científica, pois os epiciclos usados para descrever os movimentos circulares dos planetas tornam a teoria não ajustável. A despeito da forma como o movimento dos planetas é observado, será sempre possível descrever esse movimento usando tantos epiciclos quantos forem necessários para completar os dados.

O mais comum é pensarmos num experimento como algo que visa encontrar provas, não confirmar sua ausência, mas o experimento de Michelson-Morley se classifica como tal em termos popperianos. O experimento deixa aberta a possibilidade de que o éter ainda poderia existir caso fosse empregada uma medição mais precisa. Mas, até aí, essa questão se aplica a qualquer medição mais precisa, ou seja: a realidade pode parecer diferente se a examinarmos mais de perto.

Foi Einstein (quem mais?) que acabou demonstrando que o éter não existe, e por meio do puro intelecto, não a partir de medições físicas do mundo. Em sua teoria da relatividade especial, ele levantou a hipótese de que a luz não tem uma velocidade relativa. Aliás, sua teoria se baseia na convicção de que o éter não pode existir. O movimento da luz não pode ser relativo a coisa nenhuma, e isso deve excluir também o éter. O sucesso de sua teoria resultou em que a necessidade de um meio para a propagação da luz foi descartada em silêncio. Assim, a forma como a luz poderia ser uma onda sem ondular — e sem ter por *onde* ondular — começou a parecer uma questão filosófica. (Cale a boca e faça os cálculos!) De qualquer forma, àquela altura a natureza da luz já estava prestes a ser compreendida de uma nova maneira. Dois afluentes do rio da ciência logo iriam se encontrar numa grande unificação da natureza.

O filósofo grego Tales sabia que o âmbar produzia faíscas ao ser friccionado com certos materiais (o que agora chamamos de eletricidade estática), e que botões de âmbar atraíam o cabelo pelo poder de alguma força. Também foram encontradas certas rochas com essa capacidade de atração. A descoberta dessas duas forças de atração naturais, produzidas pelo que agora conhecemos como eletricidade e magnetismo, foi a primeira indicação de que poderia haver uma relação entre as duas. Na metade do século XVIII, o polímata americano Benjamin Franklin (1706-90) percebeu que tanto a eletricidade como o magnetismo se manifestavam de duas formas, que ele denominou de negativa e positiva. Essa propriedade *ad hoc* é postulada para explicar que algumas cargas se repelem e outras se atraem. Saber que cargas iguais se repelem e que cargas opostas se atraem não é uma explicação: é uma constatação de como se comportam os objetos eletricamente carregados. Separar esses objetos em tipos distintos é o primeiro procedimento da ciência. Separar e rotular, depois tentar juntar os fenômenos díspares de formas inesperadas.

No início do século XIX, o físico e químico dinamarquês Hans Christian Oersted (1777-1851) mostrou que a agulha de uma bússola é atraída na direção de uma corrente elétrica que flui através de um arame em espiral, a primeira demonstração de que uma corrente elétrica produz magnetismo. Uma década depois, o físico e químico inglês Michael Faraday (1791-1867) pegou essa ideia e conjeturou, usando da simetria (outra vez esse importante conceito), se um ímã em movimento no interior de um arame em espiral poderia produzir uma corrente elétrica, descobrindo assim o que seria chamado de indutância. Ele descobriu também que a eletricidade pode afetar a luz polarizada, o que o fez pensar na existência de uma relação entre a eletricidade e a luz.

Filho de um ferreiro, Faraday teve seu primeiro contato com a eletricidade quando trabalhava como encadernador, ao ler um artigo sobre o assunto na *Encyclopaedia Britannica*. Sua chance surgiu quando o químico e físico inglês Humphry Davy (1778--1829) o admitiu como assistente, depois de ter dispensado outro assistente por conta de bebida. Se magnetismo e eletricidade têm uma natureza particular, Faraday ponderou como as partículas sabiam para onde ir. O mesmo problema está inerente na teoria gravitacional de Newton: como um corpo sabe como afetar outro à distância através do espaço? Com o passar do tempo, devido ao sucesso da lei da gravitação universal, esse problema acabou sendo esquecido.

Faraday imaginou que cada partícula magnética é cercada por "uma atmosfera de força", uma espécie de estado do espaço que ele mais tarde chamou de campo. Faraday, como Einstein, era um entusiasta da ideia de uma natureza unificada. Embora sua compreensão da matemática fosse limitada (ele nem se interessava muito pela matéria), Faraday inventou o conceito de "campo" (fundamental para entendermos a natureza das partículas do Universo) para unificar esses fenômenos numa só explicação. É esse campo de influência que informa como a partícula deve se mover. Pode ser visualizado como setas indicando a direção da força, em todos os pontos do espaço. É difícil dizer se isso é apenas uma descrição puramente matemática ou alguma coisa real.

O campo não explica bem por que as partículas à distância sabem para que lado ir; é mais um caso de *ad hoc*, como nos casos do éter e da carga elétrica, que faz a explicação funcionar. Mas, ao atribuir algumas propriedades ao campo, achamos que podemos explicar fenômenos que de outra forma teriam permanecido sem explicação. A aplicação da teoria de campo funciona tão bem nesse caso que aos poucos passamos a nos sentir à vontade com a ideia, da mesma forma que com a gravidade, até reconhecer o campo como presença física no mundo. O epiciclo era uma definição *ad hoc*, mas na cosmologia de Ptolomeu qualquer medição mais exata dos movimentos planetários exigia a adição de mais um epiciclo. Nesse caso, o campo de Faraday usa um único conceito *ad hoc* para unificar uma multiplicidade de fenômenos.

A natureza nos encoraja a acreditar *ad hoc* em nossos fenômenos. Assim como vemos maçãs caírem e por isso damos como certa a gravidade de Newton — mesmo que só viéssemos a saber o que era quando Einstein a transformou na geometria do espaço-tempo —, também observamos limalha de ferro se alinhar ao longo de um campo magnético e começamos a aceitar a existência de um campo magnético. O campo é a nossa explicação de como uma força pode saltar através do espaço, como faz a gravidade através de um campo gravitacional na descrição de Newton. Na verdade, o campo *é* a força.

As descobertas de Oersted e Faraday começam a sugerir o que agora sabemos ser verdade, que eletricidade e magnetismo estão ligados de forma inexorável. Uma partícula estacionária carregada é cercada por um campo elétrico, e uma partícula carregada em movimento produz um campo elétrico e um campo magnético. Assim, se uma partícula carregada se move através de um campo magnético, o campo magnético muda, pois a partícula carregada em movimento também produz seu próprio campo magnético. Por sua vez, a mudança desse campo magnético produz um campo elétrico que altera o campo elétrico da partícula carregada em movimento, que mais uma vez altera o campo magnético, e assim por diante. A radiação eletromagnética é esse ciclo de reforços. O ciclo de reforços dos campos elétrico e magnético se move à velocidade mais alta possível, à velocidade da luz.

As alterações dos campos magnéticos não podem ser descritas de forma independente umas das outras. A alteração de um campo magnético produz um campo elétrico, e a alteração de um campo elétrico gera um campo magnético. Quando eles se reforçam mutuamente, o resultado é o eletromagnetismo — ou luz.

Da mesma forma, uma carga elétrica em aceleração também produz radiação eletromagnética: uma carga estática produz um campo elétrico; uma carga em movimento produz um campo elétrico e um campo magnético. Mas, como um campo magnético em movimento também produz um campo elétrico, mais uma vez os campos se reforçam mutuamente na forma de radiação eletromagnética.

Assim, a luz a que costumávamos nos referir como luz visível — como a do Sol ou de uma vela — acaba sendo parte de uma faixa contínua, ou espectro, da chamada radiação eletromagnética. A luz visível é apenas uma parte mínima desse espectro, que percebemos com nossos olhos como algo separado das outras partes do espectro, enquanto a radiação infravermelha é percebida como calor, a radiação ultravioleta bronzeia a pele e os raios X destroem células. Ao lhe dar nome, nós as separamos como fenômenos distintos com diferentes propriedades, porém subjacente a essa separação existe uma continuidade de energia que varia de ondas de rádio de baixa energia até os muito energéticos raios gama. Mas a natureza não sabe que demos nomes às suas pequenas partes. Do seu ponto de vista, a luz é uma radiação con-

147

tínua. É por isso que os cientistas usam a palavra "luz" para se referir a qualquer parte do espectro eletromagnético.

A minúscula região do espectro que é a luz visível é ainda dividida em faixas que vemos como cores. As extremidades do espectro eletromagnético como um todo são definidas como extremidade vermelha e extremidade azul, como se esse espectro fosse uma extensão da pequena região chamada luz visível. As ondas de rádio não são vermelhas, mas encontram-se além da extremidade vermelha da região visível do espectro; da mesma forma, raios X e raios gama se localizam além da extremidade azul.

Em 1861, o excêntrico matemático e físico escocês James Clerk Maxwell (1831-79), conhecido na universidade como Dafty [Pirado], publicou um estudo com quatro equações que descreviam a matemática da radiação eletromagnética e mostravam que cada radiação se deslocaria à velocidade da luz. Maxwell adivinhou que a radiação eletromagnética era a mesma coisa que a luz, mas na época não havia nenhuma prova experimental. O físico alemão Heinrich Hertz (1857-94) forneceu o indício físico ao produzir as primeiras ondas de rádio e micro-ondas e mostrar que todas as ondas eletromagnéticas se deslocavam à velocidade da luz. Embora menos conhecidas que as leis do movimento de Newton e que as equações relativistas de Einstein, as equações de Maxwell têm importância semelhante para a história da ciência. Aliadas ao indício físico de Hertz, essas equações abstratas unificaram a eletricidade, o magnetismo e a óptica numa única descrição. Só por relatarmos essa síntese em termos históricos é que tendemos a pensar que eletricidade e magnetismo são na verdade partes de algo mais sutil chamado luz. Por terem sido definidos antes, a eletricidade e o magnetismo estão mais incorporados na teoria científica, e por isso lhes conferimos uma realidade maior. Vemos as partes com mais nitidez do que vemos o todo, pois o todo é o que está sempre sendo apontado, algo distante no horizonte e no futuro. É difícil assimilar o conceito de que a luz é ao mesmo tempo a menos tangível e a mais profunda realidade. A investigação científica confere estranhos matizes à realidade. Uma compreensão mais profunda é sempre a mais provisória por ser a mais nova, a última a ter chegado, a menos testada, a mais hipotética. O magnetismo e a eletricidade se revelaram aspectos de alguma coisa mais simétrica, e essa coisa mais simétrica é a luz.

Ao que tudo indica, as equações de Maxwell têm um furo fatal: parecem só funcionar para observadores estacionários. A saída para o dilema é supor que a velocidade da luz é invariável. Mas isso vai contra nosso entendimento do movimento como descrito pela mecânica newtoniana. As leis do movimento de Newton nos dizem que todo movimento é relativo. Como pode um tipo de movimento ser invariável? Foi a convicção de Einstein em que as equações de Maxwell deviam estar corretas e que a mecânica de Newton estava errada que o estimulou a aceitar essa implicação e partir desse ponto, ou seja, que o movimento da luz é especial. Isso originou sua teoria da relatividade especial, bem como uma compreensão mais profunda de como se relacionam os campos elétrico e magnético. De acordo com a relatividade especial, esses campos devem ser manifestações da mesma coisa, pois espectadores se movimentando em diferentes sistemas de referência verão o que parece ser um campo elétrico em um dos sistemas de referência e um campo magnético em outro.

Nesse mesmo prodigioso ano de 1905, ao publicar seu estudo sobre a relatividade especial, Einstein produziu outros dois trabalhos seminais.

Em um deles, apresentou a prova conclusiva de que os átomos de fato existem (embora na época já se soubesse que não eram partículas elementares, mas sim formados por partículas menores), esclarecendo também um fenômeno chamado movimento browniano. Esse fenômeno peculiar, que permaneceu sem explicação por quase oitenta anos, foi descrito pela primeira vez pelo botânico escocês Robert Brown (1773-1858) como a dança que o pólen realiza na superfície da água. Einstein percebeu que o movimento podia ser visto como o impacto perpétuo de moléculas da água com o pólen, e, embora tenha esboçado apenas uma sugestão — "Eu não consegui formar um julgamento sobre a questão" —, as tentativas de Einstein costumavam disfarçar sua certeza. De qualquer forma, a partir desse momento os átomos se tornaram entidades com realidade física, fundamentais para a química e para a física do século XX.[1]

Em seu terceiro trabalho de 1905, Einstein forneceu uma explicação para um fenômeno até então inexplicável chamado efeito fotoelétrico. Esse estudo se transformou em um dos alicerces da física quântica.

Hertz tinha descoberto um efeito que não conseguia explicar: que a luz no comprimento de onda ultravioleta pode produzir centelhas se projetada numa placa de metal. Esse é o efeito fotoelétrico. O problema é que mesmo uma luz ultravioleta fraca produz esse efeito, enquanto luzes de cores diferentes não o produzem, por mais energéticas que sejam. Esse efeito não pode ser explicado usando-se descrições clássicas da luz, de acordo com as quais a luz de qualquer cor, com energia suficiente, deveria produzir essa centelha.

Einstein resolveu o problema tomando emprestada uma recente ideia que o físico alemão Max Planck (1858-1947) havia usado para explicar outro inquietante fenômeno da física clássica, chamado o problema da radiação de corpo negro. Já tinha sido observado que, quando diferentes substâncias são aquecidas, a maior parte da luz emitida forma um pico com o mesmo formato. A frequência do pico pode variar para substâncias diferentes, mas a forma do pico permanece a mesma. A razão da existência de um pico não pôde ser explicada a partir do entendimento clássico da luz como uma onda regular. Planck tinha uma solução: ele resolveu tratar a luz da mesma forma como se entende o calor. O calor é a medida da energia de uma partícula, e temperatura é a energia média de muitas partículas individuais. Planck resolveu tratar a luz como se fosse granulosa, como o calor. Ele nunca tentou sugerir que a luz fosse formada por grãos; na verdade, deixou bem claro que na sua opinião isso não tinha fundamento e que sua suposição era apenas um dispositivo matemático. A partir dessa suposição, contudo, Planck conseguiu resolver um problema renitente. Ele não entendia por que a radiação devia ser tratada dessa forma; só sabia que poderia explicar o fenômeno observado se este fosse tratado daquela forma. Einstein tomou emprestada essa mesma ideia em termos físicos, assim como tinha decidido adotar as implicações das equações de Maxwell em termos físicos. Ele resolveu acreditar que esses grãos de energia existiam de fato.

Em vez de uma onda contínua, Einstein disse que a luz deveria ser vista como pacotes de ondas, o que na verdade conferia à luz um comportamento semelhante ao de partículas. A clássica teoria ondulatória da luz diz que a luz mais brilhante é a mais energética, e por isso a luz mais brilhante deveria aumentar o efeito fotoelétrico. Na realidade isso não acontece. Se a luz de determinada frequência (ou cor) não produz cor, ela nunca provocará a centelha, por mais brilhante que se torne. Ao contrário, se a luz for de uma cor que faça as centelhas acontecerem, elas vão continuar acontecendo, por mais que a luz seja esmaecida. Na nova descrição de Einstein, a energia da luz é descrita de forma diferente. A luz de Einstein é dividida em pacotes (na verdade, partículas) chamados *quanta*, plural do latim *quantum*, ou "quanto". Foi Planck quem calculou o tamanho que teriam esses *quanta*, mesmo sem ter avaliado na época se os *quanta* de fato existiam.

Assim como a alta velocidade da luz molda a paisagem do mundo macroscópico, um diminuto número chamado constante de Planck molda a paisagem do mundo subatômico. O tamanho de um *quantum* de energia é a frequência da luz multiplicada pela constante de Planck, que tem o valor de $6,626 \times 10^{-34}$ joules por segundo.[2] Em 1926, o químico americano Gilbert Lewis (1875-1946) denominou esses *quanta* de luz de "fótons". Se o pacote de *quantum*, ou fóton, tem energia suficiente, um elétron é ejetado de um dos átomos que formam a superfície do metal: os elétrons ejetados são o que vemos como centelhas. Na nova descrição de Einstein, o efeito acontece seja qual for o número de partículas que formem a luz — ou por mais fraca que seja essa luz. Mas, se o *quantum* não tiver energia suficiente, a centelha jamais ocorrerá, seja qual for o número de partículas que brilhem no metal — ou por mais brilhante que seja essa luz.

Com esse trabalho, Einstein na verdade inventou a física quântica. Quase uma década depois, o físico dinamarquês Niels Bohr (1885-1962) usou a mesma ideia para explicar outro fenômeno até então sem explicação. Os átomos de um gás aquecido emitem luz em cores bem definidas das linhas espectrais. Já vimos que o padrão espectral é uma assinatura única que pode ser usada para identificar cada elemento, mas o porquê da existência das linhas espectrais está além do poder explanatório da física clássica. Para resolver o problema, Bohr propôs uma nova teoria de como um átomo poderia ser descrito fisicamente. Foi na verdade um primeiro palpite de uma descrição quântica do átomo, e um aprimoramento do modelo de Rutherford, que por sua vez havia substituído o modelo do pudim de ameixas de Thomson. Logo ficou claro que o modelo planetário de Rutherford não descrevia o que os átomos eram na verdade. Um elétron em órbita é uma partícula carregada, acelerando e emitindo radiação eletromagnética. Um elétron emitindo radiação eletromagnética é um elétron que está perdendo energia. Foi demonstrado que um elétron em órbita cairia no núcleo em menos de 10 bilionésimos de segundo.

Na descrição de Bohr, os elétrons giram ao redor do núcleo em órbitas bem definidas. Os elétrons só podem se mover entre diferentes órbitas se tiverem quantidades bem definidas de energia, ou seja, de *quanta*. Dessa forma, as linhas espectrais são prova do movimento dos elétrons entre órbitas distintas. A diferença de energia que um elétron tem em um estado em relação a outro é vista como uma emissão de luz que forma a linha espectral. O tamanho fixo desses grãos de energia emitida é uma prova, como Einstein supôs, de que os *quanta* de luz existem de fato. Já vimos que foi o modelo de Bohr que permitiu que os cosmólogos entendessem a composição de estrelas distantes e interpretassem uma observação feita por Hubble como indício de um Universo em expansão. A razão de os elétrons estarem confinados, segundo a afirmação de Bohr, é outra suposição que temos de aceitar, e estamos querendo aceitar porque, se assim fizermos, mais fenômenos serão explicados.

A física quântica muda a forma como descrevemos a luz, e como usamos a luz para descrever a realidade, muda também a forma como descrevemos a realidade. Um mundo que parecia ondulado, quando observado mais de perto, revela-se granuloso, da mesma forma que nosso mundo tecnológico, que já foi uniforme e analógico, agora é digital e cheio de pixels. De longe não conseguimos notar a diferença, mas de perto sim.

Na descrição quântica da luz, enxergamos as coisas porque minúsculas partículas de luz chamadas fótons colidem com elas. Se as partículas forem bem pequenas e em número suficiente, podemos imaginá-las penetrando todas as fendas do que estivermos olhando e revelar detalhes que dão a impressão de que estamos enxergando um todo coerente, com um filme, feito como que de 24 tremulantes quadros a cada segundo, dando uma ilusão de vida real. Nesse cenário, para ver coisas com mais clareza, seria necessária a existência de partículas menores.

O bom-senso nos diz que, se só podemos ver uma coisa lançando pequenos objetos nela, mesmo que nossos arremessos dessas partículas sejam delicados, o objeto que queremos olhar sempre será perturbado de alguma forma. Não há como fugir do fato de que, se só conseguimos ver por meio de partículas providas de energia, essas partículas devem transferir parte dessa energia para o objeto que está sendo visto. O bom-senso também nos leva à conclusão de que essa forma de ver o mundo estabelece um limite na precisão com que o mundo pode ser visto. Por mais delicados que sejamos ao tentar ver o mundo, sempre estaremos interferindo nele.

Pode parecer razoável supor que existe um mundo observável além desses limites, mesmo se não pudermos vê-lo e, portanto, se não pudermos saber de fato o que existe ali. Mas uma descrição quântica do mundo é uma região onde o razoável e o bom-senso devem ser postos de lado. Richard Feynman disse da descrição física quântica da realidade que "ninguém a compreende", o que deveria nos animar um pouco. É como se a energia das partículas agisse como um véu recobrindo o mundo, atrás do qual a realidade tem a oportunidade de ser algo bem diferente.

Temos uma noção do que pensamos que a realidade é: um mundo de coisas separadas em movimento, que descrevemos usando conhecidos conceitos newtonianos (ou clássicos) de posição, velocidade, massa, energia e tempo. Na mecânica clássica, saber o *momentum* (que se mede multiplicando a massa pela velocidade) e a posição de uma partícula descreve seu movimento com precisão. Em teoria, podemos calcular onde a partícula estava no passado e onde estará no futuro. Mas em 1927 o físico alemão Werner Heisenberg (1901-76) enunciou seu famoso Princípio da Incerteza, que afirma que o *momentum* e a posição não podem ser medidos com precisão ao mesmo tempo, negando assim uma descrição clássica completa da natureza. As leis de Newton descrevem um mundo mecânico de objetos distintos se movendo no tempo e no espaço. Nesse mundo, a cada momento, cada objeto com massa tem uma posição e uma velocidade que podem ser medidas em relação a algum referencial. Em teoria, se soubermos o movimento de um corpo isolado num instante de tempo saberemos onde encontrar esse corpo em todos os pontos desde o passado até o futuro. Seu movimento é descrito por duas informações: a posição do objeto e seu *momentum*. E, se o corpo não estiver isolado, mais uma vez, em teoria (é bem mais difícil fazer isso na prática), se soubermos o movimento em um dado instante de cada corpo no sistema, podemos da mesma forma descrever o sistema como um todo. No início do século xix o matemático e astrônomo francês Pierre-Simon de Laplace (1749-1827) escreveu sobre uma inteligência que poderia compreender todos "os movimentos dos maiores corpos do Universo e os dos átomos mais leves [...] Para essa inteligência nada seria incerto; e o futuro, como o passado, estaria aberto aos seus olhos". Heisenberg nos diz que o mundo não é assim. Claro que nosso primeiro desejo é perguntar por quê, como fazíamos quando crianças. Por que o princípio de Heisenberg é verdadeiro? Infelizmente, primeiro temos de aceitar que o mundo é assim e, a partir dessa nova descrição, procurar previsões que possam ser testadas em experimentos. É a confirmação dessas previsões, a partir de um experimento, que nos estimula a aceitar que o princípio de Heisenberg fornece uma descrição melhor (que abrange um número maior de fenômenos) que a descrição que tínhamos antes.

O princípio de Heisenberg nos diz que, quanto mais precisamente medirmos o *momentum* de uma partícula, menos precisamente saberemos onde a partícula está, e vice-versa. Podemos conhecer o *momentum* da partícula e sua posição, mas nunca conhecer com precisão as *duas* quantidades ao mesmo tempo. Se quisermos saber o *momentum exato* de uma partícula, temos que abandonar a ideia de saber onde a partícula está. Não é que a partícula possa estar em qualquer lugar, mas sim que a própria noção de localização perde o sentido. Da mesma forma, se soubermos *com exatidão* onde localizar a partícula, precisamos desistir de conhecer sua velocidade: a noção de velocidade e, portanto, de *momentum*, perde o sentido. Essa é a nossa nova visão da realidade. É muito diferente da visão clássica do mundo, que supõe que podemos medir o movimento de um objeto a partir do conhecimento de sua posição e de seu *momentum*, cada vez com mais precisão.

Momentum e posição são características do mundo das coisas maiores, que chamamos de mundo clássico. A realidade do mundo quântico é diferente. Antes de fazermos uma medição, a partícula existe de tal forma que não tem *momentum* nem localização. Assim que fazemos a medição, extraímos certa quantidade de informação do mundo quântico, que vemos como uma descrição imprecisa do *momentum* da partícula e de sua posição num mundo clássico. As características que Newton descobriu (ou terá inventado?) e usou para descrever seu mundo clássico não mais existem no mundo quântico atrás dele.

Se quisermos descrever uma partícula em termos clássicos, vamos perceber que essa descrição sempre será incompleta. Antes de ser observada, não se pode dizer se a partícula está em algum lugar. A localização é uma propriedade do mundo macroscópico. Em seu estado quântico, antes de fazermos uma medição, uma partícula existe dentro da possibilidade de estar em lugares diferentes. Só após a medição a partícula revelará alguma informação sobre sua posição incerta. O Princípio da Incerteza de Heisenberg nos diz que o mundo clássico não pode ser conhecido com precisão. Não que uma medição precisa esteja descartada, mas uma medição precisa descarta uma descrição clássica completa da natureza.

A mecânica quântica só faz sentido (se é que podemos dizer que faz algum sentido) se entendermos que o processo de medição cria a aparência do que chamamos de realidade clássica, ou observável. Antes de serem medidas, as coisas não são coisas, mas existem em um estado de potencialidade descrito por uma onda de probabilidade matemática. A onda se desdobra no tempo e só significa alguma coisa quando extraímos informação dela, isto é, quando perguntamos qual é o aspecto da natureza observável de uma partícula naquele instante. A realidade não é incognoscível, mas é incerta. Heisenberg na verdade usou a palavra intraduzível *anschaulichen*, que significa mais precisamente indeterminação ou indeterminabilidade. Em seu estado quântico, a localização de um elétron não é apenas incerta como também indeterminável.

Não podemos conhecer com exatidão a resposta para as duas questões que de outra forma determinariam a natureza clássica da realidade. Damos precedência ao mundo clássico porque temos certeza de que o mundo é feito de coisas que se movem no espaço. A física quântica nos diz que esse mundo é uma ilusão construída a partir de uma informação parcial que extraímos de uma realidade mais profunda. O mundo físico das coisas é só a forma que essa informação parcial assume. É a forma como a compreendemos.

Agora podemos começar a entender a estranha relação entre partículas elementares e tamanho. Como vimos, conhecer o tamanho de uma partícula é apenas um intercâmbio com outro aspecto da natureza clássica de uma partícula, que é o seu *mo-*

mentum. Uma partícula com baixa energia só parece ocupar uma dimensão no espaço. No mundo clássico, tudo tem um *momentum* baixo e tudo parece ter uma dimensão no espaço. Mas isso é uma ilusão que surge de uma realidade quântica mais profunda. Essa dimensão aparente não é o verdadeiro tamanho da partícula: seu tamanho é apenas uma característica mais visível nas baixas energias do mundo normal. Em altas energias, uma partícula elementar se torna puntiforme. Mas mesmo essa natureza puntiforme de uma partícula elementar tampouco representa seu "verdadeiro" tamanho: é como ela parece quando optamos por medir a energia dessa partícula.

A maneira como o formalismo matemático da física quântica seria interpretado fisicamente provou ser um desafio intelectual tão grande quanto as primeiras tentativas de encontrar interpretações físicas para as equações da relatividade geral de Einstein. Mas o primeiro desafio foi estabelecer o formalismo matemático, e foi Heisenberg quem fez essa primeira tentativa. Sua descoberta surgiu quando ele estava na ilha de Heligoland, no mar do Norte, convalescendo de um grave ataque de febre do feno. Ele percebeu que poderia utilizar uma entidade matemática chamada matriz, que até então se restringia ao mundo da matemática pura. (Einstein também tinha usado uma linguagem matemática inovadora para formular suas equações da relatividade geral.) Havia muito em jogo, em termos filosóficos, naqueles primeiros tempos da física quântica. Os pioneiros se dividiam em dois campos: os seguidores de Bohr, que enfatizavam a descontinuidade do salto quântico, e os seguidores de Einstein, que ressaltavam a natureza dupla do mundo quântico, ao mesmo tempo como onda e partícula. As matrizes de Heisenberg o puseram ao lado de Bohr. O físico austríaco Erwin Schrödinger (1887-1961) se sentiu tão esteticamente rechaçado pelo formalismo de Heisenberg que chamou aquilo de "titica" (ou seja qual for a palavra equivalente em alemão). Ele resolveu encontrar sua própria descrição, e por isso se hospedou num hotel na Suíça durante duas semanas, junto com a amante e duas pérolas (para colocar nos ouvidos e impedir qualquer ruído de fundo). A equação ondulatória de Schrödinger de 1926 revelou seu gosto por uma descrição ondulatória da realidade, e sua aversão pela descontinuidade inerente à noção do *quantum*. Ele chegou à sua equação depois de seguir a analogia com uma corda de violino vibrando. Em 1924, o aristocrático físico francês Louis, sétimo duque de Broglie (1892-1987), havia mostrado que todas as partículas poderiam também ser descritas como ondas, que até uma bola teria uma natureza ondulatória. Como sempre, a natureza se mostra simétrica. O físico alemão Max Born (1882-1970) argumentou que a onda de Schrödinger não é uma partícula em si, mas uma medida da probabilidade anexada à sua natureza particular. Durante um tempo houve uma batalha silenciosa entre os formalismos de Schrödinger e de Heisenberg, embora ambos sejam equivalentes em termos matemáticos.

Enquanto isso, o físico inglês Paul Dirac (1902-84) não se sentiu impressionado pela equação de Schrödinger. Se Schrödinger achava a matemática de Heisenberg feia, Dirac pensava o mesmo da de Schrödinger. Em 1928, Dirac produziu uma nítida e simples descrição de certa classe de partículas, que também abrangia a teoria da relatividade especial de Einstein: a primeira tentativa de uma descrição que abrangesse tanto a física quântica como a relatividade. Em essência, Dirac deu início ao processo de transformação da física quântica numa teoria de campo, o que ainda é até hoje, embora muito mais elaborada desde a sua época. É por meio de campos e partículas que o mundo físico é descrito atualmente.

A equação de Dirac previa a existência de partículas com energia negativa, embora na época ninguém estivesse preparado para atribuir qualquer significado físico a essa solução da equação. Heisenberg disse que a equação de Dirac era "o capítulo mais triste da física teórica". Mas afinal foram descobertas partículas com energia negativa. O primeiro indício da chamada antimatéria surgiu em 1932, quando foi detectada uma partícula idêntica a um elétron, mas que aniquilava o elétron se o encontrasse. Hoje esse antielétron é conhecido como pósitron. Depois disso ficou estabelecido que todas as partículas elementares têm suas antipartículas correspondentes.

O limite na medição de Heisenberg impõe um intercâmbio não só entre *momentum* e posição, mas também entre energia e tempo, outro par de quantidades que fornecia uma descrição clássica completa no mundo de Newton. De acordo com o princípio de Heisenberg, pares de partículas feitas de matéria e antimatéria podem existir em energias muito altas, mas não durante muito tempo. Por se cancelarem mutuamente, não se pode dizer que elas existem no mundo clássico, nem que violem alguma lei da física clássica. A existência delas é na verdade um empréstimo devolvido ao nada, ou ao que os cientistas chamam de vácuo (não confundir com o vácuo de que nos lembramos da escola, que tenta criar uma ausência de matéria com ajuda de uma bomba). Essas partículas podem pedir tempo emprestado e voltar ao passado, ou se deslocar a velocidades mais altas que a da luz sem violar a lei de Einstein.

O vácuo só é nada quando visto à distância. Quanto mais nos aproximamos, mais energético o nada parece ser. Aristóteles argumentou que a natureza abomina o vácuo; para ele, não havia algo como o vazio total, e parece que estava certo.

Partículas energéticas entram e saem da existência sem motivo. Surgem e desaparecem aleatoriamente, além do limite do mundo causal: o mundo clássico que conhecemos, com coisas grandes, lentas e de baixa energia. São necessárias quantidades cada vez maiores de energia para vislumbrar a tremenda energia do nada. Quanto mais energia injetamos no vácuo, mais partículas surgem dele sem nenhuma razão. A impossibilidade do nada absoluto garante que, em vez de esmaecer no vazio, o mundo faz o contrário quando examinado de perto: torna-se cada vez mais energético. Não existe algo como espaço vazio. O espaço cósmico pode parecer vazio, mas de perto as minúsculas partes do espaço se revelam cada vez menos vazias. Vazio é uma característica que o espaço só parece ter em grandes dimensões.

Toda a matéria visível do mundo é formada por apenas quatro partículas: dois tipos de *quarks* (chamados *up* e *down*), o elétron e uma partícula associada ao elétron, chamada neutrino. Infelizmente, para garantir a existência dessas quatro partículas, é necessária a existência de centenas de outras partículas (mais suas antipartículas correspondentes). A descoberta dessas partículas foi possível com a injeção de grandes quantidades de energia no vácuo, de onde elas podem ser trazidas a uma espécie de existência por curto período. Existem tantas dessas partículas — vistas como evanescentes picos de energia em aceleradores de partículas — que elas foram chamadas de o zoológico das partículas. Consta que o físico italiano Enrico Fermi (1901-54) teria respondido a uma pergunta de um aluno: "Meu jovem, se eu conseguisse me lembrar dos nomes dessas partículas, teria me tornado botânico".

Essa prodigalidade é inquietante, e a busca por leis simples e exatas que possam servir de base para a natureza sofreu um revés. A prova mais convincente de que as descrições atuais de campo e de partículas estão na direção certa vem do fato de que essas teorias são as que foram testadas com mais precisão na história da ciência, até mais que as teorias da relatividade de Einstein. As descrições do campo quântico foram testadas com a precisão de uma parte em 1 bilhão, como se a distância entre Nova York e Los Angeles fosse medida com a precisão de um fio de cabelo. Ainda assim, a falta de concisão dessas teorias quânticas de campo, chamadas de Modelo Padrão, é muito inquietante. O físico teórico Thomas Kibble (1932) chegou a dizer a respeito do Modelo Padrão que é "uma teoria tão *ad hoc* e tão feia que é claramente absurda". E mesmo seus adeptos admitem estar cheia de remendos. Se o Modelo Padrão é feio em si, ao menos é indicativo de simetrias mais profundas.

Embora a matéria visível seja formada de apenas dois *quarks*, existem três pares de *quarks* no Modelo Padrão, *up* e *down*, *charmed* e *strange* e *top* e *bottom*. Essas seis características são chamadas de sabores, ou *flavours*. Os próprios nomes dessas propriedades já mostram sua arbitrariedade. Um *quark* não é mais *charmed* que o outro, nem mais *up* ou mais *bottom*. É impossível dizer o que essas características representam no mundo físico. De certa forma, isso também se aplica aos rótulos *ad hoc* que já vimos, como os rótulos de "positivo" e "negativo" que Benjamin Franklin deu à carga do que depois se descobriu ser o elétron. Positivo e negativo só têm significado à medida que vemos uma espécie de objeto carregado magnética ou eletricamente repelir ou atrair outro. São rótulos arbitrários, usados para diferenciar fenômenos. "*Top*" e "*up*" são apenas dois outros rótulos arbitrários, necessários para diferenciar outros fenômenos encontrados no mundo, sendo que a única diferença é que esses fenômenos estão muito alheios ao nosso mundo local para revelar qualquer expressão física aqui. Certas partículas têm outra propriedade *ad hoc* chamada *spin*, introduzida pelo físico austríaco Wolfgang Pauli (1900-58) para explicar por que alguns elétrons só podem existir nos átomos em um nível de energia específico. O *spin* nos permite dizer que os elétrons estão confinados em conchas de energias diferentes. A diferença entre os níveis de energia dos elétrons confinados nas diferentes conchas é medida em *quanta*. Já vimos que é o movimento entre as conchas e a subsequente liberação de *quanta* de energia que explicam o espectro eletromagnético específico dos elementos. Pode-se dizer que essa propriedade arbitrária do *spin* existe na região entre uma propriedade como a carga, que percebemos no nosso cotidiano, e as características *up* e *down* dos *quarks*, que não têm nenhuma contraparte. É possível transferir *spin* de partículas no mundo quântico para um objeto do nosso mundo local, como para uma bola. E é por essa razão que preferimos concordar que o *spin* quântico faz mais sentido que *strange* e *bottom*, a despeito do que signifiquem. Ainda assim, pelo fato de todas as propriedades no mundo quântico serem quantificadas, ou seja, de existirem em quantidades distintas, torna-se difícil até mesmo falar sobre o significado de *spin* quantificado ou de carga quantificada. Ainda pior é o fato de certas partículas terem meia quantidade de *spin*, o que elimina qualquer significado literal que poderíamos atribuir à palavra. Quanto mais as teorias de campo quântico tentam encontrar as simetrias básicas da natureza, mais abstratas se tornam as características que devem ser atribuídas ao mundo como o vemos. Não apenas os cientistas identificaram seis *quarks*, mas cada um deles pode existir em uma entre três formas diferentes, ou, como essas formas são rotuladas de maneira arbitrária, em três cores diferentes. Então agora existem na verdade dezoito diferentes tipos de *quark*.

Mas por sorte existe algo animador na forma como eles se manifestam em termos matemáticos: os seis *quarks* têm as três características simétricas que já mencionamos e, além disso, as muitas partículas que podem ser feitas de *quarks* são sempre formadas por três ou dois *quarks*. O próton, por exemplo, é formado por dois *quarks up* e um *quark down*, enquanto o nêutron é formado por um *quark up* e dois *quarks down*. Os trios e pares do mundo quântico continuam presentes no Modelo Padrão, embora ninguém saiba por quê. A esperança é que isso indique a existência de simetrias ainda não descobertas que poderão simplificar nossa descrição. A ciência dificilmente teria avançado se não acreditasse que, como disse John Wheeler, "no fundo, tudo que é importante é afinal simples". Se a ciência tem uma fé, essa seria sua primeira afirmação. Os cientistas acham que o Universo é unificado, e que essa unificação pode ser descrita por uma matemática simples e concisa. O Modelo Padrão está longe de ser simples, mas sugere que possa existir alguma simplicidade subjacente que ainda não compreendemos.

O zoológico de partículas pode ser extraído do vácuo usando-se aceleradores de partículas de alta energia. Agora que descartamos a ideia de que partículas de alta energia apresentam qualquer coisa que possa ser definida como tamanho, podemos aprimorar nossa noção quanto ao que pode ser visto. Em vez de ver as coisas disparando partículas ainda menores contra elas, enxergamos o mundo das coisas pequenas invocando partículas cada vez mais energéticas do vácuo. Os aceleradores de partículas fazem o que os microscópios fazem em escala maior: permitem-nos espiar o reino das coisas menores. Um acelerador de partículas é um brinquedo infantil de última geração. Sua única função é colidir partículas energéticas de frente para induzir partículas ainda mais energéticas a existir a partir do nada. Em 2009, com sorte (e depois de uma tentativa fracassada em 2008), um novo acelerador de partículas entra no circuito. O Grande Colisor de Hádrons (LHC) é uma série de túneis circulares 100 metros abaixo do solo, sendo que o mais longo deles tem 27 quilômetros de circunferência, situado sob a fronteira entre a França e a Suíça. O túnel maior é feito de 9300 ímãs supercondutores, cada um pesando várias toneladas e resfriados à temperatura do espaço profundo. O LHC tem capacidade de acelerar partículas a até 99,9999991% da velocidade da luz e fazer que colidam umas com as outras. Com máquinas assim, não surpreende a afirmação de Murray Gell-Mann: "Se uma criança se tornar cientista quando crescer, vai perceber que é paga para jogar o dia inteiro o jogo mais excitante inventado pela humanidade".

Sem dúvida deve haver algum benefício a ser extraído dessa multiplicidade de produção de partículas, ou já teríamos desistido dessa abordagem há muito tempo. O que se espera, como sempre, é que o Modelo Padrão consiga unificar uma grande gama de fenômenos — boa parte da natureza, na verdade — numa única descrição: uma descrição composta só por partículas. Einstein achava que a natureza poderia ser unificada se a luz (radiação eletromagnética) e a gravidade pudessem ser unificadas. Infelizmente, o estudo do mundo das pequenas coisas exige que duas forças adicionais sejam postuladas: as forças forte e fraca do núcleo. O Modelo Padrão tenta unificar essas forças descrevendo-as em termos de partículas.

O campo quântico não é um campo de setas apontando numa direção, como pensava Faraday; de certa forma, tornou-se mais direto. Faraday inventou uma forma de descrever o comportamento do que era considerado na época como duas forças fundamentais da natureza — eletricidade e magnetismo — como partículas em campos. A teoria quântica de campos é também uma descrição de forças fundamentais como partículas em campos, só que agora temos uma ideia diferente do que são as forças fundamentais e sobre o que definimos como campos e partículas. Na teoria quântica de campos, tudo foi reduzido a partículas.[3] Pode-se dizer que a descrição corpuscular venceu a descrição ondulatória. Até mesmo os campos são formados por partículas: nuvens das chamadas partículas virtuais. Elas são chamadas de virtuais porque não aparecem na entrada ou na saída dos campos quânticos matemáticos, mas são necessárias para fazer a explicação funcionar. A existência ou não de partículas virtuais (não existe uma linha divisória que separe as partículas virtuais das partículas "reais") no mundo físico é menos importante para o cientista pragmático do que o fato de que as descrições quânticas de campo, sintetizadas como Modelo Padrão, cumpram sua função.

Mas, como investigadores do mundo material, se aceitarmos que não ocupamos uma posição privilegiada no Universo, seremos forçados a aceitar que o que chamamos de matéria estável ou observável existe apenas pelo fato de o vácuo ser uma sopa de partículas não observáveis, que ganham e perdem existência por nenhuma razão. Se não aceitarmos isso, estaremos na curiosa posição de afirmar que o tipo de matéria que pensamos existir só existe porque algum outro tipo de substância não existe, ou tem apenas significado matemático. Em todo caso, existem fortes indícios que respaldam a existência dessas partículas. Nuvens de partículas virtuais exercem uma minúscula pressão chamada efeito Casimir, que pode ser medido no mundo observável como uma minúscula mão passando pela divisória que separa o mundo visível do mundo mais abrangente do qual nosso Universo visível local emergiu. É como se essas partículas virtuais existissem além das fronteiras do mundo visível, o que significaria uma porção de radiação que evoluiu. O Universo parece ser uma máquina de processamento de informação, formado por cerca de 10^{80} partículas visíveis.

Na teoria quântica de campos, a natureza foi reduzida a campos energéticos formados por partículas sem dimensão (e, vistas pela perspectiva do mundo clássico, não existentes) que entram e saem da existência aleatoriamente e sem motivo. É quase impossível para um não matemático entender como essa descrição pode estar relacionada com o mundo físico. A teoria quântica de campos é tão abstrata e tão matemática que na verdade quase não temos escolha senão aceitar que essa descrição funciona, e que funciona porque essas espécies específicas de campo descrevem como o mundo é na verdade.

A teoria quântica de campos, com seu novo conceito de campo, define o eletromagnetismo como uma força em atuação em um campo formado a partir de uma nuvem de fótons virtuais. A força é descrita como o intercâmbio de fótons virtuais entre o elétron e o próton no núcleo. É impossível dizer o que seria esse intercâmbio de partículas. Esse "intercâmbio" é uma analogia para quem não passou a vida inteira esmiuçando a matemática subjacente ao fenômeno. A descrição do eletromagnetismo pela teoria quântica de campos é chamada de eletrodinâmica quântica, ou QED, na sigla em inglês, e é conhecida como a joia da física. Essa teoria atingiu um alto ponto de refinamento nos anos 40, depois de contribuições de Richard Feynman, do físico teórico americano nascido na Inglaterra Freeman Dyson (1923), de Julian Schwinger (1918-94) e do físico japonês Sin-Itiro Tomonaga (1906-79). Feynman, Schwinger e Tomonaga receberam o Prêmio Nobel por seu trabalho. De início, a teoria parecia ir contra as provas experimentais reunidas na época. Mas Feynman estava convencido de que a teoria estava correta, e que os resultados experimentais estavam errados. "[A teoria] tinha concisão e beleza", disse Feynman. "A coisa estava brilhando." Essa interação mais profunda da luz no mínimo explica muitas características do mundo visível: a existência e a estabilidade dos átomos, das moléculas e dos sólidos.

De forma análoga, foi desenvolvida uma teoria quântica de campos para explicar a força nuclear forte que mantém os prótons e nêutrons no núcleo. Mais uma vez, chamar essa força desconhecida de força nuclear forte não é uma explicação, mas dá início ao processo explanatório. A observação diz que prótons e nêutrons são mantidos juntos no núcleo. Nenhuma outra força da natureza poderia ser a força que os mantém juntos, portanto deve haver alguma força da natureza que faça esse trabalho; e foi a essa força que demos o nome de força nuclear forte. O peculiar nessa força é que, ao contrário do eletromagnetismo e da força gravitacional, ambas de alcance ilimitado, a força nuclear forte deve estar confinada ao núcleo. A força nuclear forte é também definida como o intercâmbio de partículas virtuais num campo, mas agora o intercâmbio é de partículas chamadas glúons. Esse intercâmbio explica como os *quarks* são unidos para formar prótons e nêutrons. Essa teoria de campo é chamada de cromodinâmica quântica (QCD). A simetria arbitrária da cor do *quark* é o que garante a existência da força nuclear forte. Queremos acreditar que essa simetria existe porque dela podemos extrair uma abrangente descrição matemática que unifica boa parte da natureza. Da mesma forma, é o rótulo arbitrário de carga que garante a existência da força eletrodinâmica descrita pela eletrodinâmica quântica. Essas duas definições quânticas de campos são duas das principais razões da existência da matéria.

A força nuclear forte explica afinal o decaimento alfa, o fenômeno descoberto por acaso por Becquerel na década de 1890. Elementos radioativos decaem de várias formas para formar outros elementos. O urânio, por exemplo, decai naturalmente para se transformar em tório. Isso acontece porque o conteúdo energético muda de modo espontâneo devido ao Princípio de Incerteza de Heisenberg, num processo chamado tunelamento quântico. Pelo fato de a energia poder ser emprestada do vácuo, contrariando as leis da física clássica, é possível que uma partícula subatômica apareça fora do núcleo. É o que acontece no decaimento alfa. Num mundo clássico, sua energia teria mantido a partícula confinada ao núcleo para sempre.

A radiação alfa é um jato de partículas alfa de alta energia. Partículas alfa são idênticas ao núcleo de um átomo de hélio: dois prótons e dois nêutrons. Dizemos que um átomo de urânio, por exemplo, decai quando uma quantidade de energia igual a uma partícula alfa é expelida para fora do núcleo, tendo escapado do poder da força nuclear forte. A partir da decadência de muitos desses átomos, raios de partículas alfa percorrem o espaço como radiação alfa. A rigor, a partícula alfa não está contida no núcleo do átomo, e o redirecionamento de energia é mais bem explicado recorrendo-se a um estágio intermediário que envolve o intercâmbio de partículas virtuais, como o glúon. É por essa razão que essas partículas são chamadas de virtuais: elas servem ao propósito matemático de lidar com o equilíbrio energético. A força nuclear fraca, assim como a força nuclear forte, está confinada ao núcleo do átomo. É a força necessária para explicar o decaimento beta, outro tipo de decaimento radioativo descoberto por acidente por Becquerel na década de 1890. Na teoria quântica de campos, as partículas dentro do núcleo se transformam de um tipo em outros tipos de partículas — dizem que mudam de sabor —, emitindo energia em forma de radiação (definida como ainda outros tipos de partículas). Isso é o que chamamos de decaimento radioativo. A força fraca é mediada pelas partículas virtuais do zoológico chamadas partículas W^+, W^- e Z. O elemento estrôncio 90 decai naturalmente ao produzir radiação beta. No decaimento beta, há conversão espontânea de nêutron em próton, transformando o elemento em outro tipo de elemento. No nível dos *quarks*, um nêutron se transforma em um próton se um dos três *quarks* que formam um nêutron mudar de sabor. Na teoria quântica de campos, consta que um bóson W (uma partícula virtual) é emitido pelo *quark* que decai para se transformar num elétron de alta energia. A radiação beta é simplesmente um jato de elétrons de alta energia.[4]

O decaimento radioativo é o segredo da transmutação dos elementos, o segredo da pedra filosofal. Rutherford foi o primeiro a transmutar um elemento em outro em 1919, quando utilizou uma reação nuclear para transformar nitrogênio em oxigênio.

Nos aceleradores de partículas, as partículas não são vistas diretamente: partículas energéticas decaem em outras partículas, e essas partículas em outras ainda, traçando uma trilha de decaimento que confere a cada partícula uma assinatura específica. Desde que o movimento browniano foi considerado prova indireta da existência física de átomos, a presença física de objetos ainda menores vem se tornando cada vez mais tênue.

Desde os anos 70 as definições da força nuclear fraca e eletromagnetismo foram sintetizadas numa única definição, chamada força eletrofraca, que requer uma simetria concedida por uma partícula chamada bóson de Higgs. Bóson é um nome comum para todas as partículas condutoras de força (até agora nós já vimos glúons, fótons e bósons W e Z). Os físicos estão cientes de que, se as partículas W e Z não tivessem massa, elas seriam indistinguíveis dos fótons sem massa. O bóson de Higgs foi postulado para uma descrição matemática que explique a hipotética simetria mais profunda que relaciona W, Z e as partículas de fóton. Na teoria eletrofraca, todas essas partículas começam como a mesma coisa, e só se tornam partículas diferentes quando a simetria do campo de Higgs é rompida. O campo de Higgs reduz a velocidade das partículas e lhes confere massa. Isso é muito significativo. O bóson de Higgs, e o campo que ele gera, é o que transforma o que seria um mundo feito inteiramente de radiação em um mundo com coisas que têm massa. Estamos enfim começando a entender como a luz pode se tornar uma substância. Por motivos óbvios, o bóson de Higgs ganhou o apelido de "partícula de Deus", embora tenha sido denominado em homenagem ao físico escocês Peter Higgs (1929), que propôs essa simetria quebrada nos anos 60. Mas até agora o bóson de Higgs ainda não foi detectado. Mais uma vez, pensa-se que o Grande Colisor de Hádrons possa lançar alguma luz sobre essa questão.

O Modelo Padrão sugere uma unificação das forças eletrofraca e forte, que as duas convergem numa única definição mais simétrica a energias muito altas. Infelizmente essa energia é tão alta que está além da nossa capacidade experimental atual, e pode permanecer assim para sempre. Mas, pela primeira vez em 2500 anos, desde que os pré-socráticos iniciaram essa busca, ao menos existe indicação de uma única descrição unificada da realidade. A maior falha do Modelo Padrão é não conseguir fornecer uma descrição quântica do campo gravitacional satisfatória. Tampouco consegue prever as massas das partículas que descreve. A margem de erro é de dezesseis ordens de grandeza; isto é, o Modelo Padrão prevê que as partículas sejam 10^{16} vezes menores do que são medidas, e ninguém sabe por quê.

O verdadeiro significado da física quântica continua sendo uma questão embaraçosa. Os cientistas apresentam muitas respostas diferentes. Há os que consideram que o importante é que a teoria faz previsões que podem ser confirmadas com precisão, sem se importar com o que na verdade significa a teoria. Há os que dizem que o problema é trivial, e há os que afirmam que chega ao âmago de quem somos e do que somos.

As questões centrais são *onde* (em que dimensões) e *como* um mundo quântico se transforma num mundo clássico. Em 1937 Schrödinger sintetizou o problema em seu famoso experimento mental conhecido como o paradoxo do gato de Schrödinger. Ao colocar um gato e um tanto de material radioativo na mesma caixa, a intenção de Schrödinger é juntar um objeto clássico óbvio (um gato) e um objeto quântico óbvio (um material radioativo). Esse experimento *mental* (nenhum animal foi ferido durante a execução do experimento) é concebido de forma que o material radioativo decai e em seguida um frasco de veneno se rompe e o gato morre. Segundo a interpretação tradicional[5] da física quântica — a chamada interpretação de Copenhague —, quando efetuamos uma medição, a função ondulatória desmorona. Isso quer dizer que o sistema assume um valor específico (o número ligado à medição) a partir de um conjunto de valores possíveis com várias probabilidades vinculadas aos diferentes resultados possíveis. Como apontou Heisenberg, objetos quânticos não têm uma história até ser efetuada uma medição. Não existe história no mundo quântico. Nas dimensões quânticas, nos diz Heisenberg, até mesmo partículas individuais são imprevisíveis.

Então, quem consegue fazer essa medição? O argumento de Schrödinger é que nós dizemos que estamos *medindo* quando abrimos a caixa e damos uma espiada para ver se o material radioativo decaiu ou não. Se tiver decaído, a história de seu decaimento é revelada apenas naquele momento. Mas, se isso é verdade, em que estado se encontrava o gato nesse entretempo, antes de a observação ter sido feita? Tudo muito bem que um objeto no mundo quântico viva nesse estado parcial, mas o que significa para um objeto clássico permanecer em um estado indeterminado? A física quântica parece casar o observador com o observado.

Desde então foi demonstrado que é possível atrasar o decaimento de um átomo radioativo se estivermos olhando para ele, no que parece ser uma prova quântica da velha história sobre o leite ferver quando desviamos o olhar. A observação constante detém a evolução da função ondulatória que descreve o objeto quântico, atrasando assim a possibilidade de o átomo decair. Mas teremos de fato esse poder sobre a realidade? Será que o mundo só significa alguma coisa quando observado pelos homens? E por que não outras criaturas dotadas de consciência, além dos seres humanos? Até mesmo os gatos. A ideia de uma consciência humana tão privilegiada é a noção mais anticopernicana que poderia ser concebida. A humanidade pode até não estar mais no centro do Universo, mas aqui surge algo mais radical: a humanidade consegue determinar a natureza da realidade.

Acontece que temos realmente esse poder sobre os objetos quânticos, mas é muito difícil isolar um objeto quântico do resto da natureza, e é esse fato que propicia uma saída desse dilema. Hoje em dia é possível isolar moléculas grandes, como as moléculas de buckminsterfullereno (formadas por sessenta átomos de carbono). Em condições de laboratório, foi demonstrado que podemos fazer essa molécula passar ao mesmo tempo através de duas fendas feitas numa tela, num aparato pouco alterado desde o experimento das fendas duplas de Young. Em outras palavras, os cientistas provaram que podem revelar a natureza quântica de uma molécula grande como a do buckminsterfulereno. Poucas décadas atrás essa possibilidade parecia além de qualquer concepção que um materialista poderia ter do mundo. Mas agora sabemos que esse prodígio é possível. Os cientistas encontraram uma maneira de isolar uma molécula de buckminsterfullereno do mundo visível e preservar sua natureza quântica. Pode-se dizer que ela existe como uma espécie de onda de probabilidade, e que é essa onda que passa pelas duas fendas. Só quando tomamos uma medida e perguntamos onde está a molécula é que ela se torna um objeto visível no mundo visível com suas propriedades "coisificantes". A impressão que temos é que a molécula só pode estar ali por ter passado pelas duas fendas. Mas seria um equívoco imaginar que a molécula se divide em duas existências ao passar pela fenda: isso seria o mesmo que promover a noção do que entendemos por existência no mundo visível. A realidade observada é uma noção regional de existência. Mas existe um entendimento mais profundo da existência, que é a existência no mundo quântico, que só podemos medir estatística e parcialmente no mundo observável. A realidade quântica não quer dizer estar em dois ou mais lugares ao mesmo tempo; significa estar em qualquer lugar a que chamemos lugar. Essa existência é uma não existência, é uma extensão do que entendemos como existência.

As naturezas separadas desses dois mundos se tornam aparentes quando isolamos objetos do mundo da existência clássica. No entanto, manter um objeto quântico separado da natureza exige um bocado de esforço. Mesmo um objeto formado por apenas sessenta átomos exige um frio extremo para fazer que esse objeto se torne uma coisa clássica. A passagem da realidade quântica para a realidade clássica é chamada decoerência. Pouco tempo atrás nós escapamos do pesadelo anticopernicano da prerrogativa inerente ao paradoxo do gato de Schrödinger quando entendemos que é a natureza que faz a observação, não os seres humanos. O vento e a luz do Sol medem a árvore, e nos convencem de que a árvore existe mesmo quando não estamos lá para observá-la. É a interação de objetos quânticos com o ambiente que produz o que entendemos como objetos clássicos, como são os gatos ou as mesas. Descobrimos formas de evitar que objetos quânticos se tornem decoerentes, mas isso é algo muito difícil de fazer. Existe tanto da natureza, sempre determinada a abranger, a medir tudo. Podemos impedir que uma única molécula se torne decoerente, mas parece haver pouca chance de conseguirmos isolar um gato formado por 10^{27} átomos.

A informação vaza de uma realidade para outra. A decoerência parece ser a forma como a natureza dissemina informação pelo Universo, e pode até estar relacionada com a razão de percebermos o tempo fluindo para a frente. Esse fluxo pode ser o de rio de informação que evita que objetos quânticos permaneçam isolados da natureza por muito tempo.

Nos anos 20, quando a interpretação da física quântica foi aventada pela primeira vez, a natureza da existência vinculou a física ao misticismo oriental, uma relação que desde então tem incomodado alguns cientistas. Certas formas orientais de pensar nos dizem que o mundo não é feito de coisas ou de nada, mas trata-se de uma teia de fenômenos inter-relacionados. A física quântica chegou ao mesmo lugar. Quando separamos objetos, é essa separação que é a ilusão. A realidade mais extrema é o mundo inseparável do qual esses objetos foram extraídos. O método científico coloca anéis em torno dos fenômenos para poder descrevê-los, e a partir dessas descrições encontra as leis da natureza que englobam e se relacionam com cada vez mais fenômenos. Nas últimas décadas ficou claro que a ciência pode encontrar uma única descrição da natureza, uma descrição que demonstre como uma indivisível teia de fenômenos parece manifestar-se como coisas separadas. Como a metodologia começa com um conceito de separação, é fácil acreditar que essa separação é a realidade mais extrema e esquecer que o propósito mais extremo é entender a inseparabilidade. A física quântica nos trouxe a um ponto onde podemos começar a entender o que alguns místicos sempre entenderam: como um mundo que parece feito de coisas separadas pode surgir de um mundo de inseparabilidade (de não coisas).

São muitas as interpretações da física quântica que competem entre si. Por exemplo, a interpretação que considera a existência de diversos mundos foi proposta pelo físico americano Hugh Everett (1930-82) em 1957. Em vez de termos uma função ondulatória que desmorona quando é medida, ele levantou a hipótese de que todos os eventos quânticos possíveis acontecem. Todos os mundos possíveis existem lado a lado, nos quais são obtidos todos os resultados possíveis. Nesse cenário de muitos mundos, a realidade não está em parte alguma. É uma lâmina entre todos os mundos quânticos possíveis. O material radioativo e o gato partem para universos separados, em alguns dos quais o gato está vivo e em outros, não.

O físico David Deutsch (1953) é um grande adepto dessa teoria. Ele argumenta que logo poderão surgir provas de que esses muitos mundos na verdade existem. Imagina-se que os computadores quânticos estão mais ou menos uma década à frente. Em vez de se basear no sistema binário de zero ou um, como os computadores clássicos, o computador quântico trabalha com o princípio de que objetos quânticos podem ser mantidos em um estado de muitos resultados possíveis ao mesmo tempo, e por isso computadores quânticos conseguirão realizar muitas operações ao mesmo tempo. Na verdade, teoricamente, um computador quântico pode invadir um moderno sistema de segurança em segundos, um sistema que não poderia ser invadido por computadores clássicos nem se todas as partículas do cosmo fossem transformadas em um computador que trabalhasse nessa tarefa durante toda a vida do Universo. Se a computação quântica se tornar mesmo uma realidade, David Deutsch nos pergunta: onde achamos que essa operação acontece? Um computador quântico só poderia estar se alimentando do poder de computação de universos paralelos.

No seu lado mais fraco, a hipótese de mundos diversos é de uma extravagância quase absoluta. A metodologia da ciência não está escrita em lugar nenhum. Ela vem evoluindo. Mas quase todos concordam que as melhores descrições científicas são também as mais parcimoniosas, ou seja, são elaboradas usando o menor número de princípios. Essa convicção é conhecida como navalha de Occam, em homenagem ao frade franciscano e filósofo inglês Guilherme de Occam (c. 1288-c. 1347), que foi quem primeiro enunciou o princípio. A teoria dos muitos mundos prevê a existência de um número grande, talvez infinito, de universos paralelos. Só essa previsão já é suficiente para convencer alguns cientistas de que essa teoria não vale nada.

Embora tenha sido um dos artífices da mecânica quântica, Einstein não conseguia conceber um mundo em que os elétrons não existem sem a presença de um observador. Ele acreditava na existência de uma realidade mais extrema além da física quântica, que reabilitaria a noção de completude, assim como a lei dos ga-

176

ses, ainda que estatística, tinha reabilitado a possibilidade de um determinismo completo. Em teoria, deveria ser possível descrever um gás usando as leis do movimento de Newton. Na prática, não existe tempo bastante no Universo para descrever o movimento de todas as moléculas, nem mesmo as de um único balão de gás. Mas, ao tratar essas moléculas estatisticamente (mais ou menos o que podemos fazer com uma multidão de indivíduos), o comportamento de um gás como um todo pode ser compreendido sem se conhecer o comportamento dos átomos individuais. Nós preservamos a possibilidade de um determinismo completo, mas na prática nos satisfazemos com uma descrição estatística. Einstein achava que seria dessa maneira que afinal o mundo quântico se revelaria por completo.[6]

Einstein ficou particularmente intrigado com o trabalho do teórico americano David Bohm (1917-92). No mundo clássico, o todo é a integração do nosso entendimento de coisas separadas. David Bohm matutou sobre isso e disse que, na verdade, é o todo que determina o comportamento das coisas que vemos como coisas separadas. É como se víssemos o mundo a partir de câmeras em diferentes ângulos e aceitássemos essas perspectivas como prova de fenômenos diferentes, quando na verdade os ângulos da câmera são — se conseguíssemos perceber isso — diferentes perspectivas da mesma realidade.

Einstein, juntamente com o físico russo Boris Podolski (1896-1966) e o físico israelense Nathan Rosen (1909-95), criou um experimento mental chamado paradoxo de Einstein-Podolski-Rosen (EPR) para mostrar que a realidade descrita pela física quântica não poderia ser incompleta como está na interpretação de Copenhague, por exemplo. Sem entrar em detalhes, o EPR nos pede para imaginar um arranjo de duas partículas produzidas de tal forma que apresentem alguma propriedade equivalente e oposta, como o *spin*, digamos. De acordo com a interpretação de Copenhague da mecânica quântica, quando resolvemos tomar uma medida (nesse caso, do *spin*), a função ondulatória do sistema colapsa em um entre muitos resultados possíveis. O paradoxo se revela a partir do fato de que, ao medirmos o *spin* de uma partícula, com certeza saberemos o *spin* da outra — pela forma como o sistema foi estabelecido —, e isso seria verdade mesmo se as partículas estivessem a milhões de quilômetros uma da outra quando fizéssemos essa medição. Essa possibilidade parece violar a própria lei de Einstein, segundo a qual não pode haver uma transferência instantânea de informação em razão do limite estabelecido pela velocidade da luz. Einstein chamou essa possibilidade de "ação fantasmagórica à distância". Como a outra partícula poderia "saber" que a função ondulatória entrou em colapso? De certa forma, o paradoxo não é tão diferente do paradoxo do gato de Schrödinger, cujo principal propósito é destacar um tipo de descontinuidade irreconciliável entre o mundo macroscópico e o mundo microscópico como descritos pela física quântica.

O físico francês Alain Aspect (1947) encontrou uma forma de transformar o experimento mental EPR em experimento real. Infelizmente para Einstein (e para Podolski e Rosen), em 1982, depois de anos de cuidadosas medições, Aspect provou que o mundo quântico *é* incompleto. E, mais recentemente, sofisticados experimentos conduzidos por Nicolas Gisin na Universidade de Genebra, usando uma teia de fibra óptica que percorria quilômetros do lago de Genebra e em cidades próximas, também demonstrou ser possível a comunicação instantânea entre objetos quânticos. Einstein estava errado, e na verdade o mundo existe de forma imprecisa.

O método científico encontrou formas engenhosas de ampliar o que entendemos como existência e realidade, até mesmo além do que chamamos Universo visível. Na verdade, o caminho vai sendo aberto por uma matemática cada vez mais sofisticada, à qual se soma o imperativo de que é essencial uma interpretação material dessa matemática para um maior avanço do método científico. O resultado, porém, é uma espécie de materialismo tão estranho — acreditarmos na existência de um número infinito de mundos paralelos, por exemplo —, que mal se percebe a distância entre o misterioso e o místico. E, agora, o que distingue o místico do materialista?

8. Alguma coisa e nada

> Nas areias de Margate.
> Não consigo associar
> Nada com nada.
>
> T. S. Eliot, "A terra desolada"

A mais famosa equação da ciência é $E = mc^2$, que representa a equivalência entre massa e energia como prevista pela teoria da relatividade especial de Einstein. Energia (E) e massa (m) são a mesma coisa, nos diz a equação. E, além disso, existe um número inalterável encontrado na natureza que nos mostra com precisão quanta energia existe em dada quantidade de matéria. O número imutável c é a velocidade da luz, o número de metros que a luz percorre por segundo (no vácuo), que é cerca de 299 792 459. Na equação de Einstein vemos que o já alto valor da velocidade da luz é elevado ao quadrado, o que o torna ainda mais alto: cerca de $8,99 \times 10^{16}$. Aqui então está a chave que revela por que até mesmo uma pequena quantidade de massa é equivalente a muita energia:

o segredo da bomba atômica. Einstein originalmente formulou a equação como $m = E/c^2$, como se a massa fosse o princípio mais básico. $E = mc^2$ é a mesma equação, mas escrita dessa forma é uma escolha ascética que deixa claro que a energia é que precisa de uma explicação mais profunda. Sabemos que massa é a substância que distorce o espaço-tempo, e pode também ser o que fornece energia para o campo de Higgs. Mas não está tão claro o que é a energia. Sabemos que se apresenta de diversas formas e sabemos como essas formas se transformam umas em outras, mas em última análise não sabemos o que é a energia. A luz do Sol, por exemplo, é transformada em plantas pelo processo de fotossíntese, algumas das quais se transformaram em carvão ao longo de muito tempo. Quando queimamos carvão, a energia química nas ligações entre as moléculas que formam o carvão é transformada outra vez em luz e calor. Em suas viagens, Gulliver encontrou cientistas que tentavam retirar a luz do Sol de pepinos. Eles não eram tão loucos. Só precisam ter bastante tempo e um grande número de pepinos.

Em algum momento dos anos 40, Einstein caminhava por Princeton conversando com o físico teórico e cosmólogo nascido na Rússia Gueórgui Gámov (1904-68), quando por acaso Gámov mencionou que, ao refletir sobre a descoberta de Einstein da equivalência entre matéria e energia, ele tinha percebido que uma estrela poderia ser criada a partir do nada, uma vez que a energia de sua massa é equilibrada pela energia do seu campo gravitacional. Einstein ficou tão surpreso com aquela sacada que Gámov relatou depois que, "como estávamos atravessando uma rua, vários carros tiveram de frear para não nos atropelar". Se o Universo, vasto como é, não passa de uma hierarquia de estrelas, então também pode ter surgido do nada. Sua energia total é zero. Parmênides e o rei Lear estavam enganados: o Universo é algo que surgiu do nada.

Estamos diante de uma curiosa inversão. Visto como arranjos de estrelas, o Universo acaba sendo nada, porém as menores porções de matéria estão intumescidas de energia. Nós temos duas quixotescas descrições da natureza: a relatividade, a partir do estudo do Universo como um todo; e a física quântica, a partir do exame do Universo em suas menores dimensões. Juntos, esses dois fatores nos provocam com insinuações tanto de unificação como de oposição.

O Modelo Padrão "remendado" da física quântica leva em conta três das quatro forças da natureza — o eletromagnetismo e a força nuclear fraca combinados numa única descrição eletrofraca, junto com a descrição QCD da força nuclear forte — e aponta para uma possível unificação dessas três forças de altas energias se uma outra camada de partículas, chamadas partículas supersimétricas, for acrescentada à partícula zoo. As partículas supersimétricas permitem aos cientistas encontrar uma relação entre as partículas usadas para descrever as forças da natureza (bósons) e as partículas fundamentais que descrevem a matéria (férmions). A unificação das forças nuclear forte e eletrofraca chega a um custo alto: cada uma das partículas da partícula zoo — e são centenas delas — precisa ter uma parceira supersimétrica. Para partículas de matéria como o *quark* e o elétron, os pares supersimétricos são chamados de *squark* e selétron, e para partículas portadoras de força, como o fóton e o glúon, elas são chamadas de fotino e gluíno. O grande furo dessa descrição é que nenhuma dessas centenas de partículas foi detectada, mas ao menos isso possibilita uma unificação matemática, o que já é um começo. Mais uma vez, espera-se que surja algum indício, de uma forma ou de outra, a partir do LHC. Alguns cientistas estão ansiosos para encontrar provas de que as partículas supersimétricas não existam de fato. Há os que consideram que o Modelo Padrão está tão fora de controle que a essa altura nem mesmo um indício físico surpreendente e imprevisto seria mais útil, indício que poderia apontar na direção de alguma nova forma de descrever a realidade.

A supersimetria mostra também como as três forças descritas pelo Modelo Padrão poderiam ser unificadas com a gravidade. O Modelo Padrão pode ser ampliado para incluir uma descrição quântica da gravidade ao prever uma partícula portadora de força chamada gráviton e uma partícula simétrica, o gravitino. Nenhuma dessas partículas foi detectada, e no Modelo Padrão a existência do gráviton provoca alguns infinitos inquietantes nos cálculos matemáticos, em geral uma indicação de que a teoria está furada. Embora o gráviton não tenha sido encontrado, pelo menos sabemos como ele deve ser: sabemos qual *spin* deve possuir e sabemos que não deve ter massa, como o fóton. Sabemos também que deve ser muito difícil de ser detectada por conta da enigmática fraqueza da gravidade. A gravidade é 10^{40} vezes mais fraca que a força da luz, e por isso os grávitons previstos dificilmente interagem com a matéria. Já foi argumentado que seria necessário um dispositivo do tamanho de Júpiter recoberto por uma camada de chumbo de vários anos-luz de espessura para detectá-los, e que mesmo assim talvez não conseguíssemos descobrir um número suficiente de partículas para obter um indício convincente. Embora faltem indícios para a supersimetria, os cálculos matemáticos preveem uma unificação de todas as forças da natureza em estados de alta energia: em torno de 10^{19} elétrons-volts.[1] Isso não chega a ser motivo para comemorações, pois até mesmo o LHC só alcançará energias abaixo de 10^{13} elétrons-volts. Além do mais, qualquer modesto aumento na energia tem um custo enorme, o que parece situar essa energia para a unificação fora de alcance para sempre.

Uma das tentativas mais promissoras e frustrantes de unificar a gravidade e a física das partículas é a teoria das cordas. A teoria das cordas requer mergulho em um mundo formado por cordas vibrantes de energia com 10^{-35} metro de diâmetro, dezessete ordens de magnitude menor que o tamanho máximo do elétron e do *quark*. Uma corda é tão pequena em comparação a um elétron quanto um camundongo em comparação ao sistema solar. Observadas pela perspectiva das cordas, as partículas da partícula zoo só parecem pontudas porque as vemos à distância. Mais de perto, em estados de alta energia, o que interpretamos como campos e partículas se revelam extensões vibrantes de energia pura. A teoria das cordas tenta suavizar a natureza violenta do mundo quântico a fim de encontrar alguma simetria mais profunda oculta por trás de sua aparente manifestação aleatória.

Ao transformar a teoria quântica numa teoria mais dócil, a teoria das cordas tenta casar uma descrição das coisas menores com a descrição do mundo maior que é a relatividade geral. As teorias que tentam fazer esse tipo de unificação são chamadas de TOES (sigla em inglês para *theories of everything*, ou teorias de tudo). Ainda não está claro se a teoria das cordas é ou não uma dessas teorias.

Não é surpresa perceber que essas tentativas de unificação têm um preço. A teoria das cordas começou como uma teoria em 26 dimensões, depois foi reduzida a uma teoria em dez dimensões, chamada teoria das supercordas, após a descoberta de um objeto matemático simétrico chamado variedade de Calabi-Yau, que leva o nome do matemático ítalo-americano Eugenio Calabi (1923) e do matemático chinês Shing-Tung Yau (1949). Infelizmente, a teoria de dez dimensões foi enunciada em cinco diferentes formatos até que, em 1995, essas cinco teorias foram unificadas em uma única descrição em onze dimensões chamada teoria M, à qual nos referimos quando falamos de teoria das cordas.

A teoria das cordas é tão complexa que dá margem à descrição de cerca de 10^{500} universos possíveis. A teoria não fornece indicações claras de como escolher qual dessas soluções descreve este Universo. Precisamos também perguntar por quê, já que existem onze dimensões, só percebemos quatro delas, três no espaço e uma no tempo. Se as dimensões adicionais forem espaciais, imagina-se que essas sete dimensões extras que não percebemos estão tão emaranhadas que não podem ser vistas com facilidade. Um fio de arame visto à distância parece uma linha unidimensional, mas um inseto caminhando ao redor do arame sabe que não é bem assim: ele pode andar ao redor do arame, desaparecendo e reaparecendo do ponto de vista de um observador distante. A invisibilidade das outras sete dimensões da natureza é uma extensão dessa ilusão, só que em mais dimensões. Se as dimensões extras da teoria das cordas incluírem várias dimensões temporais, a descrição se torna ainda mais desconcertante.

A ideia geral é de que o mundo quântico só parece caótico e violento porque assim nos parece um mundo de onze dimensões se alterando em nosso ilusório mundo de quatro dimensões. O mundo se torna mais simétrico quando percebemos que é concebido em onze dimensões.

É possível que provas da existência dessas dimensões adicionais sejam descobertas com o LHC. (O LHC vai estar muito ocupado.) Conjetura-se que certas partículas até agora não descobertas, que se revelam espetos de energia, poderiam, em vez disso, se revelar "padrões de energia faltante", porque estão escondidas da visão nas dimensões emaranhadas do espaço. É preciso dizer que se trata de um estranho teste. É preciso certa coragem para acreditar que as enigmáticas descrições matemáticas da teoria das cordas não apenas têm significado físico, mas que esse significado pode ser confirmado pela não aparição de algumas partículas previstas mas até agora não observadas.

Tanto o Modelo Padrão como a teoria das cordas requerem supersimetria, e como já vimos não existem provas da existência de partículas supersimétricas; mas ao menos na teoria das cordas podemos lidar com os infinitos que ameaçavam a descrição da gravidade no Modelo Padrão. Na verdade, o triunfo da teoria das cordas é que certas cordas mostram as propriedades certas para serem grávitons. A teoria chega até a prever o gráviton sem massa e seu *spin*. Seja ou não uma teoria de tudo, a teoria das cordas é uma teoria quântica da gravidade.

Como já temos uma descrição da gravidade na relatividade geral, se tivermos outra descrição da gravidade na física quântica de alguma forma as duas descrições devem se combinar como uma mesma descrição: a relatividade geral deve se casar com a física quântica. Os cientistas estão começando a compreender em que ponto o mundo quântico se torna o mundo das coisas grandes: é muito difícil isolar até mesmo algumas moléculas como objetos quânticos. Da mesma forma, podemos perguntar: em que ponto a descrição das coisas grandes se torna uma descrição quântica?

Como a solução Big Bang da relatividade geral é uma descrição não apenas do Universo como um todo mas de um universo que cresce, temos aqui uma forma de descobrir onde nossas duas descrições da natureza poderiam se encontrar. Na verdade existe uma forma direta de descobrir como são os *quanta* de espaço e tempo, caso existam. Se retrocedermos até a expansão do Big Bang no tempo, o Universo parece ter surgido de um ponto de matéria ou energia infinitamente denso, que é apenas outra forma de dizer que a teoria do Big Bang se desfaz no momento da criação: um véu recobre e obscurece as origens do Universo. Felizmente, por dispormos de uma teoria que descreve o mundo em suas menores dimensões, a teoria quântica pode nos dizer onde a relatividade geral se desfaz. Ao juntarmos a física quântica e a teoria do

186

Big Bang, podemos descobrir quanto o Universo pode ser pequeno antes de se tornar um objeto puramente quântico.

Embora nosso mundo material e energético esteja num fluxo perpétuo, números misteriosos pululam nas leis da natureza que a humanidade imaginou ou descobriu para descrever essa atividade. Parece que números como c, a constante que denota a velocidade da luz, G, a constante gravitacional que mede a força do campo gravitacional, e, a carga do elétron, e h, a constante de Planck que determina o tamanho de um *quantum* de energia não se relacionam entre si e pululam em diferentes leis da natureza. Alguns cientistas acreditam que, se um dia conseguirmos derivar uma teoria unificada de tudo, devemos em última instância entender o que liga esses números entre si. As constantes da natureza são números feios, expressos em desagradáveis acúmulos de símbolos: G, por exemplo, é igual a $6{,}67259 \times 10^{11}$ $m^3s^{-2}kg^{-1}$. Mas uma simples manipulação de apenas algumas dessas constantes nos permite encontrar unidades naturais de medição chamadas medidas de Planck (não confundir com a constante de Planck): as menores unidades de medição que poderiam significar alguma coisa.

O comprimento de Planck é $4{,}13 \times 10^{-35}$ metro, o menor comprimento possível com algum significado enquanto comprimento. Já que conhecemos a velocidade a que a luz se desloca, e que a luz é o mais rápido meio de comunicação no Universo, podemos também calcular o tempo de Planck: o mais curto incremento de tempo que tenha algum significado. Trata-se do tempo que a luz leva para percorrer uma unidade de Planck; um cálculo direto que nos diz que o tempo de Planck é igual a $1{,}38 \times 10^{-43}$ segundo. Assim, em certo sentido, um universo que tenha tempo em si mesmo já devia ter 10^{-43} segundo ao ser criado, já que o tempo não tinha significado algum antes disso. E um universo de qualquer tamanho já devia ter 10^{-35} metro de diâmetro, uma vez que um universo menor que isso não tem significado.

A física quântica nos diz que é mais produtivo falar de energia de uma partícula elementar que do seu tamanho. Sabemos que as partículas podem revelar uma dimensão no espaço se insistirmos nesse conhecimento, mas agora sabemos também em que ponto o próprio tamanho desaparece do mundo. A teoria das cordas é tecida a partir dos comprimentos de energia existentes na fronteira do significado do comprimento. A característica vibratória desses minúsculos filamentos de energia é o que substitui as partículas e campos na descrição de campo quântico da natureza. A teoria das cordas ressoa com noções atribuídas aos pitagóricos: a descoberta de que existem relações matemáticas simples entre os sons produzidos por cordas de diferentes comprimentos. Na matemática superior da teoria das cordas, a força da vibração é o que vemos no mundo como massa, enquanto seus padrões de vibrações são as forças fundamentais. É tão difícil explicar por que deveria ser dessa forma como é explicar a razão de uma nuvem de partículas virtuais descrever as forças fundamentais. A validação está na matemática, e nós, pobres não matemáticos, nos limitamos a aceitar essas descrições por uma questão de fé.

A teoria das cordas não é a única possibilidade à vista, e alguns físicos a consideram um desastre para a ciência, por atrair muitas das melhores cabeças numa perseguição a um objetivo improvável. A teoria da gravitação quântica em laços (ou em *loop*, em inglês) é outra tentativa de uma teoria quântica da gravidade. Na teoria das cordas o tecido da realidade é composto por cordas de energia. Na teoria quântica da gravitação em laços o tecido é formado por *quanta* de espaço e tempo; uma forma de tricotar o espaço-tempo das teorias da relatividade.[2] A existência de *quanta* de espaço e tempo é um mero palpite dos teóricos, mas já que tudo o mais na física quântica é picado em pedaços — *spin*, carga, cor, massa, energia e assim por diante —, por que espaço e tempo também não seriam? Na gravitação quântica em laços, as partículas da partícula zoo são formas trançadas a partir dos comprimentos de Planck do espaço. Stephen Hawking levou essas ideias adiante e sugeriu que a história do próprio Universo seja quantificada. A forma como medimos o Universo determina o que foi sua história. Quando o medimos, nós alteramos nosso passado. Hawking e o físico americano James Hartle elaboraram juntos uma teoria que num estado de energia muito alto transforma tempo em espaço, outra forma de falarmos sobre o começo do Universo. Hawking e Hartle afirmam que não há sentido em perguntar como o Universo começou, pois não havia nada parecido com o tempo na época. "No princípio" não é o princípio dessa história, porque o tempo se torna uma dimensão do espaço em altas energias. Mas isso significa perder-se em mundos tão abstratos, até mesmo de tempo imaginário, que podemos correr o risco de enlouquecer.

O que fazem as teorias quânticas da gravitação é contar uma história de como o Universo começou, mesmo que isso implique dizer que não começou no tempo. A energia requerida para perceber a natureza quântica da gravidade é enorme, e a física quântica nos diz quanto é enorme. Teoricamente, se conseguíssemos colocar essa energia no vácuo, poderíamos resgatar as condições existentes no início do Universo. Ao colocarmos quantidades cada vez maiores de energia no vácuo, nos aproximamos da natureza quântica original do Universo. Isso é o que vemos nos aceleradores de partículas cada vez mais poderosos: as condições relativas cada vez mais próximas do começo do Universo.

Voltar no tempo até o Big Bang nos mostra que toda a matéria do Universo se torna cada vez mais energizada até se transformar em radiação pura. As teorias atuais parecem sugerir que, quando o Universo era um objeto puramente quântico, sua simetria mantinha todas as forças da natureza unidas como uma só entidade. Nos mundos do físico americano nascido na Bélgica Armand Delsemme (1918), o Universo surgiu "da ruptura espontânea da grande simetria preexistente do nada". As imensas energias e a simetria do vácuo se romperam, e o resultado foi o nosso Universo visível.

Os antigos usavam o poder da poesia para comunicar conhecimento. Nossa história da criação materialista da modernidade se tornou tão obscura que talvez precise de um poeta para lhe fazer justiça. No discurso científico, a poesia está na matemática, e a mesma linguagem julga as duas manifestações de modo semelhante: simetria, elegância, simplicidade, brevidade, sutileza e profundidade são as melhores qualidades das duas formas de apreender a realidade. A matemática tem sido a linguagem da ciência desde sempre. Mas essa linguagem está ficando cada vez mais intraduzível mesmo entre os cientistas. Não se trata nem mesmo de uma única linguagem enigmática, mas sim de muitas linguagens enigmáticas, cada qual falada por uma pequena tribo de especialistas.

No entanto, não é a complexidade e a sofisticação da matemática, nem a capacidade de encontrar e nomear centenas de partículas que mais impressionam na física quântica, mas sim o contrário. A dificuldade e a fragmentação são o alto preço que estamos querendo pagar pela possibilidade de simplicidade e unificação subjacente a essa fragmentação: os fragmentos são os cacos de um lindo objeto que caiu e se partiu em pedaços.

Uma teoria de tudo parece prometer um Universo que começou como uma forma de simetria perfeita e se quebrou. Tudo o mais veio depois. Ao que parece, a simetria perfeita não é uma característica deste mundo mas sim a condição de onde surgiu.

Este é um mundo de simetria fragmentada. Os gregos antigos sabiam disso. Eles entendiam que as coisas mais lindas não são as perfeitamente simétricas, mas as que se aproximam disso. Só nos céus além da realidade se consegue a simetria de uma esfera perfeita. A história da ciência pode ser vista como a busca da simetria. "Reconhecimento de padrão", diz o físico americano Bob Park (1931), "é a base de toda a satisfação estética, seja na música, na poesia ou na física."[3]

A simetria perfeita da qual surgiu o Universo tem sido comparada a um lápis bem equilibrado na ponta, um estado simétrico demais para perdurar. O lápis deve cair logo, mas não podemos saber em que direção vai cair. Por certo esse grande momento, que não foi um momento e não aconteceu em lugar nenhum (porque localização não era uma característica desse lugar que não é um lugar), merece uma analogia melhor. Fosse qual fosse, essa simetria foi rompida por razões que ainda não compreendemos.

Em 1952, Gueórgui Gámov batizou o período antes do Big Bang de era agostiniana, em homenagem a santo Agostinho, que escreveu que o tempo foi criado no momento da criação do Universo. Aos 10^{-23} segundo, uma mancha de radiação simétrica que é o nosso Universo teve início no tempo. Por um momento as quatro forças da natureza foram mantidas em simetria.

10^{-43} SEGUNDO A 10^{-36} SEGUNDO

O Universo se expande e a temperatura começa a cair da mais alta temperatura possível, 10^{32} graus (chamada temperatura de Planck). Em algum momento dessa "era" a simetria se rompe e a gravidade chega ao mundo. Do nosso ponto de vista, nós acreditamos que é preciso mais energia para unir a gravidade com as outras forças da natureza do que para unir as outras três forças entre si, e portanto devemos supor que a gravidade foi a primeira força a romper com essa simetria. O rompimento da simetria também é chamado de mudança de fase. No nosso mundo local, vemos uma mudança de fase quando a água muda de sua forma mais simétrica — líquida — para uma forma menos simétrica como o gelo. No final dessa era a temperatura caiu para 10^{27} graus. A história do Universo em geral é contada no tempo, mas poderia muito bem ser contada a partir da queda da temperatura. A expansão do Universo está intrinsecamente ligada ao seu resfriamento e à sua evolução. O Universo se expande no tempo, e o que está no Universo se expande, esfria e evolui.

A diferença entre um Universo com 10^{-43} segundo de idade e um com 10^{-36} segundo parece não ser relevante, mas, medido no tempo de Planck, é a diferença entre um Universo com a idade de uma unidade de tempo de Planck e um de 10^7 (10 milhões) de unidades de Planck.

Como as forças nucleares fortes e as forças eletrofracas estavam ainda unificadas, em teoria a única partícula no Universo nesse período é o bóson de Higgs.

10^{-36} SEGUNDO A 10^{-12} SEGUNDO

Quando o Universo está com 10^{-36} segundo, a força nuclear forte começa a romper sua simetria com a força eletrofraca. O número de partículas aumenta para incluir os bósons W e Z que intermedeiam a força eletrofraca.

Em algum momento entre as idades de 10^{-36} segundo e 10^{-32} segundo (entre 10^7 e 10^{11} unidades de tempo de Planck), o Universo não apenas se expande, ele infla — uma teoria enunciada pela primeira vez em 1982 pelo físico americano Alan Guth

(1947). O Universo descrito pela teoria do Big Bang se expande de forma regular. Mas se conjetura que nessa era o Universo se expandiu exponencialmente, dobrando de tamanho cerca de cem vezes no que pode nos parecer um período de tempo muito curto. Calcula-se que, quando tinha menos de 10^{-32} segundo de idade, o Universo dobrava em tamanho a cada 10^{-34} segundo.

Dobrar de tamanho cem vezes não parece muita coisa, mas transformou o Universo de algo que existia numa paisagem quântica em algo do tamanho de uma toranja.[4] Não sei por que uma toranja, mas entre os cientistas e os escritores de ciência foi essa a fruta escolhida. Como não existe um lado de fora por onde se possa julgar, tampouco nenhum observador no lado de dentro, é difícil dizer em que sentido o Universo tem o tamanho de uma peça ou de uma fruta. O Universo começou como uma radiação de alta energia (luz), e em certo sentido já era infinito e desprovido de tempo. De uma perspectiva exterior (que não existe), veríamos que o relógio não faz nenhum tique. O Universo que chegou ao tamanho de uma toranja só pode ter algum sentido se houver um futuro observador para dar algum sentido a esse Universo-toranja. A toranja é o Universo visível, mas também é possível que o Universo tenha começado infinito em tamanho e depois se expandiu. O que chamamos de Universo é apenas o máximo possível que se pode ver naquela paisagem.

A teoria da inflação, um acréscimo *ad hoc* à teoria quântica, ajuda a resolver alguns inquietantes problemas que a teoria da relatividade geral deixa de levar em consideração. O princípio cosmológico que Einstein acrescentou à relatividade geral trata o Universo como se fosse cheio de matéria de maneira uniforme, o que por certo não acontece, ao menos não localmente. O que vemos é matéria amontoada nas estruturas com as quais nos familiarizamos, como estrelas, galáxias e aglomerados de galáxias. Só em ordens de tamanho muito grandes a matéria do Universo visível parece ser distribuída de maneira uniforme. A relatividade geral não consegue explicar por que o Universo é tão encaroçado em suas menores dimensões, mas a teoria quântica faz isso. A pista é a violência e a aleatoriedade do mundo quântico.

No vácuo, incontáveis bolhas de energia aparecem e desaparecem, criando o que às vezes é chamada espuma quântica. Foi dessa espuma que nosso Universo emergiu. A teoria quântica de campo permite que essas bolhas aumentem até cerca de 10^{-27} metro antes de desaparecerem no vácuo. Às vezes, por motivos que não compreendemos, uma bolha escapa do vácuo. Uma dessas bolhas se tornou o nosso Universo. Em outras palavras, o que chamamos Universo é apenas uma mancha inflada de uma paisagem quântica onde tamanho não faz sentido. O Universo pode ser infinito em tamanho, mas a paisagem quântica da qual escapou está além do significado de tamanho.

Essa paisagem quântica é um lugar onde muitos universos, talvez um número infinito de universos, vivem e morrem. Não faz o menor sentido dizer que esse mundo quântico é maior do que qualquer universo que emerge dele. Tamanho é algo que só tem sentido no nosso Universo visível. Tamanho pode não significar nada até mesmo em outras partes do nosso Universo além do horizonte do que chamamos Universo visível, quanto mais em outros universos que escapam do vácuo.

Como copernicanos determinados a sabotar a ideia de que estamos no centro de alguma coisa, esse modelo inflacionário evoca algumas consequências tranquilizadoras. Devemos supor que haja muitas outras bolhas — talvez até mesmo um número infinito — que se expandiram em outras manchas na paisagem quântica, e com diferentes leis da natureza. Assim, temos certeza mais uma vez de que nossa posição, mesmo nessa esquisita paisagem quântica, não é uma posição privilegiada. O que temos chamado de Universo visível é um fenômeno local; mesmo o que chamamos de Universo acaba sendo um fenômeno local. O "verdadeiro" Universo é uma paisagem quântica da qual surgiram o nosso Universo (bem como a mancha que chamamos de Universo visível) e muitos outros universos. Assim como átomos não são indivisíveis, apesar de seu nome indicar o contrário, também universo não é mais a palavra que define tudo que existe. Os cientistas optaram por chamar essa terra recém-descoberta de multiverso. Então nosso Universo local é como um presente de uma flutuação aleatória e não causal em uma paisagem quântica. O que jaz além das mais remotas fronteiras do Universo em todas as direções, nos maiores e menores tamanhos, está além da nossa compreensão atual das leis da natureza. Através da história, à medida que aprofundamos nossa descrição, o Universo cresceu em tamanho; agora o Universo cresce para além da própria noção de tamanho. O multiverso, ou não importa como chamemos a próxima manifestação do Universo, pode sempre estar além da nossa capacidade de descrevê-lo. Quanto mais tentamos descobrir seus mistérios, mais o Universo se torna sutil.

Ainda é cedo demais para dizer que o Universo inflacionário é mais do que um brilhante truque matemático. A rigor, trata-se de um modelo, ou de uma hipótese, não de uma teoria. Ainda não está claro como essa matemática pode ser transformada em testes experimentais. O modelo inflacionário apresenta difíceis desafios à física experimental. No momento, oferece mais poder explanatório que poder de previsão. O modelo inflacionário, contudo, é amplamente aceito como a melhor descrição científica que temos no momento de como o Universo pode ter começado. Particularmente animador é o fato de resolver diversos problemas que pareciam intratáveis. A inflação traduz a violência aleatória de um evento quântico para um Universo de matéria encaroçada. Os caroços inerentes à espuma quântica se tornam os caroços de uma galáxia ou de um aglomerado de galáxias. Um padrão quântico é repetido na quase instantânea ação da inflação em todas as ordens de tamanho no Universo visível. À inflação se permite acontecer com uma velocidade maior que a da luz porque nenhuma informação é transferida. A velocidade da luz estabelece um limite na rapidez com que a informação pode ser transferida através do Universo, mas, se imaginarmos que o Universo inflou, tudo o que havia dentro dele permaneceu incólume. O Universo simplesmente explodiu em escalas de tamanhos maiores. A inflação explica também por que a natureza parece semelhante em todos os tamanhos.

A geometria fractal é o ramo da matemática que classifica objetos com estranhas propriedades segundo as quais suas partes parecem com o todo. Na natureza, uma couve-flor é fractal, assim como cadeias de montanhas, flocos de neve, nuvens e esporos. Existem também ressonâncias entre objetos fractais: o contorno de uma costa parece com a beira de uma folha, um ciclone parece com uma galáxia em espiral. A inflação garante que o Universo seja fractal em todos os tamanhos abaixo dos maiores tamanhos. O princípio cosmológico nos diz que em suas maiores dimensões o Universo é uniforme. Quando olhamos para o Universo como um todo, é como se tivesse a textura de um pedaço de pão (estou falando de um pão branco muito processado), mas nas menores dimensões o pão tem estruturas feitas de migalhas. (Está vendo, eu também não consigo resistir a uma analogia caseira.) Esse mesmo padrão quântico infla e se torna o Universo em suas diferentes ordens de magnitude. A aparência do Universo como se encontra no momento é explicada pelos componentes aleatórios e não causais do mundo quântico.

A conjetura inflacionária faz algo mais: explica por que o espaço parece ser incrivelmente plano. Quando se diz "plano" significa que os ângulos de um triângulo somam 180 graus, como acontece quando traçamos essa forma geométrica numa folha de papel plana. Os ângulos de um triângulo desenhados numa bola não somam 180 graus, pois uma bola não é plana. Se o princípio cosmológico nos diz que o Universo em suas maiores dimensões tem a textura de uma fatia de pão, o bom-senso poderia nos informar que não é provável que o espaço seja plano como uma fatia de pão (ou como uma folha de papel), pois o Universo está cheio de massa e sabemos que a massa distorce o espaço-tempo. Nos primórdios da cosmologia, quando a relatividade geral foi postulada, pensava-se que a massa no Universo curvasse o espaço sobre si mesmo. Nesse Universo "fechado" seria possível iniciar uma jornada e — se nos deslocarmos o suficiente — nos encontrarmos de volta ao ponto de partida (como se tivéssemos circun-navegado o globo, mas nas três dimensões do espaço curvo e não nas duas dimensões da curvatura da Terra). Nessa época também se pensava que a massa do Universo superaria a expansão do Big Bang e traria afinal o Universo de volta ao estado quântico do qual havia surgido. Mas desde os anos 60 as observações nos dizem que o resultado mais provável é que o Universo vá se expandir para sempre, e que o espaço não é apenas plano, mas inacreditavelmente plano.

A inflação fornece uma explicação simples, talvez simples demais. A inflação uniformiza o espaço como um balão murcho que estivesse sendo inflado. A característica plana do espaço é estabelecida antes que a presença de massa tenha chance de influenciar a geometria do espaço.

Se a matemática da descrição de campo quântico da inflação for mesmo uma descrição do mundo e não apenas um modelo matemático, deve haver mais uma partícula não observada escondida no vácuo. O que mais, além da inflação? O bóson de Higgs confere massa ao mundo, a carga do elétron garante o eletromagnetismo (definido como um campo de fótons virtuais), a cor garante a força nuclear forte (definida como um campo de glúons), e portanto a inflação, se existir, definirá o campo de força que infla o Universo.

Se por um lado a teoria do Big Bang prevê que toda a matéria existente agora já existia desde o começo, infinitamente comprimida, a teoria da inflação permite que o Universo seja criado a partir de 10 quilogramas de matéria, abrindo uma perspectiva aterrorizante e provocativa de ser possível criar um universo no laboratório. No modelo inflacionário, toda a matéria do Universo é criada a partir do vácuo do próprio espaço ao se inflar. Depois da inflação, o Universo continua a se expandir, mas a uma taxa mais lenta que a prevista pelo Big Bang.

10^{-12} SEGUNDO A 10^{-6} SEGUNDO

Depois da inflação, quando o Universo estiver com um trilionésimo de segundo de idade, a temperatura do Universo terá caído 10 trilhões de graus. A simetria da força eletrofraca desmorona, permitindo que as interações eletromagnéticas e nuclear fraca sejam sentidas pela primeira vez. O Universo está cheio de todas as partículas das partículas zoo existindo como partículas virtuais, num estado chamado plasma *quark*-glúon. Essas partículas fundamentais adquiriram suas massas através do campo de Higgs. Partículas virtuais e antipartículas aparecem e desaparecem, transformando-se em energia pura ao se aniquilarem mutuamente. De maneira geral, não existem partículas "reais" nesse estágio. O Universo é energia, não matéria, e é dominado pela força nuclear forte, como indicado pela presença de glúons no plasma que preenche o espaço.

10^{-6} SEGUNDO A UM SEGUNDO

O Universo está com mais ou menos 1 quilômetro de diâmetro. Enquanto continua a esfriar e a se expandir, outra assimetria se revela. Para cada 10 bilhões de *quarks* e *antiquarks* aniquilados resta um único *quark*. O físico nuclear e dissidente russo Andrei Sákharov (1921-89) explicou esse fato como uma assimetria específica em uma única partícula na partícula zoo chamada méson K^0. Existem cerca de 140 mésons diferentes na partícula zoo. Teoricamente, essa minúscula tendência à produção de matéria é suficiente para responder por toda a matéria do Universo. Mas não há um acordo geral quanto à consistência dessa teoria. Alguns cientistas argumentam que deveria haver antimatéria e matéria na mesma proporção no Universo, e a nítida ausência de antimatéria é para eles um dos maiores mistérios do Universo. Se houvesse galáxias feitas apenas de antimatéria, de vez em quando nós as veríamos colidir com galáxias feitas de matéria (com enormes quantidades de energia sendo liberadas). Mas não existem indícios de estruturas feitas de antimatéria no Universo.

O plasma dos *quarks* e glúons começa a se condensar em fótons e nêutrons. A temperatura caiu o suficiente para que os *quarks* se mantenham confinados nos prótons e nêutrons pela primeira vez. A força nuclear forte que mantém os *quarks* ligados, como descrito pela QCD, tem a estranha propriedade de se tornar mais forte quanto mais *quarks* se libertarem, e é por isso que os *quarks* nunca puderam ser observados isoladamente. Assim que se confinam, permanecem confinados para sempre.

Esse período é conhecido como a era do hádron. Hádron é a denominação coletiva para todos os diferentes tipos de partículas na partícula zoo formadas por *quarks*. Os hádrons mais conhecidos são os prótons e nêutrons, tipos de hádrons chamados bárions, nome comum de todas as partículas formadas por três *quarks*. Todos os outros tipos de hádrons são chamados de mésons, formados por dois *quarks*. No momento em que o Universo tiver um segundo de idade, o mundo está cheio de partículas exóticas associadas à força nuclear forte. Aceleradores de partículas podem recriar parte dessas condições primordiais do Universo.

Também nesse momento começam a existir neutrinos, partículas associadas à produção de elétrons. Deveriam ser as partículas mais abundantes do Universo, mas até agora nenhuma originada pelo Big Bang foi detectada. O físico italiano Enrico Fermi (1901-54) postulou o neutrino pela primeira vez como "um remédio desesperado" (suas próprias palavras) exigido para explicar a força nuclear fraca. A existência da partícula foi confirmada em 1956.

É possível argumentar que o Universo já era muito velho com um segundo de idade, embora na nossa perspectiva tendenciosa ele nos pareça muito jovem. A essa altura já se passaram 10^{43} unidades de tempo de Planck. O Universo tem agora 10^{60} unidades de tempo de Planck de idade, e as formas de vida mais antigas que conhecemos apareceram (há alguns bilhões de anos) quando o Universo tinha 10^{59} unidades de tempo de Planck. Se parece antigo em anos (13,7 bilhões), o Universo é muito velho em unidades de Planck, e os primeiros sinais de vida, em termos relativos, aconteceram momentos atrás.

UM SEGUNDO A TRÊS MINUTOS

Nessa era o Universo está dominado por elétrons e outras partículas pertencentes à mesma família, chamadas léptons. Existem apenas seis tipos de léptons. O elétron, o múon e o tau são partículas com carga negativa e *spin* igual a ½, porém com diferentes massas para cada uma.[5] Os outros três léptons são neutrinos associados, cada um deles quase sem massa, mas não exatamente.

TRÊS MINUTOS A VINTE MINUTOS

Com três minutos de idade o Universo começa a ser dominado por elétrons. Também já está frio o bastante para prótons e nêutrons, através da força nuclear forte, condensarem-se num processo chamado fusão nuclear. Surgem os primeiros núcleos no Universo. Esse período de nucleossíntese dura apenas dezessete minutos. Depois disso, a temperatura do Universo está baixa demais para que o processo continue. A maioria dos núcleos é formada por prótons individuais, semelhantes aos núcleos de hidrogênio, embora ainda não existam átomos de hidrogênio. O outro principal constituinte do Universo é composto por dois prótons e dois nêutrons, mantidos juntos como um núcleo chamado partícula alfa, semelhante ao núcleo do hélio, embora mais uma vez ainda não exista nenhum átomo de hélio no mundo. Existem cerca de três vezes mais núcleos de hidrogênio que núcleos de hélio no Universo, e minúsculos vestígios de alguns outros núcleos leves: pequenas quantidades de núcleos de deutério, um isótopo[6] do hidrogênio formado por um próton e um nêutron ligados de forma instável, e pequenas quantidades de lítio (três prótons e três nêutrons ligados). E é isso mesmo: aí está toda a matéria existente no Universo nesse momento. Quando o Universo tinha um segundo de idade, só existiam prótons e nêutrons. Depois de alguns minutos os prótons e nêutrons começaram a evoluir para formar uma matéria um pouco mais complexa. Físicos de partículas calculam que deveria haver sete prótons para cada nêutron nesse Universo inicial. E esse é o conteúdo do Universo. A proporção entre nêutrons e prótons prevista nos primórdios do Universo é demonstrada de forma espetacular pela medição das quantidades de hidrogênio e hélio existentes atualmente no espaço interestelar. Essa confirmação experimental é prova de que a física das partículas e a astrofísica descrevem a mesma realidade. Eis aí mais um indício de que nossas descrições separadas das coisas pequenas e grandes podem ser conciliadas.

TRÊS MINUTOS A 380 MIL ANOS

Outra mudança no Universo começa a ser percebida cerca de três minutos depois do Big Bang. A constante aniquilação de elétrons e pósitrons (antielétrons) e outros pares de léptons e antiléptons cria um Universo que se enche de fótons (partículas de radiação eletromagnética) e partículas W e Z (partículas indistinguíveis dos fótons exceto pelo fato de terem massa).

Depois de 70 mil anos o Universo deixa de ser dominado por radiação para ganhar densidades relativas de radiação e de matéria em partes quase iguais.

Em algum momento entre 240 mil e 310 mil anos após o Big Bang o Universo está frio o bastante para os núcleos de hidrogênio e hélio começarem a capturar elétrons, um processo chamado recombinação. Surgem os primeiros átomos neutros de hidrogênio e hélio no Universo. Quase toda a matéria do Universo está na forma desses dois elementos, com vestígios de deutério e lítio aqui e ali.

Antes de haver átomos neutros, fótons (partículas de luz) estavam se disseminando pelo plasma de material carregado que enchia o Universo primordial. Agora que o Universo está cheio de matéria neutra, os fótons conseguem se reunir em torrentes de luz. O período chamado Era das Trevas chega ao fim. Um Universo que era opaco se torna um Universo transparente. Os raios de luz avançam. Hoje em dia vemos essa relíquia de como era o Universo 380 mil anos depois do Big Bang como radiação cósmica de fundo em micro-ondas (CMB): fótons que esfriaram de 2700 graus Celsius, quando o Universo era mil vezes menor que agora (existe uma correspondência direta entre o tamanho do Universo e sua temperatura de fundo) para 2,7 graus Celsius acima da mais baixa temperatura possível no Universo (-277,15 graus Celsius, ou zero kelvin, também conhecida como zero absoluto). Esse indício fóssil do Universo primordial é uma radiação eletromagnética com um desvio para o vermelho tão grande que a vemos hoje como micro-ondas com um comprimento de onda de cerca de 1,9 milímetro. À medida que a CMB vai sendo mapeada com precisão cada vez maior, o que sabemos sobre as condições originais do Universo se torna cada vez menos especulativo.

9. Viva o nascimento das estrelas

Onde estavas quando lancei os fundamentos da terra?

Jó 38:4

Algumas centenas de milhares de anos depois do Big Bang o Universo está mais próximo de como o conhecemos hoje: existe matéria e existe luz. Durante um período de 13,7 bilhões de anos, um Universo de matéria e luz em expansão se transforma no Universo como se apresenta à nossa volta hoje.

Para o Universo, o passado não deixa de existir. Vemos como o Universo era antes quando olhamos para a luz que chega até nós do passado do Universo — lá de longe. A luz das estrelas distantes nos convence de que existem objetos como estrelas, e o estudo regular da luz recebida de muitas estrelas nos convence de que o Universo físico se tornou uma hierarquia estelar.

Olhar para o espaço estelar é o mesmo que olhar para o passado. A luz do mais remoto passado do Universo chega até nós como radiação de micro-ondas, a CMB, um retrato difuso de como era o Universo 400 mil anos depois do Big Bang. Em parte, é também o mais difuso retrato do que já fomos. A CMB é um mapa de tudo, e desse tudo evoluiu tudo o mais no Universo do século XXI. Fazer mais uma vez a pergunta — Onde o Universo está contido? — deve provocar respostas curiosas. Nunca chegaremos ao ponto em que estávamos há 13,7 bilhões de anos. O Universo está se expandindo e se afastando cada vez mais de sua origem. Mesmo se pudéssemos viajar à velocidade da luz, o horizonte deu a partida 13,7 bilhões de anos na nossa frente. De qualquer forma, se conseguíssemos viajar à velocidade da luz, teríamos que ser a própria luz: paradoxalmente, para nós o tempo pareceria não estar passando. Os *objetos* mais distantes ainda visíveis são quasares se afastando de nós a 93% da velocidade da luz. A orla do Universo na verdade é um horizonte; mas é impossível dizer do que esse horizonte nos separa. Se conseguíssemos nos aproximar do horizonte para ver o que há além dele, o que houvesse lá não não teria paralelo no Universo visível que descrevemos hoje.

O mapa do Universo primordial, que é a CMB, parece estranhamente uniforme, como se repetisse sempre o mesmo padrão detalhado. O padrão é homogêneo na proporção de um para mil. A CMB parece confirmar a suposição de Einstein de que o Universo é distribuído de forma regular, pelo menos em grandes escalas. A transformação pela qual o Universo passou está no detalhe. Por menores que possam parecer, existem muitas variações que explicam as grandes estruturas que encontramos no Universo que vemos hoje. Essa variação foi herdada via inflação a partir do granuloso mundo quântico. Depois de algumas centenas de milhões de anos, a pequena parcela do que não era homogêneo que vemos na CMB evoluiu para um Universo cheio de nuvens de moléculas de hélio e hidrogênio numa hierarquia de todos os tamanhos, que em bilhões de anos evoluirá para o complexo arranjo de estrelas que vemos hoje.

Essas nuvens são locais de baixas temperaturas, onde o hélio e o hidrogênio podem existir como gases. Comparadas com outras regiões do espaço cósmico, são áreas de densidade relativamente alta, embora sejam também menos densas do que chamaríamos de vácuo num laboratório na Terra. Três quartos do gás do Universo primordial são de hidrogênio, e um quarto de hélio. Essas nuvens formarão estrelas para ocupar o Universo, que depois se movimentarão e se transformarão em conhecidos arranjos gravitacionais como aglomerados de estrelas, galáxias, aglomerados de galáxias e aglomerados de aglomerados (superaglomerados) de galáxias.

Uma estrela é o produto de um gás turbulento, e as leis dos gases (elaboradas na Terra durante muitos séculos) são bem compreendidas. Embora as leis dos gases possam ser enunciadas de forma direta, a forma como se aplicariam a essas vastas nuvens moleculares ainda não está bem clara. Mas sabemos que todas as estrelas que podemos ver nascendo hoje estão emergindo de nuvens moleculares, e assim deduzimos que fizeram o mesmo no passado.

Onde existe massa, existe também gravidade. Embora seja muito fraca, a gravidade agora domina a história do Universo. A ciência da cosmologia começou como um estudo das grandes dimensões do Universo, e desde o início foi basicamente a história da gravidade. É como se a estranha fraqueza da gravidade correspondesse à imensidão do Universo que vemos, como se a imensidão fosse a compensação para a fraqueza; mas o porquê disso permanece um mistério.

Ao mergulharmos nas turbulentas nuvens de diferentes ordens de magnitude, encontramos nuvens relativamente pequenas que se condensarão sob a gravidade para formar uma quantidade de estrelas. De forma geral, para cada cem estrelas formadas, cerca de dez serão sistemas triplos e sessenta, binários. Conjetura-se que muitos sistemas triplos ejetam uma estrela e que alguns sistemas binários sejam separados, de forma que a solidão do nosso Sol não é um aspecto tão incomum.

A gravidade faz que essas nuvens se condensem e entrem em rotação. Também achata as nuvens em discos. O tamanho das estrelas depende afinal da densidade da nuvem molecular ao redor. Todas as estrelas começam com um centro de um décimo da massa do Sol, que depois ganha mais massa da nuvem ao redor. Ao ganhar massa, a estrela tende a crescer mais em densidade e em tamanho.

Quanto mais se comprimem uns contra os outros, os átomos de gás no centro da estrela se tornam mais energéticos, o que é outra forma de dizer que o centro da nuvem se torna cada vez mais quente. A energia das colisões faz que os átomos percam os núcleos mais uma vez. Esses núcleos são 10 mil vezes menores que átomos, o que significa que a gravidade pode agora aproximá-los ainda mais, elevando cada vez mais a temperatura no processo.

Quando a temperatura no centro atinge 10 milhões de graus, os núcleos estão próximos o bastante para serem fundidos por fusão nuclear. As condições são de certa forma semelhantes às do início do Universo, quando os primeiros núcleos estavam sendo fundidos, só que agora o processo de fusão nuclear está acontecendo em muitos bolsões separados, cada um sendo o centro de uma estrela. Em linguagem informal, os cosmólogos dizem que as nuvens de gás se contraem e entram em ignição. Os poetas podem dar vivas ao nascimento de estrelas. No coração das estrelas jovens, quatro núcleos de hidrogênio (quatro prótons) são fundidos para formar um único núcleo de hélio[1] (dois prótons e dois nêutrons), mais energia. Mais precisamente, dois desses quatro prótons são transformados em dois nêutrons, e a diferença em energia é liberada como dois pósitrons (antielétrons) e dois neutrinos (partículas associadas à produção de elétrons e antielétrons).

A espécie humana ainda não conseguiu replicar o poder do Sol de forma controlável, embora tenha havido progressos nos últimos cinquenta anos. O surgimento de uma forma eficiente de fusão feita pelo homem ainda está distante, talvez leve outros cinquenta anos. Se chegarmos a dominar essa técnica, terá sido descoberto o segredo da produção de uma energia (mais) limpa. Os produtos residuais da fusão são hélio (completamente inofensivo) e pequenas quantidades de um isótopo radioativo do hidrogênio chamado trítio (um próton e um nêutron), que tem uma meia-vida de apenas doze anos. Hoje, a maior parte do poder nuclear da Terra vem da fissão nuclear, com energia sendo liberada a partir do processo de explosão e separação de núcleos de átomos pesados.

Parte da energia da reação nuclear que acontece nas estrelas se irradia por várias regiões do espectro eletromagnético. Para um observador à distância isso pode ser visto na parte visível do espectro como pontos de luz. A essa altura na vida do Universo, porém, esse observador à distância não existe. De quanto tempo o Universo precisará para formar esse observador e quantos postos de observação existem espalhados pelo Universo é assunto para muita especulação.

Parte da energia dessas reações é liberada como calor, fazendo que o centro da estrela fique cada vez mais quente. Quando a temperatura do centro atinge 25 milhões de graus, a estrela entra num período estável: a força gravitacional da massa estelar é equilibrada pela força das reações nucleares que tentam esfacelar a estrela. O tempo de permanência da estrela nesse estado, como um simples cadinho de laboratório produzindo hélio, depende da massa original da nuvem, agora estrela.

Corpos menores do que um terço da massa do Sol são pequenos demais para brilhar como estrelas, e estrelas com cerca de 150 vezes a massa do Sol representam o tamanho máximo que uma estrela pode ter. Essas estrelas maiores são muito raras no Universo que vemos hoje. Considera-se que estrelas com mais de oito vezes o tamanho do Sol não se formam a partir de condensação de nuvens, mas ainda não se sabe como são formadas. É possível, no entanto, que as estrelas mais pesadas sejam formadas da mesma forma que as estrelas menores.

Estrelas com massa igual à do nosso Sol podem permanecer estáveis no estágio de queima de hidrogênio por bilhões de anos. O Sol vem queimando hidrogênio há 5 bilhões de anos e tem combustível suficiente para outros 5 bilhões de anos ou mais. Estrelas maiores queimam seu combustível mais depressa. Assim, estrelas com três vezes a massa do Sol podem permanecer nesse estado por apenas 300 milhões de anos. Já estrelas com trinta vezes a massa do Sol, por exemplo, queimam seu hidrogênio em cerca de 60 milhões de anos. Uma estrela com um terço do tamanho do Sol poderia queimar hidrogênio por 800 bilhões de anos, se o Universo durar todo esse tempo.

Em algum momento, todo o hidrogênio estará queimado. Quando isso acontece, a estrela colapsa. Depois de milhões, ou mesmo bilhões de anos de estabilidade, a estrela de repente desaba sobre si mesma sob a força da gravidade. A estrela encontra novo ponto de estabilidade em uma fração de segundo.

Quando o núcleo desaba, as camadas externas são expelidas, o que torna a estrela imensa. A estrela pode parecer ter centenas de vezes o tamanho anterior e emitir uma luz vermelha. A estrela se tornou uma gigante vermelha.

O núcleo de uma gigante vermelha encontra novo ponto de estabilidade à temperatura de 100 milhões de graus, quente o bastante para queimar o hélio produzido na fase de queima de hidrogênio. Uma nova reação tem lugar em estrelas de tamanho suficiente: três núcleos de hélio são fundidos para formar o primeiro núcleo de carbono, e com um núcleo adicional de hélio é produzido o primeiro núcleo de oxigênio.

Estrelas que começaram a vida com trinta vezes a massa do Sol e queimaram hidrogênio por 60 milhões de anos vão agora queimar hélio como gigantes vermelhas por mais 10 milhões de anos. Nosso Sol é grande o bastante para entrar no estágio de queima de hélio, no qual permanecerá por 300 milhões de anos. Todas as estrelas que começam com metade da massa do Sol se tornarão gigantes vermelhas. A grande maioria das estrelas é de anãs vermelhas, estrelas com menos de metade do tamanho do Sol, fracas e frias demais para chegar ao tom amarelo do nosso Sol. Existem estrelas ainda menores e mais fracas, que são chamadas de anãs marrons. Essas pequenas estrelas não se tornam gigantes vermelhas, mas esmaecem e esfriam para se tornar anãs negras num processo que levará muitas vezes a idade atual do Universo, e por essa razão as anãs negras não serão vistas ainda por um considerável período de tempo no futuro.

Mais uma vez, dependendo da massa da estrela original, esse processo de colapso e aumento da temperatura do núcleo cria camadas como as de uma cebola em que são forjados elementos cada vez mais pesados. A temperaturas mais altas, o carbono é queimado para formar os primeiros átomos de neônio, magnésio e mais oxigênio. A temperaturas mais altas ainda o neônio queima, e o processo continua em sequências de combustão que usam sucessivamente oxigênio, silício e enxofre como combustível.

Estrelas com mais ou menos o tamanho do Sol ou com até o dobro da sua massa só produzirão carbono e oxigênio em seu ciclo de vida. Estrelas maiores que até quatro vezes a massa do Sol produzem uma sequência mais longa de elementos que incluem neônio, magnésio e nitrogênio. Estrelas com tamanhos entre oito e onze vezes a massa do Sol terminam num estágio de queima de silício, um processo que dura um só dia em que são produzidos níquel e cobalto.

O ciclo de combustão e de colapso gravitacional não pode prosseguir indefinidamente. Chega um momento em que a matéria da estrela estará tão comprimida quanto possível, de acordo com uma regra chamada o princípio de exclusão de Pauli,[2] que estabelece um limite quântico para essa compressão. Estrelas com mais de quinze vezes a massa do Sol atingem esse limite final. Para essas estrelas, o processo de combustão final sai de controle e o ferro começa a ser produzido, o metal mais pesado que uma estrela consegue forjar. Os núcleos dos átomos de ferro são mais comprimidos que qualquer outro elemento mais pesado.

A criação desses primeiros elementos no centro das estrelas responde por 99,9% de todos os elementos do Universo. O Universo que era formado inteiramente de hidrogênio (76%) e hélio (24%) acaba se tornando um Universo de hidrogênio (74%), hélio (24%), oxigênio (1,07%), carbono (0,46%), neônio (0,13%), ferro (0,109%), nitrogênio (0,10%), silício (0,065%), magnésio (0,058%) e enxofre (0,044%). Apenas 2% do hidrogênio criado no Big Bang queimou até agora na vida do Universo, e a criação e queima de hélio mantiveram a mesma quantidade do elemento. Essa pequena proporção de hidrogênio foi transmutada em oito novos elementos ou metais. (Por alguma razão os cosmólogos chamam todos os produtos forjados nas estrelas de "metais", sejam metais ou não.) Mas existem ao menos outros 84 elementos que ocorrem naturalmente no Universo, além de mais de vinte elementos vistos apenas em laboratórios na Terra (e talvez em culturas alienígenas). Esses outros elementos que ocorrem naturalmente são produzidos quando as estrelas de tamanho suficiente explodem.

Estrelas muitas vezes maiores que o Sol têm o potencial de encerrar sua vida dessa forma. Depois dos estágios de combustão fora de controle, essas estrelas não têm para onde ir a não ser para fora, e explodem como supernova num processo ainda não bem compreendido. Essas explosões são as maiores do Universo, cuja energia faz que os elementos do núcleo passem por uma série de reações que produzem, pela primeira vez e em minúsculas quantidades, os outros elementos vistos na natureza. Durante um tempo, a explosão brilha mais do que cem galáxias. Em 1987 uma dessas estrelas foi vista explodindo no céu do hemisfério Sul. Mesmo a 180 mil anos-luz de distância, durante quatro meses ela brilhou tanto quanto as estrelas mais próximas. Quando elas esfriam, os núcleos de todos os elementos recém-criados capturam elétrons e se tornam átomos estáveis, a maioria recém-chegados ao Universo.

Ainda não foi estabelecido o tamanho que uma estrela precisa ter para se tornar uma supernova. Estrelas com massa dez vezes maior que a do Sol quase sempre terminam a vida numa explosão. Uma estrela com massa poucas vezes maior que a do Sol pode não explodir. As com massa três vezes menor que a do Sol nunca vão explodir. Em uma estrela semelhante ao nosso Sol, as camadas expelidas da gigante vermelha acabam se dispersando para revelar um núcleo denso feito de carbono e oxigênio. Esse núcleo é chamado de anã branca e tem uma massa entre metade e três quartos da massa original da estrela. (Nosso Sol vai terminar mais ou menos do tamanho da Terra, mas com metade de sua massa original.) Esse é destino de 97% das estrelas da nossa galáxia. Se o Universo durar o suficiente, uma estrela anã acabará esmaecendo até se tornar uma anã negra. A maioria das estrelas é parte de um sistema binário ou maior. A supernova mais comum é a chamada de tipo 1a. Elas são formadas quando uma anã branca, de massa 1,4 vez menor que a do nosso Sol, gradualmente agrega material de sua estrela irmã. Quando a massa da anã branca atinge seu limite crítico, chamado limite de Chandrasekhar, a estrela explode. Como esse tipo comum de supernova explode no mesmo limite, todas explodem exatamente com a mesma luminosidade. Esse brilho absoluto é usado como uma vela para medir grandes distâncias no Universo. Quanto mais longe essa supernova estiver, menos brilhante *parecerá* ser. Por serem tão comuns, as supernovas do tipo ia podem ser usadas para medir a distância de muitos objetos longínquos (porque será sempre provável a existência de uma dessas supernovas por perto).

Grandes estrelas que atingem o estágio de supernovas (chamadas supernovas do tipo ib, ic e ii) deixam para trás um núcleo denso chamado estrela de nêutrons — ou, no caso de estrelas maiores, buraco negro.

São essas estrelas que ao explodir semeiam o Universo com os elementos necessários para a vida. Calcula-se que no primeiro bilhão de anos de formação estelar cerca de 500 milhões de supernovas foram criadas só na nossa galáxia. Grandes estrelas viveram sua vida, explodiram, se recompuseram como estrelas e explodiram novamente nesse período — talvez diversas vezes —, antes que uma estrela pequena tenha tido tempo para queimar todo seu combustível de hidrogênio. Estrelas com dez a setenta vezes a massa do Sol são chamadas supergigantes. Algumas estrelas mais raras são chamadas de hipergigantes, algumas com cem a 150 vezes a massa do Sol. (A classificação de uma estrela como supergigante ou hipergigante não depende só da sua massa.) A estrela da Pistola é uma hipergigante situada próximo ao centro da Via Láctea. Tem uma massa 150 vezes maior que a do Sol, mas é 1,7 milhão de vezes mais brilhante e tem uma expectativa de vida de apenas 3 milhões de anos.

Existem provas contundentes de que essa foi a forma como os elementos que encontramos na Terra e em outras partes do Universo foram forjados. Por motivos técnicos relacionadas com as propriedades energéticas dos elementos mais pesados que o carbono, é fácil descrever como todos os elementos até o ferro podem ser formados no centro das estrelas. O processo de produção de elementos no cadinho de uma estrela que funde cada vez mais núcleos de hélio funciona bem enquanto houver carbono. O difícil é entender como o carbono foi criado originalmente. Em teoria, deveria ser possível forjar o elemento berílio a partir da fusão de dois núcleos de hélio, mas o berílio é muito instável e logo retorna ao estado de dois núcleos de hélio antes que outro núcleo de hélio possa ser acrescentado para produzir carbono. Em experimento famoso na história da ciência, Fred Hoyle previu que o carbono poderia ser produzido diretamente a partir de três núcleos de hélio, sem a intervenção do estágio do berílio, se o carbono apresentasse uma até então desconhecida propriedade. Ele previu que o carbono vibra a uma frequência energética específica que permitiria que três núcleos de hélio se fundissem no interior das estrelas, e projetou uma experiência que poderia ser conduzida na Terra para testar sua suposição. A propriedade prevista por Hoyle foi confirmada com precisão. Por incrível que pareça, ele tinha descoberto uma forma de testar a teoria da formação de estrelas em laboratório.

Os cientistas adoram vulnerabilidades numa teoria (em especial se for de outro cientista): elas fornecem uma grande oportunidade de testar a teoria. A aparente fragilidade pode se tornar uma forma de avançar. É essa característica provisória da ciência que costuma ser mal entendida. A natureza provisória da ciência é a sua força, não uma fraqueza. Chamar algo de teoria não significa que seja apenas uma ideia: a teoria é a forma mais avançada da explicação científica. A ciência segue um caminho provisório; é a sua natureza.

Depois de centenas de anos de teorias e experimentos, é tentador pensar que agora deve ser possível traçar uma linha que englobe algum fundo de verdade em meio a toda essa provisoriedade. Afinal de contas, cada nova teoria deve englobar a anterior *e* descrever algo novo. Qualquer um está livre para dizer onde essa linha deve ser traçada, mas seja quem for que traçar essa linha não está fazendo ciência, nem dispõe do método científico requerido. A ciência busca uma verdade maior (se tivermos de usar mesmo a palavra verdade) e não *a* verdade. Infelizmente, poucos seres humanos conseguem se sentir tranquilos diante dessa incerteza, sejam cientistas ou não.

Embora saibamos muita coisa sobre a formação das estrelas, ainda existem várias lacunas no nosso entendimento. A teoria pressupõe que as primeiras estrelas eram formadas só de hidrogênio e hélio, como se estes fossem os únicos materiais existentes, mas nenhuma estrela desse tipo (chamadas estrelas da população iii) pode ser vista no Universo nos dias de hoje. Estrelas da população iii podem ter sido maiores que as estrelas subsequentes e tiveram vida mais curta, talvez menos de 1 milhão de anos, antes de explodirem como supernovas.

As estrelas mais antigas que ainda encontramos são as da chamada população ii. Foram formadas do mesmo modo descrito acima, com a diferença de que as nuvens moleculares a partir das quais se condensaram continham, além de hidrogênio e hélio, pequenas quantidades de elementos mais pesados forjados no interior de estrelas da população iii e espalhadas pelo espaço quando essas primeiras estrelas explodiram. O acréscimo desses elementos extras pode acelerar alguns processos: fora isso, a explicação de como elementos mais pesados são forjados no núcleo das subsequentes gerações de estrelas permanece inalterada. Nosso Sol é um exemplo de estrela de classe mais jovem. Estrelas da população i contêm maiores quantidades de elementos mais pesados que as estrelas da população ii e são formadas por materiais de diversos ciclos anteriores de formação estelar.

A maioria das galáxias que vemos no Universo hoje — e a nossa não é exceção — foram formadas muito cedo. As mais antigas galáxias observadas até agora estão a 13,2 bilhões de anos-luz de distância;[3] ou seja, formaram-se mais ou menos 500 mil anos depois do Big Bang. Até há pouco tempo se pensava que as galáxias se formavam num curto período de tempo a partir de imensas nuvens rotatórias do tamanho de galáxias. Nessa descrição de baixo para cima, foi argumentado que as galáxias surgiam já mais ou menos formadas. Porém observações mais recentes sugerem que as galáxias evoluíram a partir de alguns aspectos básicos. As primeiras e primitivas galáxias são chamadas de protogaláxias, e na verdade pouco sabemos sobre seu aspecto. Depois de cerca de 1 bilhão de anos, alguns dos aspectos reconhecíveis das galáxias que vemos hoje em dia evoluíram. Aglomerados globulares de antigas estrelas podem ter se formado, assim como um conjunto de outras estrelas da população II no centro da galáxia. A forma espiral de galáxias como a nossa pode ter levado 2 bilhões de anos para evoluir. Depois desse tempo as galáxias permanecem relativamente inalteradas, assim como a nossa, que já se encontra dessa forma há alguns bilhões de anos. Algumas são elípticas, mas é possível que tenham começado como galáxias espirais como a nossa e se tornado elípticas como resultado de inúmeras colisões com outras galáxias, o que também explicaria por que as galáxias elípticas são as mais maciças do Universo. O Universo primordial era menor do que é agora, e cheio de galáxias. As galáxias estariam o tempo todo trombando umas com as outras de uma forma difícil de representar agora.

Tudo isso torna muito difícil datar uma galáxia. Em certo sentido, todas são antigas. As estrelas mais velhas da nossa galáxia têm cerca de 13,2 bilhões de anos (talvez mais), tão antigas quanto as mais antigas galáxias observadas. Mas imagina-se que a característica espiral da nossa galáxia não era visível até há 6,5 e

10,1 bilhões de anos. A idade das galáxias mais antigas está sempre sendo revisada para cima.

Dificilmente as galáxias são encontradas sozinhas. Quase sempre fazem parte de alguma complexa e dinâmica hierarquia de galáxias que refletem a natureza fractal do Universo. Hoje o Universo é visto como filamentos de galáxias com imensos espaços vazios entre as margens, onde não existe galáxia nenhuma.[4] Os densos aglomerados de galáxias podem ser encontrados onde há ajuntamento desses filamentos.

Um aspecto comum a todas as jovens galáxias parece ser a existência em seu centro de um tipo maciço de buraco negro ativo chamado quasar. Um quasar é um buraco negro que se alimenta de matéria que passa por seu âmbito gravitacional. Ao ser atraída pelo buraco negro, essa matéria é esmagada, e parte dela é transformada em energia eletromagnética: o buraco negro brilha com a luminosidade de um quasar. Um quasar esmaece e se transforma em buraco negro quando não existe mais matéria ao redor para ser devorada. Um desses tranquilos quasares jaz no centro da nossa galáxia. Fora de sua influência gravitacional, a luminosa matéria da Via Láctea é visível no céu.

Os quasares surgiram por todo o Universo primordial no centro de quase todas as galáxias, embora ninguém saiba como. Trata-se de um dos primeiros aspectos de uma galáxia, como estrelas da população III, e ainda não são bem compreendidos. É possível que esses primeiros quasares tenham sido formados de nuvens maiores dos primórdios do Universo, que foram reunidas pela gravidade tão rapidamente — talvez devido às ondas de choque originadas pelo Big Bang que ressoam pelo Universo[5] — que logo se transformaram em buracos negros. Grandes quantidades de matéria foram removidas do Universo e trancadas no centro das galáxias. A luz desses antigos corpos maciços é vista até hoje como radiação eletromagnética desviada para o vermelho, tornando-se assim ondas de rádio e luz visível em parte do espectro. Imagina-se que os quasares tenham começado maiores do que as estrelas que surgiram depois, e ao devorar a matéria ao redor ficaram ainda maiores com o tempo. Alguns dos quasares que vemos hoje têm bilhões de vezes a massa do nosso Sol.

É difícil dizer a que distância os quasares estavam uns dos outros quando se formaram, pois o Universo era muito menor na época. Hoje vemos quasares ativos nas paragens mais longínquas do Universo e no centro das galáxias mais jovens. Os quasares que se desativaram estão no centro das galáxias mais antigas, como a nossa. Os quasares evidenciam de modo drástico um Universo que deixou de ser de energia para se tornar de matéria. Cerca de 100 mil quasares foram identificados até agora. Mas o número exato é motivo de discussão: podem haver milhões deles, ou muito mais que isso. O mais distante descoberto até agora está a 13 bilhões de anos-luz de distância. O mais brilhante é chamado de 3C273. É mais ou menos 2 bilhões de vezes mais brilhante que o Sol. Mesmo estando a 2,44 bilhões de anos-luz de distância, pode ser visto com equipamentos caseiros. O fato de os quasares serem tão luminosos mesmo a essas distâncias é uma indicação de como esses corpos são brilhantes. Imagina-se que os quasares tenham surgido depois das estrelas da população III, pois apresentam indícios de metais mais pesados que o hidrogênio e o hélio.

Mapas de radiação de fundo recebidos do Universo primordial estão ficando cada vez mais detalhados. Nos mapas mais recentes há indícios não apenas da CMB como de outra radiação de fundo associada à linha espectral do hidrogênio neutro. Essa radiação é chamada de radiação de 21 centímetros, pela razão óbvia de ser esse seu comprimento de onda. É ainda muito difícil interpretar essa radiação, mas ela já tem muito a nos contar sobre a história do início do Universo. Algumas lacunas no padrão da radiação de 21 centímetros parecem ser sinal de um tempo em que os átomos de hidrogênio mudaram de estado: de átomos neutros a um plasma de núcleos e elétrons. O Universo foi ionizado outra vez, e mais uma vez preenchido por partículas carregadas várias centenas de milhões de anos depois do Big Bang. É nesse estado de ionização que vemos o Universo hoje (com espaços aqui e ali de nuvens moleculares neutras, na temperatura certa em que acontecem as formações estelares). Conjetura-se que ondas de choque de explosões de estrelas da população III possam ter causado essa nova ionização. O súbito surgimento de quasares pode ter sido outra causa.

Apesar da falta de provas observacionais da existência de estrelas da população III e da incerteza que envolve a formação dos quasares, a descrição física de como as estrelas da população I e II são formadas é um dos triunfos da física moderna, reunindo numa única descrição teorias do muito grande e do muito pequeno.

Eis aqui então, a despeito de todos as lacunas, um mapa elaborado que nos leva de um estado de radiação de alta energia para um mundo material de corpos físicos chamados estrelas. Como sempre, o empreendimento foi realizado pela nossa capacidade de elaborar dispositivos tecnológicos cada vez mais sofisticados, e os furos da teoria, também como sempre, apontaram o caminho para teorias melhores.

Essas lacunas podem ser um desafio, para dizer o mínimo. A incapacidade de unificar luz e gravidade no nível teórico é também manifesta no Universo no nível físico das estrelas. Quando verificamos o conteúdo do Universo físico usando nossas duas formas de ver — luz e gravidade —, surge uma imagem bem diferente. A quantidade de massa visível numa galáxia ou num aglomerado de galáxias faz uma previsão quanto ao movimento dessas estruturas. Infelizmente, as galáxias e os aglomerados de galáxias se comportam em termos gravitacionais como se contivessem muito mais massa do que a que vemos. As regiões externas das galáxias se movem rápido demais para a quantidade de massa visível que parecem conter, assim como as partes externas dos aglomerados de galáxias. Nossa própria galáxia, uma espiral achatada com dois braços principais girando ao redor de um eixo central a 220 quilômetros por segundo, gira mais rápido que isso em suas extremidades, como se houvesse uma massa extra na galáxia que não conseguimos ver. É essa massa extra que parece preservar o formato espiral da galáxia. Na verdade, para explicar o movimento observado de qualquer grande estrutura do Universo, cada uma deveria estar cercada por um imenso halo de matéria gravitacional invisível. Nossa galáxia parece cercada por um halo de matéria escura dez vezes maior que o raio da galáxia visível. A disparidade entre a quantidade de massa no Universo que vemos por meio da luz e a quantidade de movimento gravitacional previsto é chocante. Se quisermos explicar como essas estruturas se amontoaram da forma em que se encontram, devemos supor que o Universo contém muito mais matéria. Deve haver pelo menos cinco vezes mais matéria invisível do que visível lá fora. Por motivos óbvios, essa matéria invisível é chamada matéria escura: "escura" porque não pode ser descrita pelo que sabemos hoje sobre a natureza da luz. Não podemos lançar luz na matéria escura. Por isso ela não pode ser vista nem compreendida. Se chegarmos a compreendê-la, nosso entendimento da luz terá de ser mudado para possibilitar essa nova visão.

A matéria escura paira como uma teia invisível tecida ao redor e através das estruturas de grandes dimensões do Universo. Claro que existem teorias sobre o que pode ser a matéria escura. Por um tempo se pensou que poderia ser formada por objetos de halo compacto maciço (MACHOS), o nome comum para tudo o que existe e que seria visível lá fora se conseguíssemos iluminar: coisas como nuvens de gás escuras, estrelas difusas (como a possível companheira do nosso Sol), planetas não detectados, pequenos buracos negros, e assim por diante. Mas agora já sabemos que não existe tanta massa assim não detectada no Universo. Partículas maciças fracamente interativas (wimps) são outra possibilidade. São o tipo de partículas previsto pela supersimetria. O neutralino, o parceiro supersimétrico do neutrino, é um dos candidatos. Mas, como sabemos, nenhum parceiro supersimétrico foi jamais detectado.

CERCA DE 9 BILHÕES DE ANOS DEPOIS DO BIG BANG,
OU HÁ 5 BILHÕES DE ANOS

Para surpresa de muita gente, no final dos anos 90 foi descoberto que há cerca de 5 bilhões de anos a taxa de aceleração do Universo começou a aumentar. Por essa razão, não falta apenas matéria no Universo, falta também energia — muita energia. Essa energia faltante é chamada, naturalmente, de energia escura.

De acordo com a teoria da relatividade geral de Einstein, o espaço tem uma energia inerente que alimenta o Big Bang. Ficou famoso o fato de Einstein ter acrescentado sua constante cosmológica por não conseguir aceitar que o espaço não fosse estático. Quando se tornou claro que o espaço não era estático, a constante foi removida e o Universo pôde se expandir. Recentemente os cientistas acharam necessário reinserir essa constante para garantir que as equações de Einstein descrevessem um Universo que se expande muito *mais* rápido que o previsto pela teoria da relatividade geral. (Então talvez Einstein não tenha errado quando acrescentou a constante cosmológica, apenas a acrescentou pela razão errada.) Essa nova alteração dá ao espaço muito de uma força semelhante à gravidade, só que é uma força repulsiva e não atrativa. A natureza dessa força inerente no tecido do espaço só se revela a nós nas maiores dimensões. Uma tentativa de explicar essa força repulsiva postula que a própria gravidade se torna repulsiva nessas dimensões. Nessas paragens longínquas do Universo, qualquer matéria ainda não atraída pela gravidade jamais o será, como se jogássemos uma bola para o alto e ela começasse a se afastar de nós em ritmo acelerado. Nas grandes escalas a expansão vence a gravidade. As galáxias e os aglomerados de galáxias são atraídos pela gravidade até o horizonte cósmico, levando junto as galáxias distantes.

O valor da constante cosmológica necessária para descrever a expansão acelerada do Universo é muito pequeno. Na verdade, é próximo de zero, algo como 1 dividido por 10^{60}. Parece estranho vivermos num Universo onde a natureza escolheu um número tão próximo do zero, mas não zero; e isso preocupa muitos cientistas.

Outros duvidam da própria constância da energia escura, e nesse caso não poderia ser a constante cosmológica modificada. No início houve alguma esperança de que a energia do vácuo pudesse explicar essa aceleração na expansão do Universo, mas infelizmente a energia do vácuo é 10^{120} vezes maior e dilaceraria toda a matéria num instante. Uma teoria alternativa pretende explicar a aceleração do espaço postulando a existência de outro campo quântico que permeia o Universo: uma quinta força, às vezes chamada de quintessência. Mas esse campo exigiria a existência de mais uma partícula não observada (alguma coisa como o bóson de Higgs, mas que não interage com a matéria).

Essas observações recentes significam que nossa previsão atual é de que o Universo continua a se expandir para sempre, com uma aceleração cada vez maior.

* * *

Se estivermos certos quanto à teoria do Big Bang, temos que acreditar que 23% do Universo é formado por uma matéria que não conseguimos ver, 73% estão na forma de energia escura, e só 4% são de matéria normal. Por outro lado, toda essa matéria que falta pode ser uma prova de que a teoria do Big Bang está desmoronando. No entanto, a teoria do Big Bang tem sido tão bem-sucedida de tantas formas que poucos cientistas duvidam de sua capacidade para descrever a maior parte do que o Universo contém. De qualquer forma, não temos uma alternativa à teoria do Big Bang, e em última análise nosso desejo é de que nossas teorias fracassem para podermos encontrar teorias melhores. É descobrindo o que há de errado numa teoria que a ciência avança. A atual teoria pode ser corrigida ou substituída, talvez por uma teoria com uma abordagem radicalmente diferente.

A partir de uma visão geral do Universo, e deixando por enquanto de lado as incômodas questões da matéria escura e da energia escura, podemos afirmar que cerca de meio bilhão de anos depois do Big Bang havia um trecho na região do Universo que chamamos Universo visível percebido como simples agrupamentos de estrelas, de alguma forma mais complexo que o Universo de gás do qual evoluiu, mas ainda muito distante da complexidade do mundo que observamos agora. A despeito de todo seu dinamismo, com movimentos de matéria aqui e ali, podemos ainda nos sentir inclinados a considerar esse Universo distante um tanto tedioso. Talvez isso não seja uma perspectiva tão aterrorizante afinal, e temos alguma razão em desconfiar de uma história tão simples. Será simples por ser como é, ou por ser a única forma que temos para contar a história de coisas distantes que só parecem simples porque vistas de longe? Quando nos afastamos, uma acidentada paisagem de montanhas se resume a uma sinuosa simplicidade. O Universo primordial está nas paragens mais distantes do tempo e do espaço, no horizonte do nosso conhecimento. A história pode ter começado simples porque apenas iniciamos o trabalho de contar o começo da história, ou talvez porque seja assim que todas as histórias começam.

Nossa história de criação moderna é um relato de como simples estruturas simétricas evoluem para estruturas ainda mais complexas, cabendo as seguintes perguntas: quais são as mais complexas, e quantas existem? Os cientistas ciscam em busca das coisas mais complexas do Universo e tentam entender como unificar a simplicidade do Universo primordial com sua diversidade e complexidade recente. Para contar o próximo capítulo dessa história de crescente complexidade, somos forçados a examinar mais de perto o que acontece dentro de uma galáxia típica. Em nossa busca por uma complexidade cada vez maior, não sabemos mais para onde olhar. E, se quisermos contar essa história observando o que aconteceu com nossa própria galáxia, podemos ao menos nos consolar com o conhecimento de que acreditamos que nossa galáxia é semelhante a muitas outras galáxias pelo Universo onde se desenrolou uma história similar.

10. Voltando para casa

O Universo tem a curiosa propriedade de fazer que os seres vivos pensem que suas características incomuns são contra a existência da vida, quando na verdade são essenciais para a vida.

John Barrow

Dentro do Universo visível que é nossa casa particular, consideramos que nenhuma das grandes estruturas nos trata de forma privilegiada. Vivemos num superaglomerado típico, e o Grupo Local é um aglomerado típico que contém uma galáxia típica. Tampouco acreditamos que a região da Via Láctea que se tornou nosso sistema solar seja diferente de muitas outras regiões da nossa galáxia, nem mesmo de muitas outras galáxias de braços em espiral onde podem ser encontradas estrelas da população 1.

HÁ CERCA DE 5 BILHÕES DE ANOS

Há cerca de 5 bilhões de anos, na região da galáxia onde nos encontramos hoje, uma grande nuvem de gás formadora de estrelas[1] se condensou e produziu muitas estrelas, uma das quais era o nosso Sol. A nuvem gasosa que formou nosso sistema solar tinha mais ou menos 24 bilhões de quilômetros de diâmetro e continha materiais resultantes da vida de pelo menos duas gerações anteriores de estrelas.

O gás quente de um berçário estelar precisa primeiro esfriar antes de se condensar para formar uma nova estrela. Se o gás estiver quente demais, as moléculas estão se movendo muito rapidamente para a gravidade superar seu movimento. Na verdade, só a gravidade pode não ter sido suficiente para fazer nosso Sol se condensar. É provável que ondas de choque de gerações anteriores de estrelas, junto com a gravidade, tenham causado a precipitação do Sol.

As repetidas explosões de muitas gerações de estrelas formam nuvens de gás quentes demais para se tornar berçários estelares. Elas continuarão sendo nuvens, o que pode ser verdade para a maioria das nuvens moleculares hoje existentes. O ritmo de formação de estrelas diminuiu, não por falta de hidrogênio, mas por falta de hidrogênio na temperatura certa, e já chegou ao fim nas galáxias elípticas, as mais antigas. Os dias de maior formação de estrelas do Universo chegaram ao auge por volta de 10 bilhões de anos depois do Big Bang e agora estão declinando aos poucos. E podem se encerrar totalmente num período de 100 bilhões de anos.

A gravidade impele nuvens de todos os tamanhos a girar em torno de si próprias. A nuvem molecular que se condensa para formar o nosso Sol não é exceção. A rotação da nuvem faz que o gás na parte interna do disco redemoinhe até formar uma bola crescente no centro e o gás e a poeira nas bordas externas se afastem cada vez mais. A gravidade também achata a nuvem. Novas estrelas são observadas em outras regiões da galáxia cercadas por esses mesmos halos de poeira. Como já vimos, o tamanho das estrelas que surgem depende da densidade e da quantidade de poeira em volta da nuvem molecular. A fusão nuclear tem início quando o núcleo chega a um quinto da massa do Sol.

As bordas externas da nuvem são regiões frias, onde moléculas complexas e instáveis podem sobreviver intactas. Quando as primeiras estrelas explodiram, todos os elementos que ocorrem naturalmente surgiram no Universo pela primeira vez, assim como moléculas simples como água e dióxido de carbono. Essas moléculas simples aparecem como finas camadas de gelo sobre pequenos grãos de poeira. Parte da poeira, por exemplo, pode ser carbono muito comprimido na forma de minúsculas partículas de diamante ou grafite.

Os ciclos de explosões e formação estelar são um laboratório químico que produz cada vez mais moléculas complexas. Centenas de hidrocarbonetos (moléculas formadas inteira ou principalmente de hidrogênio e carbono) aparecem pela primeira vez na nebulosa formadora de estrelas; ácido formaldeído, acido cianídrico e outras chamadas moléculas pré-bióticas estão entre elas. São chamadas de pré-bióticas porque parecem essenciais à vida, mas ainda não está claro por quais mecanismos. Alguns compostos complexos encontrados no espaço cósmico, os glicoaldeídos por exemplo, foram processados em laboratório para produzir um açúcar chamado ribose, ingrediente-chave do ácido ribonucleico (RNA). Se for removido do RNA, um átomo de oxigênio se transforma em ácido desoxirribonucleico (DNA).

Embora a única vida que conhecemos é a que surgiu neste planeta, moléculas pré-bióticas parecem existir por todo o Universo. Por estranho que pareça, essas moléculas complexas já existiam antes mesmo do sistema solar. Entre 10 e 15% da poeira e do gás na nuvem molecular da qual nosso Sol se condensou são formados por material de pelo menos duas gerações anteriores de formação estelar. A vida como conhecemos deve ter demandado uns 9 bilhões de anos de formação estelar para produzir as condições adequadas. E, depois desse período, em diversas regiões como a nossa galáxia o Universo parece bem sintonizado com as condições exigidas para a vida.

Em termos astronômicos, as estrelas se condensam muito depressa. Nas condições apropriadas, nosso Sol deve ter se condensado e entrado em ignição em uns 100 mil anos, deixando para trás um disco de poeira para formar o resto do sistema solar. O Sol contém 99,9% de toda a massa disponível. Fora da nuvem de poeira que envolve o núcleo em ignição, as temperaturas ficam abaixo de 30 graus Celsius, não mais quente que o dia mais quente de um típico verão inglês. É nessa região que as moléculas complexas feitas a partir de muitas gerações de formação estelar se encontram protegidas.

Temos poucas razões no momento para imaginar que o ciclo de vida do nosso Sol tenha sido muito diferente do ciclo de vida de estrelas de segunda geração mais ou menos do mesmo tamanho.[2] Estamos convencidos de que, se contarmos a história do nosso Sol, estaremos contando uma história que se repete muitas vezes no Universo.

A presença de carbono de gerações anteriores de estrelas vai acelerar um pouco o processo de queima de hidrogênio; sem isso, o hidrogênio seria forjado em hélio na forma que previmos ter ocorrido em estrelas de primeira geração. A radiação liberada por essa reação é levada até a superfície do Sol num processo que pode levar 10 milhões de anos, de onde é irradiada como luz e calor. O Sol perde massa e fica mais brilhante. E continua a fazer isso, ficando 10% mais brilhante a cada bilhão de anos aproximadamente. O Sol queima 4 milhões de toneladas de hidrogênio por segundo, mas, como sua massa é de mais de 10^{27} toneladas, esse processo levará, como já vimos, pelo menos outros 5 bilhões de anos para esgotar seu combustível.

Somente estrelas da população 1 como o nosso Sol (formado de nuvens com alto conteúdo de metal) têm planetas. Antes de o Sol alcançar sua massa final, os planetas já estão sendo formados com a matéria remanescente. Os resquícios resfriados se acumulam com o tempo e sob a gravidade para formar rochas de todos os tamanhos, inclusive do tamanho de planetas. As partículas maiores atraem as menores e aumentam de tamanho, como bolas de neve rolando. As estimativas variam, mas minúsculos protoplanetas chamados planetesimais de até 1 quilômetro de diâmetro levam apenas dezenas de milhares de anos para se formar, e os que têm de 50 a 500 quilômetros de diâmetro talvez demorem algumas centenas de milhares de anos.

Mais ou menos 1 milhão de anos depois de o Sol estabilizar sua queima de hidrogênio, o sistema solar já é um sistema dinâmico, contendo talvez vinte objetos do tamanho da Lua ou maior e cerca de 1 milhão de objetos maiores que 1 quilômetro de diâmetro, além de muitos outros objetos menores.

As teorias sobre formação planetária ainda estão engatinhando, e teorias sobre como os planetas gasosos se formaram são ainda mais experimentais. Até pouco tempo atrás se pensava que os maiores satélites começam a capturar o gás não utilizado para a formação do Sol por meio da gravidade. Um desses satélites se encontrava a uma distância perfeita do Sol — onde a temperatura é a ideal — para que esse processo ocorresse. Esse satélite se transformou no grande planeta gasoso que chamamos Júpiter, que levou 5 milhões de anos para chegar à sua massa final. O núcleo rochoso de Júpiter, com 29 vezes a massa da Terra,[3] captura uma atmosfera 288 vezes maior que a massa do nosso planeta. Nós não conseguimos ver a superfície sólida de um planeta gasoso, apenas a parte externa de uma vasta atmosfera.

Saturno lutou contra Júpiter para formar o segundo maior planeta gasoso, demorando 2 milhões de anos mais que Júpiter para chegar à sua massa final.

Assim que atinge sua massa final, o Sol emite um vento solar (prótons de alta energia e elétrons ejetados de sua superfície) que afasta os gases hidrogênio e hélio remanescentes para fora do sistema solar. Conjetura-se que, se o vento solar fosse mais forte, os planetas gasosos não teriam se formado. Esse é um daqueles detalhes preocupantes que deixam os copernicanos ansiosos, entusiastas que são da falta de centralidade no Universo. Existem indícios observacionais de jovens estrelas ao redor das quais não se formaram planetas gasosos por essa razão. Embora muitos sistemas solares possam ter se formado pelo Universo, começamos a desconfiar que o nosso apresenta características que o tornam estranhamente incomum.

Por não estar tão bem posicionado, Saturno adquiriu uma atmosfera com apenas um quarto do tamanho da de Júpiter, embora seus núcleos sólidos tenham mais ou menos o mesmo tamanho. A batalha pela captura de gás é ainda mais difícil para os planetas gasosos mais distantes, Urano e Netuno. Esses quatro gigantes gasosos capturaram quase todo o gás disponível.

Urano e Netuno estão além da fronteira gelada do sistema solar e seus núcleos não são terrestres, mas sim de gelo, formados por compostos de hidrogênio voláteis porém congelados. Mais distante, Plutão e outros objetos transnetunianos têm de se virar com o gelo e os fragmentos que sobraram, que também servem para formar os cometas ao redor e além de Plutão que orbitam no cinturão de Kuiper, ou na mais distante nuvem de Oort (se é que existe).

Algumas dúvidas a respeito dessa teoria têm sido levantadas. Os indícios observacionais nos dizem que a maior parte dos planetas gasosos que descobrimos em outros sistemas planetários está muito mais próxima de seus sóis do que Júpiter do nosso. Simulações por computador sugerem que todos os planetas gasosos podem ter se formado próximos entre si e depois se afastado devido a complexos padrões gravitacionais entre eles. Segundo essa teoria mais recente, nossos planetas gasosos podem ter se formado mais perto do Sol do que estão hoje e depois se movido para suas posições atuais. Nessa explicação de cima para baixo, os grandes planetas gasosos se condensaram bem rápido a partir de bolsões de gás ao redor do jovem Sol.

A teoria se apoia em solo mais firme quando descreve o destino de outro material rochoso que não se transformou nos núcleos de Júpiter e Saturno. Atraído para mais perto do Sol, esse material forma os planetas terrestres — Mercúrio, Vênus, Terra e Marte —, compostos principalmente por metais e minerais chamados silicatos. A essa altura, essa região interna do sistema solar está quente demais para substâncias químicas voláteis. Uma miscelânea de fragmentos de lixo rochoso orbita uma região entre planetas terrestres e gasosos chamada cinturão de asteroides.

Todos os planetas orbitam na mesma direção — anti-horária para alguém no polo Norte do Sol — e quase no mesmo plano, um aspecto inalterável no sistema solar desde seus primórdios como disco achatado de poeira em translação. Tanto Newton como Laplace perceberam que isso não poderia ser uma coincidência, e estavam certos. A poeira transladava na mesma direção quando o sistema solar era uma nuvem, e continua a fazer isso apesar de a poeira agora estar contida no centro dos planetas. Apenas uns poucos cometas viajam numa direção retrógrada, por terem sido lançados em uma nova órbita por impacto. O cometa Halley é um desses.

O sistema solar tem sido reduzido em descrições a um simples sistema dinâmico de bolas de matéria em colisão. Antes, o Universo era formado por nuvens de partículas de gás em colisão reunidas pela gravidade, e antes ainda um plasma de *quarks* e glúons. Boa parte das descrições físicas do Universo parece envolver partículas de diferentes tamanhos que colidem entre si.

Em regiões do Universo semelhantes ao nosso sistema solar, os objetos estão em uma escala de tamanho macroscópico, e suas dimensões são mais bem descritas pela mecânica newtoniana. Os menores objetos no sistema solar são arremessados pela ação da gravidade de objetos maiores, que faz que acelerem e tendam a cair e se fragmentar. Os cometas e planetesimais ainda não estabeleceram suas órbitas finais e correm daqui para lá, chocando-se entre si, empurrados e impulsionados por várias forças gravitacionais, com destaque para a forte gravidade de Júpiter. Também nem todos os grandes objetos do sistema solar já estabeleceram órbitas estáveis. Os cometas vão acabar encontrando seu lugar no cinturão de Kuiper ou na nuvem de Oort, mas em suas trajetórias às vezes se chocam contra planetas.

Sempre que são atingidos os planetas terrestres se aquecem. Se atingidos muitas vezes, ou por objetos muito grandes, ficam tão quentes que o ferro derrete e se despega do material rochoso que forma os planetas. O metal então afunda para criar o centro de ferro que forma seus núcleos. Nos primeiros 100 milhões de anos do sistema solar ocorrem muitas colisões, e ao menos duas grandes colisões, uma envolvendo Mercúrio e a outra a Terra.

A datação da Terra e do sistema solar foi feita com o uso de diversos isótopos radioativos encontrados em meteoritos e em rochas coletadas na Lua. As datas estão de acordo com a primeira estimativa precisa da idade da Terra, calculada em 4,567 bilhões de anos pelo geoquímico americano Clair Patterson (1922-95) em 1953, com pequena margem de erro. Para fazer sua datação ele usou a meia-vida do urânio 238, encontrado em algumas rochas da Terra. O urânio 238 tem meia-vida de 4,51 bilhões de anos, o que o torna apropriado para a tarefa. Em 4,51 bilhões de anos, metade de toda a quantidade de urânio 238 terá naturalmente decaído em outro elemento ao emitir partículas alfa, nesse caso o tório 234. A decadência é chamada decadência alfa, mediada pela força nuclear forte. Por sua vez, o tório 234 decai em protactínio 234 com a emissão de elétrons num processo natural chamado decadência beta (mediado pela força nuclear fraca). No final dessa cadeia de produtos decaídos, chega-se afinal a um elemento estável (no sentido de não ser radioativo). As quantidades relativas de produtos decaídos tornam possível datar a substância em que foram encontrados.

Temos aqui então outro casamento entre nosso conhecimento do mundo quântico (em especial das forças nucleares) e do mundo macroscópico (a datação de todo o sistema solar). A presença de urânio no centro da Terra impediu que o núcleo se solidificasse tão rápido como poderia ter acontecido. Antes que esse efeito fosse conhecido, o físico nascido em Belfast William Thomson (1824-1907), depois lorde Kelvin, usou o esfriamento do núcleo fundido da Terra como forma de calcular a idade do planeta, que incorretamente estimou em 400 milhões de anos, estimativa que depois revisou para baixo de forma drástica. Mais uma vez, só a partir da compreensão das propriedades da matéria radiativa se pôde datar a Terra com precisão.

Mais ou menos 10 milhões de anos após atingir sua massa final, a Terra é atingida por um objeto do tamanho de Marte. O impacto é tão violento e produz tanto calor que os núcleos de ferro dos dois planetas se aglutinam e boa parte da crosta rochosa da Terra é lançada ao espaço, onde forma um anel em torno do planeta. Com o tempo, o material ejetado se junta pela força da gravidade e forma um corpo único que chamamos Lua. Nem todos estão convencidos de que a Lua se formou dessa maneira, mas no momento é a teoria sobre a qual existe maior consenso. O fato de a órbita da Lua ser quase circular parece indicar que o impacto inicial deve ter sido de relance, de forma quase impossível. Os críticos argumentam que uma leve colisão tangencial seria muito improvável, em vista do estado dinâmico do sistema solar na época, mas um impacto mais direto teria forçado a órbita a uma forma mais elíptica do que a observada. Convincente é o fato de que a Lua, ao contrário de outros corpos terrestres, não ter um núcleo de ferro.

O sistema solar começa a se acalmar com o tempo. Depois de 1 bilhão de anos o bombardeio está quase 99% concluído. Mas ocorre algo curioso há 4,1 ou 3,8 bilhões de anos. O bombardeio recomeça, marcando um período conhecido como o último bombardeio pesado. O número de crateras na Lua datadas desse período é prova de que ao sistema solar voltara a se tornar um lugar violento. Não se sabe a razão desse último bombardeio, embora se considere que, se os grandes planetas gasosos realmente se moveram de onde estavam até suas posições atuais, complexas marés gravitacionais teriam perturbado o que já tinha chegado a ser um sistema solar estável.

No final desse período o Universo havia retornado a certo equilíbrio e se tornou bem parecido com o que vemos hoje. Existe apenas um punhado de grandes corpos em órbita; todo o resto está agora armazenado no cinturão de asteroides, no cinturão de Kuiper ou na nuvem de Oort. Nessa época o sistema solar se tornou tão estável — com exceção de ocasionais eventos catastróficos — que parece improvável que possa mudar muito nos próximos milhões de anos, a não ser que a espécie humana encontre uma forma de perturbar esse equilíbrio. Vivemos em um meio onde a probabilidade de ser atingido por um grande cometa foi reduzida a uma vez a cada 10 bilhões de anos, e por um pequeno cometa uma vez a cada 10 milhões de anos. É em meio a essa pequena probabilidade de perturbações astronômicas que acalentamos nossa ilusão de estabilidade.

* * *

Estamos começando a encontrar indícios de que nosso sistema solar pode ser um caso típico entre outros sistemas planetários no Universo. Até 1992 o sistema solar era o único sistema de múltiplos planetas que conhecíamos. Nesse ano, um segundo sistema planetário foi descoberto ao redor de um pulsar designado PSR 1257+12, a cerca de 980 anos-luz do Sol. Em 1995 um planeta do tamanho de Júpiter foi encontrado orbitando uma estrela semelhante ao Sol chamada 51 Pegasi. Em 1999, foi descoberto um sistema solar multiplanetário em que a estrela está em sua sequência de queima de hidrogênio, como o nosso Sol. O sistema planetário tem sua órbita ao redor de uma estrela primária em um sistema estelar múltiplo chamado Upsilon Andrômeda, a cerca de 44 anos-luz de distância. Por isso os astrônomos começam a ficar mais confiantes de que encontrarão muitos outros sistemas solares, e sistemas solares cada vez mais parecidos com o nosso.

Foram descobertos vários outros júpiteres, o que significa grandes planetas gasosos como o nosso Júpiter, agora que dispomos de tecnologia sofisticada que nos permite ver o que sempre esteve lá. Nosso Júpiter tem o dobro da massa de todos os outros planetas juntos. A tecnologia atual atravessou agora esse limite júpiter, e novas técnicas e tecnologias aperfeiçoadas sem dúvida nos aproximarão de nossa expectativa de encontrar outras terras. Em especial, estamos buscando planetas na chamada "zona Cachinhos Dourados",[4] onde as condições sejam exatas para a vida.

O primeiro planeta terrestre avistado fora do nosso sistema solar foi descoberto em 2005, e desde essa data outros planetas terrestres já foram identificados. Chamados superterras, esses planetas têm massa pelo menos cinco vezes maior que a da Terra, são mais parecidos com os nossos menores planetas gasosos, mas sem o gás. Em 2007 pode ter sido detectado o primeiro planeta Cachinhos Dourados. Existem três planetas orbitando a estrela Gliese 581, com um terço da massa do Sol, a 20,5 anos-luz daqui. Os planetas parecem ter o tamanho da Terra.

O primeiro requisito para encontrar outro exemplo de alguma coisa, seja o que for, é termos entendido o que na verdade é essa alguma coisa. Não é difícil reconhecer outra bola quando vemos uma, mas para entender o que poderia ser outra Terra primeiro precisamos saber o que fará esta Terra parecer especial; só então saberemos o que procurar em outra Terra. É o desejo de solapar esse aparente privilégio que levou a ciência adiante durante os quatrocentos anos desde que Copérnico removeu a Terra de sua posição no centro do Universo e sem querer estabeleceu o princípio científico de que não apenas a Terra não está no centro do Universo como também não é central para o Universo. A descoberta de condições semelhantes em outras terras fortalecerá nossa convicção copernicana de que o que acontece aqui não aconteceu só aqui, mas talvez também em muitos outros lugares do Universo. A descoberta de outras terras possibilita transformar nossa Terra num objeto experimental comparável a outros do mesmo tipo. A existência de outras terras vai enriquecer nossa compreensão das diferenças que tornam ou não nossa Terra especial. Seja qual for, essa especificação será cada vez mais refinada.

Por enquanto ainda é possível manter a convicção de que só existe uma Terra, se for essa a propensão da pessoa. Inversamente, a convicção determinada de que a Terra não é única aumenta ainda mais o empenho materialista, implicando que quaisquer janelas de oportunidade que declarem a unicidade da Terra estão ficando menores.

Mais uma vez, partimos com a determinação de minar nossa suposta exclusividade, não com a intenção de mostrar nossa insignificância, mas porque esse é o caminho para balizar a investigação científica no sentido de entender melhor o que nos torna o que pensamos ser. No momento, o foco concentrado da nossa atenção a esse terceiro planeta a partir do Sol provoca todos os tipos de exemplos do privilégio que a ciência deve tentar abordar, sejam inquietantes, sejam empolgantes. O enfraquecimento desse privilégio só transfere a busca para outro lugar. Se esse empreendimento vai ou não chegar a um término é uma questão de convicção. A Terra se destaca pela óbvia característica de ser lugar para a vida. Como copernicanos, estamos convencidos de que deve existir vida em outro lugar, mas antes de sairmos em busca dessa vida precisamos saber o que é a vida, e que condições exige.

Se Júpiter não estivesse ali para proteger a Terra de bombardeios, é difícil imaginar como seria possível a vida na Terra. E aqui já encontramos nosso primeiro desafio. Não são só as condições da Terra que tornam a vida possível: as condições do próprio sistema solar também parecem necessárias para isso. Sabemos ainda que as condições do Universo como um todo podem tornar a vida um acontecimento raro, já que requer cerca de 10 bilhões de anos de formação estelar para chegar às moléculas certas da vida, além do fato de a própria formação estelar ter diminuído. Esses argumentos que relacionam as condições do Universo às da espécie humana são ilustrativos do princípio antrópico, usado tanto por copernicanos como por não copernicanos.

O princípio antrópico é uma forma útil de tentar avaliar os parâmetros que pensamos ter determinado na forma como surgiu a complexidade no Universo. O princípio antrópico pode ser usado, por exemplo, para explicar o peculiar achatamento do espaço ou o valor infinitesimal, próximo do zero, da constante cosmológica. Um copernicano pode argumentar que o fato de o espaço ser tão plano nos leva a acreditar na existência de outros universos em que o espaço é curvo de várias outras formas, no qual não existem observadores ou os observadores são bem diferentes de nós. O Universo que vemos é tão exatamente plano porque só num universo assim observadores como nós poderiam ter evoluído. Essa é uma forma — talvez um tanto tortuosa — de defender a ideia de que o Universo não nos privilegiou. Universos paralelos e o multiverso são formas de evitar que as leis quânticas pareçam tão inexoravelmente ligadas à nossa existência como observadores do Universo. Por outro lado, um não copernicano pode argumentar que existe muito pouco espaço para tergiversações e para usar o mesmo princípio antrópico a fim de abster-se da extravagância da existência de outros universos e reafirmar a escassez da complexidade. A segunda lei da termodinâmica diz que qualquer sistema deve se tornar menos ordenado com o tempo. O Universo só pode criar ordem à custa de menos ordem em outro lugar. A questão é: qual o custo do nosso conjunto enquanto seres humanos? Podemos nos atrever a acreditar que o custo é um Universo desse tamanho e com essa energia?

O golpe de sorte que arrancou parte da Terra e formou a Lua também parece ser necessário para a presença da vida como a conhecemos. A Lua impede que a Terra bamboleie loucamente em torno de seu eixo, reduzindo essa agitação a uma leve oscilação. Sem uma Lua grande a Terra oscilaria de forma ainda mais drástica que Marte. A modesta oscilação da Terra, aliada à inclinação do planeta em relação ao Sol, responde pelas moderadas alterações das estações, que de outra forma seriam bem mais drásticas para manter o tipo de vida complexo que encontramos aqui. Sem a propícia presença da Lua, a vida teria uma forma bem diferente, o que não quer dizer que estaria descartada, mas sim que não conseguimos imaginar como seria essa forma diferente de vida. A maneira como descrevemos o Universo é em última análise limitada pelo poder da nossa imaginação. Uma vez que somos parte do resultado do Universo, não parece provável que pudéssemos ser mais imaginativos que o Universo que tentamos descrever. O que pensamos que o Universo é deve sempre ser algo no limite de nossa capacidade de imaginar o que poderia ser. Às vezes os cientistas topam com coincidências tão estranhas que é difícil saber como classificá-las. Quando se formou, a Lua estava a um terço da distância atual da Terra, e portanto um mês lunar durava apenas cerca de cinco dias. A Lua está recuando de nós cerca de 38 milímetros por ano, e por isso reduzindo a rotação da Terra.[5] Hoje a Lua está a uma distância quatrocentas vezes menor que a distância da Terra ao Sol. Isso não pareceria tão notável não fosse o fato de o diâmetro da lua ser 1/400 do diâmetro do Sol, o que significa que durante um eclipse a Lua pode cobrir exatamente o Sol. Isso não vai mais acontecer num futuro distante e não aconteceu no passado remoto. Os povos antigos usaram esse fato para fazer as primeiras estimativas da distância do Sol ao nosso planeta. Parece pouco provável que possamos tirar algum sentido dessa coincidência.

Por conter um núcleo de ferro e estar em rotação, a Terra gera um campo magnético que protege o planeta dos efeitos nocivos da radiação — quer dizer, nocivos para a espécie de vida que existe aqui. Os raios cósmicos, emitidos pelo Sol como ventos de prótons e elétrons soprando a 400 quilômetros por segundo (três vezes mais rápido durante uma tempestade solar), são defletidos pelo campo magnético da Terra. Os astronautas precisam tomar muito cuidado para evitar esses perigosos raios quando saem da espaçonave. Se a vida precisa mesmo desse tipo de proteção, seremos forçados a encontrar outras Terras com campos magnéticos. Como alternativa, precisamos pensar em outras formas como a vida complexa poderia ter evoluído sem ser prejudicada por altos níveis de radiação.

Não fosse a força do campo magnético da Terra, os raios cósmicos também teriam arrancado a atmosfera do planeta. Marte não tem atmosfera porque seu campo magnético é fraco demais. Qualquer forma de vida que existir em Terras com um fraco campo magnético terá também resistido à falta de uma atmosfera. Até a quantidade de urânio na Terra parece ser perfeitamente dosada para a vida. Se fosse muito menor, o planeta teria esfriado depressa demais, tornando-se uma coisa inerte. Se fosse muito maior, os níveis de radioatividade tornariam esse tipo de vida impossível. Nosso nível de radioatividade indica que o Sol é formado por materiais de uma terceira rodada de formação estelar, o que nos lembra mais uma vez que não apenas as condições do sistema solar são balanceadas para a vida, mas que também as condições do Universo são balanceadas com precisão.[6]

Quando o sistema solar se estabilizou e a Terra ficou protegida contra a devastação e a regressão devidas a frequentes colisões cataclísmicas, colisões menores com rochas antigas chamadas condritos fizeram que a história do aumento da complexidade se desdobrasse ainda mais. O desenrolar dessa história de complexidade ainda envolve bolas de matéria em colisão com outras bolas de matéria. Partículas de gás se tornam estrelas; galáxias colidem entre si para se tornar o Universo da forma como o vemos em suas maiores dimensões. Dentro das galáxias encontramos sistemas solares que se comportam como bolas numa mesa de bilhar. Agora estamos examinando mais de perto um sistema solar estável — o nosso —, onde pequenos impactos contam uma nova história do surgimento da complexidade.

Os condritos trazem à Terra as moléculas complexas que antes flutuavam nas regiões distantes e frias da nuvem de gás de que o Sol se formou. Substâncias químicas mais antigas que o Sol e forjadas em gerações de estrelas são trazidas à Terra como sementes de vida. Condritos caem na Terra até hoje. Um caiu em Murchison, na Austrália, em 1969, e se descobriu que continha 411 diferentes compostos orgânicos, inclusive 74 aminoácidos, oito dos quais encontrados em proteínas de organismos vivos. Um estudo de abundâncias relativas realizado por Armand Delsemme nos anos 70 demonstra a existência de forte correlação entre as abundâncias de hidrogênio, oxigênio, carbono, nitrogênio e enxofre em organismos vivos e em materiais encontrados em cometas. A vida trai suas origens cometárias. Fósforo é a exceção, encontrado em organismos vivos (embora apenas em uma molécula), mas não em cometas. Inversamente, entre as abundâncias cósmicas a vida só não encontra utilidade para um único elemento: o hélio inerte. Com toda sua complexidade, a vida é tecida a partir de mais ou menos trinta moléculas diferentes, construídas com os elementos mais abundantes do Universo.

Parece provável que a vida na Terra não tenha começado do zero. Moléculas sofisticadas que se transformaram em vida se formaram no espaço cósmico muito antes de a Terra existir. Quando nos perguntamos onde encontrar vida alienígena, talvez estejamos procurando no lugar errado. *Nós* somos vida alienígena. Viemos lá de fora, e pode haver outras vidas alienígenas (provavelmente bacterianas) aqui na Terra que ainda não foram descobertas.

Os cientistas falam de zona "habitável clássica" para a vida, que em muitos aspectos é pequena e decepcionante (ou intrigante, dependendo do que se acredita) no caso do nosso planeta. A Terra está localizada a uma distância do Sol que permite a existência da água em estado líquido. Na verdade, a Terra é o único lugar que conhecemos no Universo onde existe água em seus três estados: gelo, água e vapor. O único lugar que conhecemos *até agora*.

A água (H_2O), a molécula de três átomos mais comum do Universo, também foi trazida à Terra por condritos e em poeira cometária. Pelo menos 30 mil toneladas de água chegam à Terra como poeira cometária todos os anos, até os dias de hoje.[7] Em algum ponto da história primordial da Terra, a atmosfera se enche de vapor de água e começa a chover pela primeira vez: chuvas torrenciais que enchem os oceanos. O mais antigo indício fóssil de chuva é encontrado como denteações em rochas descobertas na Índia que remontam a 3 bilhões de anos, mas considera-se que na época já chovesse no mínimo há 1 bilhão de anos. Até mesmo as propriedades da água parecem estar bem ajustadas com a possibilidade de vida. Já foi sugerido que as ligações quânticas complexas da água possam estar relacionadas com a vida. De forma mais prosaica, se o gelo não fosse menos denso que a água — e é incomum um sólido ser menos denso do que sua forma líquida —, os oceanos teriam se congelado do fundo para a superfície, matando assim toda a vida marinha.

Todos sabemos que água é essencial para a existência de vida orgânica: "Sem água, tudo é apenas química", diz Felix Franks, da Universidade de Cambridge, "mas ao acrescentar água nós temos biologia." Ainda que menos óbvio, a água é também essencial para a vida inorgânica no planeta.

Os maciços rochosos da Terra vêm se movimentando e se transformando ao longo das eras, e são transportados pelas placas tectônicas. Se não houvesse água, as placas tectônicas não se movimentariam. A água age como o óleo numa máquina que move os continentes pelo globo. Atualmente existem sete placas principais e muitas outras menores. Não sabemos como a superfície se distribuía entre os oceanos quando a Terra ainda era jovem, mas sabemos que a superfície do planeta mudou muito ao longo de mais de 4 bilhões de anos de história. As placas são formadas por duas camadas superiores, a crosta e a litosfera, que juntas se movimentam devagar sobre uma camada inferior chamada astenosfera. As placas podem se mover de 0,66 a 8,5 centímetros por ano, num ritmo não muito diferente do crescimento de uma unha do pé. A ilusão de que placas sólidas se movem como um líquido é devida a um processo chamado arrastamento, em que os grãos minerais que formam a litosfera se recompõem em um lugar ao serem removidos de outro, dando a impressão de um movimento para a frente. Por causa dessa ação tectônica não existem mais sinais do primeiro bombardeio da Terra, mas existem sinais sob os oceanos, e também na superfície cheia de crateras da Lua, que não tem placas tectônicas.

No presente, o movimento das placas tectônicas da Terra está alargando o oceano Atlântico, afastando Washington de Paris à razão de 30 centímetros a cada dez anos. Para compensar, o oceano Pacífico está encolhendo. A região que mais se desloca no mundo moderno é a faixa de terra do Alasca, que já foi ligada ao que agora é o leste da Austrália. Ela se separou há 375 milhões de anos — pouco tempo, já que estamos nos concentrando nos últimos bilhões de anos — para começar sua jornada em direção ao norte. Outros maciços rochosos podem ter se deslocado distâncias ainda maiores no passado mais remoto, mas essa história está perdida, ao menos para nós.

As fronteiras das placas tectônicas são regiões violentas: terremotos e atividade vulcânica. É aqui que montanhas se erguem e fossas oceânicas são escavadas. Em mil anos, no mundo que vemos hoje, o Himalaia pode aumentar em um metro em algumas partes e ser erodido em mais de um metro em outras. No passado remoto, claro, o Himalaia não existia.

Se a Terra de repente perdesse sua água, o planeta ficaria parecido com Vênus, um lugar onde as placas tectônicas não mais se movem. Vênus teve um passado tectônico violento, e pode voltar a ter se sua atmosfera continuar mudando. Hoje a atmosfera de Vênus é formada por dióxido de carbono, que ficou retido no planeta por um clima de efeito estufa extremo. O dióxido de carbono só deixa a luz passar na região do espectro próxima ao infravermelho. A radiação solar que atravessa a atmosfera chega ao solo e é irradiada de volta como a parte que falta no espectro, isto é, na região infravermelha. A radiação infravermelha não consegue escapar pela mesma razão por que originalmente não pôde entrar: pela presença de dióxido de carbono na atmosfera. Como a radiação infravermelha é de calor, é o calor que permanece preso dentro da atmosfera de Vênus. O vidro tem essa mesma propriedade: filtrar a região infravermelha da luz do Sol, razão por que as estufas permanecem quentes e de esse processo ser chamado efeito estufa.

O efeito estufa elevou a temperatura da superfície de Vênus para 400 graus Celsius. No outro extremo, Marte é um planeta frio e desértico, sem um núcleo de magma que proporcione atividade vulcânica. A Terra está posicionada entre esses dois cenários, e é sua atmosfera que preserva esse delicado equilíbrio. Por estranho que pareça, se a formação da Lua não tivesse removido grande parte da Terra, a superfície do planeta seria muito grossa para permitir movimentos tectônicos. Mais uma vez, a Lua é parte significativa da história da existência de vida na Terra.

O campo gravitacional da Terra tem a medida certa para reter uma atmosfera, assim como seu campo magnético. A Lua não tem atmosfera porque sua gravidade é muito fraca. Apesar de estar bem próxima, a Lua é um lugar inóspito. As temperaturas caem para -170 graus Celsius à noite e sobem para 100 graus Celsius durante o dia. A primeira atmosfera da Terra era composta de hidrogênio e foi liberada quando a Terra começou a esfriar, há cerca de 4,3 bilhões de anos. Essa atmosfera se alterou com a adição de gases bombeados dos vulcões: amônia, metano, dióxido de carbono e vapor de água.

Quando a Terra era jovem, o Sol tinha um terço de seu brilho de hoje, mas, devido aos altos níveis de CO_2 e à atmosfera mais pesada, a temperatura da superfície do planeta era de 100 graus Celsius e os oceanos estavam quase em ebulição.

Mesmo que o campo magnético proteja a Terra dos piores efeitos da radiação, nós ficamos ainda mais protegidos nos tempos modernos devido às complexidades de uma atmosfera desenvolvida. A atmosfera é uma série de cascas dentro de cascas: magnetosfera, exosfera, ionosfera, mesosfera, estratosfera (que por sua vez contém a camada de ozônio) e a troposfera. A terra firme é composta por outra série de camadas: crosta, mantas superior e inferior e uma camada de ferro derretido que envolve um núcleo de ferro sólido. A ionosfera, a camada superior da atmosfera 80 quilômetros acima da superfície da Terra, absorve raios X e alguma radiação ultravioleta. A camada de ozônio, 20 quilômetros acima da superfície, é composta por átomos de oxigênio incomuns, O_3 em vez de O_2, bem apropriados para absorver radiação ultravioleta. Essas moléculas mais pesadas de oxigênio são um produto do efeito dissociativo exercido pela radiação ultravioleta nas moléculas de água. A camada de ozônio começou a se formar nos primórdios da existência da Terra, embora não houvesse oxigênio normal no planeta na época.

A Terra se formou a partir do material rochoso aglutinado de um disco de poeira espacial, mas essas rochas não mais existem no planeta. Esse material primordial foi transformado, por ações do planeta como um todo, nas rochas que nos são familiares. Os vulcões transformaram a crosta em várias formações que chamamos rochas ígneas, com suas principais manifestações sendo o basalto e o granito. O basalto é a lava que esfria rapidamente ao se despejar dos vulcões e formar o fundo dos oceanos. O granito é a lava que esfria mais devagar nas camadas mais profundas e jaz sob a maioria dos continentes.

É difícil saber a idade das rochas mais antigas. As violentas colisões do primeiro meio bilhão de anos da vida da Terra derreteram várias vezes a superfície do planeta e voltaram o relógio geológico ao ponto zero. O máximo que podemos dizer é que as rochas são tão antigas quanto possível na forma em que se encontram. O tempo geológico começa com essas primeiras rochas formadas pela Terra. As rochas ígneas mais antigas foram encontradas no Canadá, e considera-se que tenham grãos de rocha de mais de 4 bilhões de anos, que é a razão de sabermos da presença de água desde essa época, já que a ação tectônica requer a presença de água. O melhor lugar para encontrar rochas antigas é na Lua, onde, é claro, não existe ação tectônica. Algumas rochas lunares revelaram uma idade de cerca de 4 bilhões de anos.

São muitas as condições físicas da Terra que podem ou não ser pré-requisitos para o surgimento da vida em outro lugar. Mas, antes de começarmos a decidir sobre a necessidade dessas condições para a vida como a conhecemos, precisamos entender como a Terra física se tornou uma Terra viva. Assim poderemos entender melhor o que queremos dizer com vida.

Assim como a *Mona Lisa*, a vida pode ser "mais antiga do que as rochas onde se aninha".[8] Como controvérsia, já foi sugerido que alguma simples vida bacteriana tenha chegado antes do espaço cósmico, talvez trazida à Terra por um cometa em trânsito. Micróbios teriam pegado uma carona com as antigas rochas. Com menos controvérsia, considera-se que durante as primeiras centenas de milhões de anos da história do planeta a vida pode ter se iniciado diversas vezes, só para ser morta pela violência do ambiente daquele período. Como qualquer outra forma de complexidade que surja no Universo, a vida não tem escolha, a não ser surgir na primeira oportunidade, e persistir enquanto as condições continuarem favoráveis. Seja o que for, e seja qual for a forma como chegou aqui, a *vida* surge assim que avista uma brecha livre.

11. Começando pelo começo

*Agora estou pronto para contar a vocês como os corpos se
transformam em corpos diferentes.*

Ted Hughes, *Tales from Ovid*

Eu sou um ancestral.

Napoleão

Alguns americanos ilustres descendem de imigrantes que vieram no *Mayflower*. Mas outros dizem que é ainda mais ilustre ter ascendentes que vieram no navio seguinte, pois os criados foram mandados na frente. Alguém que já tenha tentado organizar uma árvore genealógica sabe que é difícil completar uma linha de parentesco sem interrupções, mesmo com recuo de poucos séculos. Algumas famílias tradicionais inglesas procuram parentes que poderiam ter chegado com os normandos, mas até esses raros achados seguem uma árvore genealógica de apenas mil anos no tempo.

Cerca de seiscentas gerações nos levariam de volta às primeiras comunidades agrícolas, por volta de 10000 a.C. Mas ninguém nunca seguiu uma linha familiar tão distante. Em uma de suas passagens mais tediosas, a Bíblia tenta rastrear uma linha de descendência desde as antigas tribos hebraicas, e houve épocas em que essa era a maneira como algumas culturas calculavam a própria idade. No início do século XVII, relatos da China começaram a falar de um imperador do ano 3000 a.C e de uma história talvez muito mais antiga que isso. Histórias semelhantes estavam chegando da Índia, parecendo indicar que essas civilizações eram tão ou até mais antigas que a civilização hebraica. Foi essa inquietante perspectiva que levou Newton a dedicar tanto do seu tempo seguindo os ancestrais das famílias do Velho Testamento. Uma geração mais tarde, o escritor e filósofo francês Voltaire (1694-1778) afirmou que as culturas orientais eram superiores, uma postura herética que a Igreja tentou desacreditar sabotando a reputação de Voltaire. Ao contrário do que diz a convicção popular, Voltaire não era ateu, apenas se opunha à religião organizada.

Em seus *Anals of the Old Testament*, publicados em 1650, o arcebispo de Armagh, James Ussher (1581-1656), elaborou uma cronologia da Criação. Em suplemento para o seu trabalho, publicado em 1654, ele calculou que a Criação havia ocorrido na noite anterior ao domingo de 23 de outubro de 4004 a.C., uma data que não difere muito de outras tentativas desde pelo menos a época de Beda, o Venerável (c. 672-735), para estabelecer uma data para a Criação. Ussher hoje é visto como um tolo, mas era um grande e respeitado acadêmico em sua época, conhecido em toda a Europa. De acordo com alguns estudiosos da Bíblia, o reino do homem foi feito para durar não mais que 6000 anos, tomando-se como referência o Livro de Pedro: "para o Senhor, um dia é como mil anos, e mil anos, como um dia." (2 Pedro 3:8). A Criação, que começou por volta do ano 4000 a.C., foi marcada para terminar 6000 anos depois. Hoje, acreditamos que em 4000 a.C. a roda estava sendo inventada na Mesopotâmia. A data de

Ussher foi inserida nas margens das edições da *King James Bible* a partir de 1701. Foi com essa versão da Bíblia que os fundamentalistas estabeleceram sua curiosa relação.

Já na época de Newton alguns religiosos sabiam que a Terra deveria ser muito mais velha do que essa data indicava. Newton pensava que a Terra teria cerca de 50 mil anos, e o naturalista francês Georges Buffon (1707-88) apostava em 70 mil anos. Na metade do século XVIII, Kant conjeturava se a Terra poderia ter 1 milhão de anos (com o Universo tendo um sem-número de milhões de anos de idade). O matemático e físico francês Joseph Fourier (1768-1830), depois de uma análise matemática da perda de calor, estimou que o planeta deveria ter cerca de 100 milhões de anos. Agora, pelo que sabemos sobre o Universo em suas menores e maiores dimensões, sabemos que a Terra tem mais ou menos 4,6 bilhões de anos, e só descobrimos isso nos anos 50.

Se os caminhos do tempo histórico já são mal definidos, imagine-se como os caminhos do tempo geológico são mais indistintos. Organismos vivem e morrem, e muitos desaparecem para sempre. Temos sorte de poder rastrear alguns caminhos que chegam até nosso passado geológico de centenas de milhões de anos. Assim que saímos da história e entramos no tempo profundo da evolução, somos forçados a enfrentar o fato de que a única coisa que parece ter se conservado para nos conduzir é uma escassa coleção de fósseis; e já é notável que até mesmo isso exista, por terem sido tão extraordinárias as condições exigidas para sua formação. Um organismo com esqueleto tem de encontrar a própria morte em locais onde possa ocorrer uma lenta decomposição, e onde depósitos minerais possam depositar-se num processo de sedimentação que aos poucos substitua os minerais do esqueleto do organismo de modo a produzir uma cópia quase perfeita. Mais excepcional ainda é o fato de partes moles de animais e plantas poderem ser capturadas pela sedimentação, ou em resinas de árvores que de alguma forma conseguiram manter a pequena criatura ou parte de uma planta antes de enrijecer e se fossilizar em âmbar. Sem esses acontecimentos raros, é difícil imaginar como seria possível começar a provar a teoria da evolução. Alguns fósseis foram encontrados em câmaras mortuárias etruscas, e por isso se presume terem sido importantes desde o início da civilização.

Em vista de tão poucos fósseis, como podemos ter esperança de dizer qual deles tem chance de ser um ancestral? Precisamos desistir da ideia de que é possível fazer uma relação direta entre alguma coisa viva agora e o fóssil de algo que viveu em um passado remoto. A extinção é a regra da evolução, a sobrevivência é exceção. Os fósseis não só são muito raros, como a vida tem sido inacreditavelmente abundante. Vemos na natureza como a vida se manifesta à nossa volta, com ovas de anfíbios e sementes, mas é difícil imaginar a abundância dos tempos remotos. A ideia de que podemos rastrear uma linha de descendência direta ao longo dos bilhões de organismos que já viveram é impossível na prática, se não até mesmo em teoria.

Como expressou o naturalista inglês Darwin (1809-82) em *A descendência do homem* (1872), evolução é a convicção de que toda a vida pode ser remontada a partir de "uma forma organizada um pouco inferior". Como diz o filósofo americano Daniel Dennett (1942), é "a melhor ideia que alguém já teve".[1]

Todas as formas de vida têm ancestrais comuns, em última análise um único ancestral comum que viveu no mais remoto passado geológico. Em vez de procurar um caminho direto de *descendência*, e apesar do título do famoso livro de Darwin, a teoria da evolução tateia no escuro de tempos remotos em busca de *ancestrais* comuns. Se acreditarmos que existe um único ancestral comum do qual toda a vida evoluiu, devemos também acreditar que é possível organizar todos os descendentes em uma hierarquia de relacionamentos que converge para um único ancestral em marcha regressiva no tempo geológico. Nunca encontraremos um único ancestral comum — tudo isso aconteceu há muito tempo —, mas é possível estudar a proximidade com que nos relacionamos com os vivos, e com qualquer coisa que já viveu algum dia.

A denominação e as relações entre diferentes formas de vida não começaram com a teoria da evolução. No século XVIII as coisas vivas estavam sendo classificadas pelo naturalista sueco Carlos Lineu (1707-78) em gêneros e espécies. Mesmo então a ideia de classificação não era nova,[2] mas ninguém havia sido ainda tão sistemático quanto Lineu. Ele organizou e denominou cerca de 7,7 mil espécies de plantas (concentrando-se nas diferenças em seus órgãos sexuais) e 4,4 mil espécies de animais. Pela primeira vez os seres humanos foram incluídos numa classificação ao lado de outras formas de vida. Lineu porém se manteve fiel à ortodoxia de seu tempo, de que as espécies são "tantas [...] quanto as criadas originalmente pelo ser Infinito", que todas as espécies eram imutáveis desde a Criação, quando tinham começado a existir de uma só vez. Lineu achava que os macacos eram seres humanos com caudas muito antes da época de Darwin, mas na visão de mundo de Lineu não havia um conceito de mudança, de evolução do mundo, muito pelo contrário. Antes de Darwin, a vida era vista como uma "grande cadeia de ser" fixa, ordenada desde as formas mais baixas até as mais altas, com o homem no pináculo. Em 1837, apenas 22 anos antes da publicação de *A origem das espécies*, o filósofo britânico William Whewell (1794-1866) insistia que "as espécies têm uma existência real na natureza e não existe transição de uma para outra".

Foi essa noção de rigidez das espécies que a revolução darwiniana derrubou, posicionando mais uma vez a ciência em conflito direto com a Igreja. O homem não é nem o propósito da Criação nem seu ponto final. O propósito se torna redundante em face da ciranda aleatória da natureza e do tempo. A vida animal não é organizada numa hierarquia de inferioridade ao homem e para ser explorada por ele: o homem é também um animal. O princípio de Darwin retira mais uma vez a espécie humana de uma posição privilegiada, o que faz da evolução outra manifestação do princípio copernicano. O homem surge ensanguentado e por acaso entre animais selvagens; na verdade e em última análise, do lodo. A ideia de uma Criação única já sofria pesadas críticas algum tempo antes de Darwin. Para explicar os indícios fósseis de formas de vida que existiram em outras eras e a falta de indícios dessas formas de vida no presente, o naturalista francês barão Cuvier (1769-1832), o mais destacado naturalista de sua época, apresentou a ideia de que já tinha havido muitas (32, na verdade) extinções e criações (embora mais tarde ele abandonasse essa ideia em favor da visão ortodoxa de que as espécies eram imutáveis). Outros, numa tentativa de salvar a história bíblica da Criação, consideraram os fósseis uma prova de animais que existiam antes do Dilúvio, uma teoria que, antes de haver uma teoria da sublevação tectônica, parecia respaldar-se no fato de os fósseis muitas vezes serem encontrados em terrenos mais altos.

O barão Cuvier também inaugurou o estudo da anatomia comparativa, comparando espécies vivas e fossilizadas. Consta que ele conseguia reconstruir um animal a partir de um único osso. A organização do reino animal a partir de características comuns já estava bem adiantada antes da época de Darwin. Agora estamos convencidos, por exemplo, de que cães, raposas, ursos e o guaxinim estão reunidos numa só família, a *Canidae*, em razão de um aspecto peculiar do ouvido interno, entre outras particularidades. Um tipo específico de dente chamado carniceiro é um dos aspectos de mamíferos placentários chamados *Carnivora*. Pode parecer estranho, mas nem todas as espécies pertencentes à ordem *Carnivora* são carnívoras. Os pandas, por exemplo, são quase exclusivamente herbívoros. Por outro lado, nem todas as espécies carnívoras pertencem às *Carnivora*. Os seres humanos são em geral carnívoros, mas não pertencem às *Carnivora*. Porém todos as *Carnivora* são mamíferos, como os seres humanos. Pássaros, lagartos, cobras e tartarugas não são mamíferos, mas partilham com os mamíferos o desenvolvimento a partir de um ovo com um fluido amniótico de proteção. A classificação vertebrados é mais abrangente, incluindo amniotas e todos os outros animais com coluna vertebral. Estruturar organismos vivos a partir de aspectos estruturais visíveis e compartilhados é bem indicativo da existência de ancestrais comuns, mas essa organização não prova a evolução, por mais que seja sugestiva, nem providencia uma explicação de como a evolução acontece. O estudo do desenvolvimento embrionário também sugere a descendência de algum ancestral comum. As guelras que aparecem em um estágio do desenvolvimento embrionário dos mamíferos é uma indicação de nosso parentesco ancestral com os peixes. Ou podemos relacionar a forma como o coração funciona nos mamíferos à sua origem nos peixes, nos quais segue o mesmo plano básico.

Charles Darwin não foi o primeiro a sugerir que a evolução acontece. Seu avô, Erasmus Darwin (1731-1802), já tinha cogitado que os animais seriam descendentes de "um filamento vivo", e Georges Buffon, mais especificamente, que o bisão americano seria descendente de uma espécie ancestral do boi europeu. O naturalista francês Jean-Baptiste Pierre Antoine de Monet, Chevalier de Lamarck (1744-1829), foi um dos primeiros proponentes da teoria da evolução, mas sua explicação não foi convincente nos tempos modernos. O lamarckismo postulava que características desenvolvidas durante a vida — um corpo musculoso resultante de frequentes idas à academia, por exemplo — podem ser transmitidas a futuras gerações. Darwin tinha uma explicação diferente para a transmissão das mudanças entre as gerações. A natureza seleciona as características mais adequadas a um ambiente em mutação. Na esteira dessa ideia de seleção natural, ele acrescentou a seleção sexual: os dois princípios que descrevem como a evolução atua no nível macroscópico. A lavadeirinha parda fêmea usa o sexo como forma de controlar a seleção natural. A fêmea escolhe quais entre os machos conseguem procriar e quais os que não conseguem. Com frequência a seleção sexual parece trabalhar contra a seleção natural. As penas coloridas e brilhantes da cauda dificultam o voo do pavão macho e o transformam em alvo vulnerável, mas no nicho ambiental que os pavões habitam, formado pela seleção natural, essa extravagância sexual surge como uma espécie de complexidade de luxo.

Darwin reduz a natureza ao acaso, à falta de propósito, ao sexo, à violência e à morte. Em outro campo, e poucas décadas depois, Sigmund Freud (1856-1939) chegaria a uma redução semelhante.

A ideia de seleção natural, com sua amoralidade aleatória — "assassinato e morte súbita estão na ordem do dia"[3] — teve um imenso impacto na sociedade vitoriana. A noção de que só os mais aptos sobreviviam levou ao capitalismo desenfreado do darwinismo social, uma filosofia desenvolvida pelo economista inglês Herbert Spencer (1820-1903), que cunhou a frase "sobrevivência do mais apto" e inventou o *laissez-faire* econômico. A ideia de que espécies podiam ser aperfeiçoadas por meio da reprodução deu origem à ciência da eugenia, proposta pela primeira vez por um primo afastado de Darwin, o polímata Francis Galton (1822-1911). Darwin assustou-se com o tom sombrio de sua própria visão: "É difícil acreditar na guerra terrível porém silenciosa que acontece nos bosques pacíficos e nos campos tranquilos". Ele acabou perdendo a fé em Deus, substituindo-a pelo estoicismo e se consolando com a contemplação da majestade do Universo.

Darwin acreditava que, de uma forma gradual e contínua durante longos períodos, a seleção natural e sexual transforma uma espécie em outra espécie. Ele argumentava que a seleção artificial conduzida pela espécie humana na reprodução de cães e gatos, por exemplo, podia ser vista como prova em favor da seleção natural. Em poucas gerações a espécie humana pode produzir criaturas de aspectos muito diferentes. Operando em grandes períodos de tempo, a seleção natural podia propiciar mudanças mais poderosas. Mas os argumentos de Darwin não chegam a compor uma prova. A seleção artificial poderia igualmente ser usada como argumento contra a seleção natural. Na seleção artificial a espécie humana pode escolher o que vive e o que não vive, o que não é diferente do tipo de intervenção que algum deus todo-poderoso poderia fazer. Nem chega a ser animador que características proeminentes selecionadas por criadores possam provocar alguma fragilidade inerente: problemas respiratórios em cães pequineses, surdez em gatos de olhos azuis e pelo branco, e assim por diante. Um gato surdo e um cãozinho com a respiração difícil estariam em clara desvantagem na natureza. A seleção artificial mostra os problemas que surgem se as mudanças forem grandes demais.

Mas, como Darwin argumentava, se a seleção natural fizer *pequenas* mudanças durante longos períodos, torna-se necessário provar que a Terra é antiga o bastante para que a evolução tenha ocorrido. Faltava à seleção natural um mecanismo, sem o qual a teoria de Darwin seria inútil. E ainda havia outro problema: não fora encontrado nenhum fóssil de alguma forma de transição entre uma espécie e outra que pudesse servir de prova de uma mudança gradual.

A questão do tempo estava começando a ser abordada pela emergente ciência da geologia. James Hutton (1726-97), um fazendeiro escocês, tinha estabelecido dentro da geologia um conceito de mudança gradual chamado uniformitarianismo. Ele percebeu que as estradas romanas, embora construídas por volta de 2000 anos antes, ainda eram visíveis. Tinha havido uma erosão, mas em ritmo lento. Isso o fez especular que processos lentos de erosão e sedimentação de rochas poderiam ser usados para medir o tempo geológico. Ainda que esses processos geológicos uniformes sejam interrompidos por eventos violentos como terremotos e erupções vulcânicas, se entendermos que os processos subjacentes são uniformes e inexoráveis, essa uniformidade pode ser usada como uma espécie de relógio. O princípio de Hutton tornou possível a datação de rochas sedimentárias, e por conseguinte os fósseis nelas contidos. Suas ideias foram popularizadas pelo geólogo escocês Charles Lyell (1797-1875) em seu trabalho em três volumes, *Princípios de geologia*, publicado entre 1830 e 1833. Foi por meio desses trabalhos que Darwin ficou conhecendo as influentes ideias de Hutton.

O fraco argumento de Darwin para explicar a falta de formas intermediárias nos registros fósseis era que as formas intermediárias entre as espécies estavam extintas, e que tinham se perdido de vista pelo fato de os registros fósseis serem tão escassos e a natureza, tão pródiga. Apesar do título de seu livro mais famoso, Darwin na verdade não sabia como explicar a origem das espécies. Em vez disso, ele descreve a evolução de formas complexas, que *parece* acontecer por seleção natural e sexual. Mas, sem um mecanismo para explicar *como* isso acontece, a linda teoria de Darwin teria que afinal fracassar. A despeito de seu impacto inicial, o darwinismo saiu de moda.

No final do século XIX e início do século XX, a redescoberta quase simultânea por três biólogos do trabalho de Gregor Mendel

(1822-84) lançou mais dúvidas sobre a teoria da evolução de Darwin. Mendel era um monge agostiniano que, entre 1856 e 1863, criou cerca de 20 mil plantas de ervilha numa área de terra de 35 metros de comprimento por 7 metros de largura no mosteiro de Brno. Ele analisou 13 mil delas, registrando quais traços eram passados de uma geração para outra. Os dados de Mendel pareciam indicar a existência de uma espécie de quantidade fixa (ou "*quantum*") de herança genética, uma ideia em conflito com a teoria de mudança gradual e contínua de Darwin. Esse conflito pode nos lembrar os problemas existentes na tentativa de conciliar a teoria descontínua da física quântica com a teoria contínua da relatividade geral. Em retrospecto, uma das mais claras indicações de que a reprodução não mistura características fica aparente no simples fato de a união entre um macho e uma fêmea sempre gerar um macho ou uma fêmea e não um hermafrodita misturado. A presença de elementos descontínuos na ervilha que determinam suas propriedades como um todo foi o primeiro passo para a descoberta dos genes.

Uma síntese dos dois mecanismos de evolução — a herança de variações (e não a mistura) e a seleção natural — foi feita nas décadas de 1930 e 1940 pelo biólogo americano Sewall Wright (1889-1988) e pelos biólogos britânicos J. B. S. Haldane (1892--1964) e Ronald Fisher (1890-1962), entre outros. O darwinismo estava sendo resgatado noventa anos após a publicação de *A origem das espécies*. Os cientistas que conceberam a moderna síntese evolucionista demonstraram que as duas teorias não eram incompatíveis. Um espectro de variações possíveis é descrito pela nova ciência da genética, e a seleção natural garante que as variações mais apropriadas ao ambiente sejam preservadas. O espectro de variações não é contínuo, como Darwin pensava, mas formado por bandas descontínuas. No nível macroscópico, essa descontinuidade são os genes, que agora sabemos serem pacotes separados de informação abrigados numa molécula muito longa e complexa chamada DNA, presente em cada uma das células de todas as coisas vivas.

Já nos anos 40, em seu livro *O que é a vida?*, o físico Erwin Schrödinger conjeturava se a biologia poderia ser reduzida a moléculas. Foi a leitura desse livro que persuadiu o jovem inglês Francis Crick (1916-2004) a abandonar a física por uma carreira na biologia. Crick e o biólogo americano James Watson (1928) descobriram a estrutura de dupla-hélice do DNA nos anos 50, dando início a uma revolução molecular na biologia. A busca da origem da vida parece nos levar, mais uma vez, a uma jornada às menores estruturas.

Com todos os seus espaços vazios, o átomo é uma espécie de barreira entre dois mundos: o mundo do cotidiano, que parece formado por objetos separados em movimento, e o estranho mundo da física quântica. Acontece que o átomo é uma barreira difícil de transpor, exigindo a injeção de grandes quantidades de energia. No outro lado da barreira está o mundo da física das partículas. O DNA é outro ponto conceitual útil, que separa o vivo do inanimado. Mas quando investigamos o DNA não precisamos mais saber sobre os átomos ou as partes dos átomos. Agora a jornada até as menores estruturas não nos serve mais. O DNA é um código que precisa ser lido para ser entendido, o que o torna uma barreira diferente da do átomo, e uma diferente forma de estrutura da que encontramos até agora no Universo. Com o DNA, o Universo dá um passo no simbólico.

O código DNA é escrito em apenas quatro bases químicas: adenina, guanina, citosina e timina. Para deixar ainda mais claro que não estamos preocupados com a estrutura dessas substâncias, a não ser com o fato de representarem um alfabeto da vida, elas são reduzidas às suas primeiras letras: AGCT. A vida é um código que pode ser traduzido e lido como se estivéssemos diante de um livro. Toda a vida (como a conhecemos) é escrita nesse código, outra indicação de sua origem comum. O DNA é uma molécula muito longa, e pode ser lida como uma fileira dessas quatro letras.

Existem palavras na linguagem da vida, e todas têm três letras: ggg (guanina guanina guanina), ctg, atc, e assim por diante. Isso significa que a linguagem contém 64 palavras diferentes ($4 \times 4 \times 4$), mas algumas se repetem, o que resulta na verdade em uma linguagem de apenas vinte palavras. Além disso, três das "palavras" representam pontuação, o que a torna um pouco diferente das linguagens que conhecemos.

Também existem frases na linguagem da vida. Essas frases são o que chamamos genes. Boa parte da longa fileira de letras escritas na longa molécula do DNA é o que costumava ser chamado de DNA inútil, porém embutidas no refugo, ou no que agora é chamado com mais precisão de DNA não codificante, existem frases, ou receitas, que são os genes. Os genes são separados do DNA não codificante pelo uso da pontuação, da mesma forma que nas frases. Um gene é uma frase que faz sentido, escondida entre o DNA não codificante. O conjunto de genes e de DNA não codificante é chamado genoma. Em algumas bactérias, cerca de 90% do genoma é sequência de genes. Na mosca-das-frutas é de 20%, e nos seres humanos é de menos de 2%. Estamos apenas começando a entender o que faz o DNA não codificante. Parte deles tem importantes funções, enquanto outros parecem mesmo refugo. Por exemplo, muitos dos genes do odor ativos nos animais são genes não codificantes inativos no homem. Esses genes se degradaram nos seres humanos, ficando cada vez mais inativos após as mutações.

Minúsculas máquinas chamadas ribossomos encontram e leem as frases dos genes e as transformam em algo físico. A palavra se faz corpo. Cada palavra da frase representa um aminoácido. Existem vários tipos de aminoácidos, mas só precisamos saber que a vida é composta por apenas vinte deles (representados pelos vinte diferentes significados das palavras do código DNA). Para nossos propósitos, não precisamos saber o que são os aminoácidos, mas apenas que se trata de uma classe de molécula com estrutura específica. Não apenas toda a vida é escrita num código que usa as mesmas quatro letras, como toda a vida é escrita na mesma linguagem de 64 palavras. E essas palavras sempre expressam os mesmos vinte aminoácidos.

A frase que representa o gene é também uma receita que pode ser lida e transformada em uma corrente de aminoácidos. Quando o cozinheiro chega ao fim da frase e organiza a corrente de aminoácidos na sequência especificada pela ordem das palavras na frase, a corrente se dobra em uma complexa forma tridimensional chamada proteína.[4] Assim, cada gene é uma receita para uma proteína. O corpo humano pode produzir cerca de 25 mil diferentes tipos de proteína, uma para cada gene.

As células são fábricas cheias de minúsculas máquinas que produzem proteínas quando leem receitas selecionadas (genes) encontradas na molécula do DNA. As células de um organismo têm diferentes funções porque o DNA diz à célula quais funções ela deve desempenhar. As células expressam proteínas diferentes porque diferentes partes da molécula do DNA são trocadas. Uma célula humana pode se tornar um glóbulo vermelho se a proteína que forma a hemoglobina for trocada, e permanecer trocada em células que se tornam células nervosas, digamos. A hemoglobina é uma proteína complexa (produzida por uma proteína complexa) com a capacidade de conduzir oxigênio pela corrente sanguínea até os órgãos do corpo. As células do fígado produzem uma proteína que assimila o alimento. Algumas células produzem queratina, uma proteína que forma as unhas e os cabelos.

Alguns hormônios são proteínas, como os sexuais e das suprarrenais, por exemplo.

As proteínas que ligam e desligam o DNA estão unidas à parte do DNA não codificante, mas a forma como essa operação é realizada ainda não está bem compreendida. O processo de ligar e desligar genes envolve certa circularidade. Como pode o DNA saber como se ligar ou se desligar? Talvez seja algo que aconteça mais em nível celular: célula sinalizando a célula para dizer às outras o que elas são, onde se localizam no corpo e que genes devem ser trocados para produzir as proteínas necessárias para cumprir a função da célula. O DNA parece saber quais genes ligar ou desligar por causa do contexto do DNA dentro da composição química de uma célula específica.

Organismos como o dos seres humanos são formados por muitas células (existem muitos organismos formados por uma só célula). Organismos multicelulares complexos como moscas e seres humanos se reproduzem num processo que chamamos sexual. Os pais doam metade da informação genética a ser levada adiante para a geração seguinte. A molécula do DNA é tão longa que é partida em pedaços chamados cromossomos, nos quais os genes são distribuídos de forma aleatória. Diversos genes que definem uma única característica podem ser armazenados em diferentes cromossomos. Cada célula contém dois conjuntos de cromossomos (dois conjuntos de DNA), com exceção das células do óvulo e do espermatozoide, que contêm apenas um conjunto cada.[5] O sexo permite que o conjunto da mãe e o conunto do pai sejam recombinados para formar dois novos conjuntos, ligeiramente diferentes, na geração seguinte.[6] Essas diferenças em certa medida explicam as pequenas mudanças que vemos entre uma geração de organismos e a seguinte. Nos seres humanos pode ser a cor dos olhos diferente. O baralhamento da informação genética pela reprodução resulta em mais variação, que confere uma vantagem seletiva num ambiente em mutação e na evolução de mais complexidade. Um novo organismo é formado a partir de divisão e replicação repetidas de uma única célula: um só óvulo fertilizado. Os seres humanos são formados por cerca de 100 trilhões de células. A duplicação logo leva a números mais altos, como vimos na inflação do Universo. Embora os DNAs em cada célula sejam quase idênticos, nem todas as células contêm as mesmas substâncias químicas. Tipos específicos de células contêm as mesmas substâncias. No processo de divisão, surgem diferentes tipos de célula. Nos seres humanos existem várias centenas de diferentes tipos.

Antes da divisão de uma célula, seu DNA é replicado. A estrutura da molécula do DNA evoluiu de forma a estar adequada à duplicação. Os famosos filamentos helicoidais da molécula de DNA sempre se ligam da mesma forma: a adenina (A) sempre se liga com a timina (T), e a citosina (C) sempre se liga com a guanina (G). Essas ligações são chamadas de pares de base. No DNA humano existem cerca de 10 bilhões desses pares. Se um filamento da dupla-hélice do DNA escrever ATGGCGGAG, logo saberemos que esse filamento está ligado a um filamento correspondente na outra espiral em que está escrito TACCGCCTC. Cada vez que a molécula de DNA se replica — quando seus 10 bilhões de pares de base são copiados —, cerca de doze erros apenas são cometidos. Um sofisticado mecanismo de cópia e leitura evoluiu de forma a garantir que esses erros sejam em geral corrigidos. Cada célula contém um tipo de enzima à prova de leitura. Mesmo se uma letra na sequência de DNA for alterada, isso não muda o significado da palavra na frase do gene (pois boa parte das palavras quer dizer a mesma coisa). Mas, mesmo quando a mudança de uma letra altera o significado da palavra e um diferente aminoácido é expresso, a função global da proteína produzida costuma permanecer quase inalterada. Proteínas podem ser formadas por cem ou mais aminoácidos, mas em geral apenas alguns aminoácidos controlam a função da proteína, e o resto do ato é uma espécie de sistema de andaimes. Esses erros de cópia são chamados mutações. Mesmo quando isso ocorre, é muito raro que a mutação aconteça nos dois pares de genes. Um gene não mutante é suficiente para assegurar que a proteína "certa" seja expressa. Assim, em geral as mutações resultam em pequenas variações nos organismos. Os diferentes tipos sanguíneos dos seres humanos são resultado de minúsculas diferenças na proteína que controla a estrutura da superfície dos glóbulos vermelhos. Uma pequena alteração na sequência de proteínas de uma proteína específica envolvida na produção de melanina (a proteína que determina a cor da pele) resulta em algumas pessoas terem cabelos ruivos. Quase todas as mutações desastrosas são evitadas, mas quando isso não acontece o organismo formado por esses genes é logo removido do conjunto de genes pela seleção natural. Mutações são mesmo as pequenas mudanças propostas por Darwin, e não as grandes mudanças resultantes da seleção artificial.

O Projeto Genoma Humano foi iniciado em 1990 com o objetivo de identificar todos os genes do genoma humano e de ler a sequência de DNA do genoma inteiro (para entender melhor as sequências que vêm entre os genes). Na época se pensava que poderiam existir 100 mil genes, mas, quando o mapa completo foi publicado, em 2003, descobriu-se que eram menos de 25 mil. Moscas-das-frutas e nematódeos têm um genoma equivalente à metade do nosso, e o arroz tem 40 mil genes. Mas mesmo nosso relativamente pequeno número de genes é suficiente para definir nossa complexidade. Quando falamos em números muito grandes, costumamos dizer que são astronômicos, mas seria mais apropriado compará-los aos grandes números no universo *biológico*. São inúmeras as possibilidades combinatórias de 25 mil genes, muitas ordens de grandeza maiores que quaisquer números que encontramos até agora na nossa varredura do Universo. Mas isso também não vem ao caso. A complexidade de um organismo é consequência do seu crescimento. São a ordem e o padrão da expressão genética que respondem por muitas das diferenças entre espécies, não o número relativo de genes no genoma. Um gene chamado hoxc8 fica ligado por mais tempo numa galinha do que num camundongo, e é isso que confere à galinha um pescoço mais longo. Os genes que determinam a forma geral do corpo são chamados homeóticos. A forma de um olho é semelhante entre organismos tão diversos como seres humanos e moscas. Na verdade, *todos* os olhos são expressos em um gene chamado pax6. A medusa tem genes homeóticos muito semelhantes aos que determinam a forma do nosso corpo, e essa semelhança é bem explicada pela evolução. Parecemos diferentes das medusas porque os genes são expressos de forma diferente. Não é o tamanho do vocabulário que faz um grande dramaturgo (mesmo que alguns disponham de grandes vocabulários): é possível escrever grandes peças com um vocabulário bem limitado. O que importa é o modo como as palavras são reunidas, e isso é uma grande verdade na linguagem da vida, que tem um vocabulário muito pequeno e é escrita em poucas frases.

Uma comparação dos genomas (DNA) de todas as criaturas vivas nos diz que todas têm uma origem comum. A evolução explica por que o código genético — os 64 tripletos e os vinte aminoácidos codificados — é o mesmo para todas os seres vivos. E a evolução explica também como as mensagens escritas nesse código mudaram (às vezes muito pouco) com o passar do tempo e em todas as espécies. Alguns genes são conservados durante bilhões de anos porque qualquer mudança os alijaria de alguma função vital, e esses organismos em desvantagem seriam removidos pela seleção natural. A forma como o DNA não codificante muda com o tempo, por conta de erros de cópia (mutações), é chamada de desvio de DNA e ele pode ser usado como relógio biológico para registrar o tempo do surgimento de ancestrais comuns.

Uma vez que as proteínas são formadas a partir de receitas de genes, comparar proteínas de espécies diferentes é equivalente a mostrar que todas as espécies estão relacionadas. Existem proteínas em seres humanos e em leveduras que desempenham funções muito semelhantes, mas são feitas de aminoácidos organizados de formas bem diferentes. A comparação dessas proteínas em espécies diferentes conta a história de como essas proteínas evoluíram com o tempo. A função semelhante de proteínas em seres humanos e nas leveduras demonstra a existência de um ancestral comum a essas duas diferentes formas de vida.

Os evolucionistas dispõem agora de duas técnicas para classificar formas de vida: a comparação de características anatômicas de diferentes organismos, vivos e fossilizados, e a comparação do DNA entre organismos vivos.[7] Juntas, essas técnicas transformam a biologia evolutiva numa ciência completa e testável. Indícios de semelhanças em nível de DNA podem ajudar a confirmar parentescos evolutivos no nível macro. No final do século XX a biologia molecular se tornou uma ferramenta que pode fornecer confirmações sem depender de indícios fósseis. Darwin pensava que os cães eram descendentes de diversos caninos diferentes, mas há pouco tempo, por meio de comparações genéticas feitas em nível de DNA, foi descoberto que os cães são descendentes do lobo cinzento. Houve época em que o hipopótamo era relacionado ao porco, mas indícios genéticos agora nos dizem que ele está mais próximo das baleias, golfinhos e toninhas, os cetáceos. Às vezes organismos só parecem relacionados porque evoluíram sob condições semelhantes. A morfologia pode ser enganadora. As minhocas e as tênias podem parecer similares, mas pertencem a diferentes filos (os maiores agrupamentos de organismos abaixo do reino). Uma análise de DNA pode contar uma história diferente da contada pela aparência externa. Comparações anatômicas já sugeriram que o gorila é o parente mais próximo da espécie humana, mas a análise do DNA mostra que estamos um pouco mais próximos do chimpanzé. A biologia molecular revolucionou a forma como os organismos são classificados. O DNA se transforma em outro tipo de indício fóssil.

As duas técnicas de datação nos permitem classificar a vida numa hierarquia de relações que retrocede no tempo cronológico. Fazendo o caminho na outra direção, é tentador supor que o que vemos é uma complexidade evolutiva. É difícil descartar a noção de que as bactérias são de certa forma mais primitivas que nós, mas estamos ligados demais ao que pensamos que a complexidade deveria ser. Somos tendenciosos em relação à complexidade que observamos no nível macroscópico.

Talvez nunca encontremos o ancestral comum de todas as formas de vida existentes: essa parte da história da evolução está faltando. Mas sabemos que o ancestral comum de todos os organismos multicelulares era unicelular. Podemos encontrar uma série de formas unicelulares no passado remoto, e nossa melhor teoria atual nos diz que eles devem ter um ancestral comum cada vez mais remoto no passado. A maior parte da descendência relacionada à vida unicelular se extinguiu, mas uma dessas linhagens leva à vida multicelular, e as demais se reduziram a formas de vida unicelular mais evoluídas que vivem até hoje.

HÁ 4 BILHÕES DE ANOS

Antigamente se pensava que todas as formas de vida eram parte de uma cadeia que precisava de luz para se desenvolver. A luz do Sol só penetra nos 50 metros superiores dos oceanos, região conhecida como zona fótica, mas nos anos 70 foram descobertas formas de vida a quase 2 quilômetros de profundidade no fundo do mar, perto dos ventos hidrotermais, que são fissuras na crosta terrestre de onde é liberado gás. Em vez da luz do Sol, esses organismos utilizam substâncias químicas da água como fonte de energia. Devido à pressão da água, as temperaturas podem atingir centenas de graus Celsius nessas regiões. (O ponto de ebulição da água é de 100 graus Celsius no nível do mar e sob pressão atmosférica normal. Onde a pressão for mais alta o ponto de ebulição também será mais alto. Nos ventos hidrotermais, a pressão da água pode ser 25 vezes maior que a pressão atmosférica.) Supõe-se que foi ali que viveram as primeiras formas de vida, o único lugar onde poderiam se desenvolver protegidas das radiações prejudiciais vindas do espaço. As formas de vida unicelular encontradas perto dos ventos hidrotermais ou em outras condições extremas são chamadas de *Archaea*, um termo recente. Costumavam ser encontradas misturadas com bactérias. Considerava-se que as *Archaea* viviam *apenas* em condições extremas, mas agora se sabe que esses organismos vivem numa variedade de condições e que hoje talvez constituam 20% da biomassa do planeta.

Substâncias químicas encontradas em rochas de 3,8 bilhões de anos de idade em Akila, na Groenlândia Ocidental, podem ser os primeiros indícios de vida que temos até o momento, mas esses achados são controversos. Outros indícios físicos controversos nos chegam na forma de fósseis da mesma época chamados estromatólitos. São encontrados no na Austrália Ocidental e parecem ser constituídos de outra forma de vida unicelular primordial chamada cianobactéria,[8] basicamente espuma de lagoa.

Enquanto o mar esfriava, formas de vida evoluíram para usar a energia do Sol a fim de transformar dióxido de carbono em açúcar e oxigênio, um processo chamado fotossíntese. As cianobactérias podem ter evoluído da espécie de vida não fotossintética encontrada em volta dos ventos do fundo do mar (*Archaea*) ou evoluíram em separado de um ancestral comum perdido para nós. A cianobactéria é a primeira forma de vida a habitar as proximidades da superfície do mar, e liberou como produto residual da fotossíntese o primeiro oxigênio. Existem indícios de que as cianobactérias já dissociavam dióxido de carbono e liberavam oxigênio há 3,5 bilhões de anos. Todo o oxigênio do mundo presente entre nós é uma dádiva dos reinos de bactérias fotossintéticas. Sem essas bactérias não haveria oxigênio.

O primeiro oxigênio da Terra não entra na atmosfera. Por não ter jamais estado na presença de oxigênio, a Terra primeiro precisa enferrujar. Tudo na Terra que pode ser oxidado é oxidado. Observamos provas dessa oxidação em faixas de óxido vermelho em camadas profundas do solo. Só quando esse processo de oxidação chega ao fim é que os níveis de oxigênio na atmosfera começam a aumentar. Isso leva muito tempo. Há 2,4 bilhões de anos, o nível de oxigênio na atmosfera subiu para apenas 0,1%; há 2 bilhões de anos, atingiu 3%. O nível atual é de 20%.

As primeiras *Archaea* se protegiam dos efeitos esterilizantes da radiação ultravioleta vivendo nas profundezas do mar; os primeiros organismos próximos à superfície encontraram proteção escondendo-se debaixo de grãos de carbonato de cálcio, ou giz. O dióxido de carbono se dissolve na água na forma de vários carbonatos. As primeiras formas bacterianas fotossintéticas usam carbonato de cálcio como uma espécie de escudo. Quando a bactéria morre, os grãos de carbonato de cálcio afundam e formam o que afinal se tornarão camadas de giz. Todo giz é produto desse processo vivo, na verdade de minúsculos esqueletos pequenos demais para serem vistos a olho nu. O calcário é outra forma de carbonato de cálcio, mas, como é formado por conchas de criaturas mais complexas, só será encontrado na Terra bilhões de anos mais tarde. Essa utilização do carbonato de cálcio pelas bactérias indica que todas as formas de vida estão relacionadas, uma prova de que a evolução acontece. Os escudos dessas bactérias primitivas se transformam depois nas conchas protetoras de organismos mais desenvolvidos, e depois em ossos de criaturas que vão trocar o flutuante mundo do mar pela terra — uma engenhosa adaptação de uma concha usada por dentro e utilizada para aguentar peso.

Um dos efeitos da formação de calcário é reter grandes quantidades de carbono e assim ajudar a reduzir o efeito estufa. Mais tarde o carbono será também retido no carvão e no petróleo, outros produtos de processos vivos e eras geológicas de compressão. A atividade vulcânica redistribui parte desse carbono num ciclo de retroalimentação que é prova do que o cientista e livre-pensador inglês James Lovelock (1919) chamou de Gaia. Lovelock apresentou sua hipótese, agora amplamente aceita, nos anos 60. Na época sua hipótese foi ignorada, mas tornou-se um assunto controverso nos anos 70. Gaia é uma personificação grega da Terra, e significa literalmente "avó da Terra". Gaia é a compreensão de que existe uma ligação íntima entre os processos vivos e não vivos do planeta. Os oceanos movimentam calor ao redor da Terra e as montanhas criam sistemas climáticos como parte desse sistema equilibrado de retroalimentação global, que se estende para incluir as atividades da Lua e do Sol. Ao longo de bilhões de anos, o efeito estufa e as camadas de oxigênio do nosso meio ambiente ficaram bem ajustados como resultado da atividade tectônica e dos seres vivos. Não fosse o efeito estufa, as temperaturas globais seriam 15 graus mais baixas do que são agora, embora hoje estejamos mais preocupados com o que a espécie humana vai fazer, ou já fez, para a temperatura subir demais.

As *Archaea* e as bactérias desenvolveram um sofisticado maquinário molecular em período relativamente curto (talvez apenas algumas centenas de milhões de anos) depois que a Terra se transformou em habitat adequado à vida. Nos anos 80, Fred Hoyle e o astrônomo do Sri Lanka Chandra Wickramasinghe (1939) argumentaram que não era possível construir uma máquina tão complexa, nem mesmo a bactéria mais básica, em tão pouco tempo. Eles disseram que seria como se um redemoinho de vento pudesse montar um Boeing 747 a partir de sucata num ferro-velho. Os dois calcularam que a probabilidade de reunir um aminoácido por acaso é de uma em 10^{20}, e que como uma simples bactéria poderia ser formada por 2000 proteínas, a probabilidade de organizar uma bactéria por acaso é de pelo menos uma em $10^{20 \times 2000}$, ou uma em 10^{40000}. Mais uma vez isso mostra como os números biológicos são maiores que os astronômicos. O número de partículas elementares no Universo visível é de "apenas" 10^{80}. Mas existe um furo no argumento de Hoyle e Wickramasinghe. A natureza não organiza coisas complexas a partir do zero. A seleção natural é a única explicação necessária. Sempre que houver alguma pequena vantagem, por minúscula que seja, essa vantagem tem uma chance maior de ser selecionada. Se aumentar um pouquinho a velocidade da reação, uma proteína terá mais chance de ser selecionada do que outras proteínas que não alterarem essa reação. (Da mesma maneira, qualquer proteína que adotasse uma reação muito mais lenta seria eliminada da corrida.) A natureza não seleciona a partir de todas as configurações possíveis; seleciona de onde está. Por mais primitiva que seja a proteína, o que importa é que essa coisa primitiva exista e funcione um pouco melhor que qualquer outra ao redor.

A maneira como a vida química se transformou em vida biológica é ainda um elo perdido na história da evolução do Universo, mas poucos cientistas duvidam que venhamos a descobrir em breve como átomos inanimados evoluíram para estruturas moleculares animadas. A vida é um processo de auto-organização e autorreprodução. A vida é formada por complexas cadeias de substâncias químicas que se reproduzem, chamadas polímeros. Supõe-se que ao longo de centenas de milhões de anos de evolução as moléculas pré-bióticas evoluíram para moléculas que se reproduziram por ação da seleção natural. Ainda não se sabe bem como isso aconteceu, mas poucos biólogos duvidam que tenha acontecido.

A fronteira entre a vida geológica e a vida orgânica é difusa. Não só a vida parece ter surgido da natureza inorgânica como também podemos perceber como a vida está inexoravelmente ligada às atividades orgânicas do planeta: os oceanos, os vulcões, as montanhas e os processos vivos estão tecidos na rede de interconexão.

Newton achava que a alquimia poderia revelar o componente divino que faz a vida se manifestar, e que isso seria também encontrado nas plantas, nos animais e em certas formas inorgânicas, como os cristais. Mas, quando soubermos como a vida surgiu a partir do inanimado, os mundos orgânico e inorgânico terão se tornado um espectro contínuo. A vida será uma diferença artificial que fazemos do inanimado. Conseguiremos rastrear nossa evolução não apenas até os ancestrais comuns da *Archaea* e da bactéria como também ao hidrogênio primordial, ao Big Bang, talvez até mesmo ao multiverso ou a alguma outra condição assustadora do nosso Universo local. Vamos saber como a vida está escrita nas leis da natureza. Estaremos mais próximos de responder as perguntas: O que queremos dizer com vida? Que outras formas a vida pode assumir? Nossa imaginação pode alçar voo, visualizar outras formas que a vida poderia ter assumido, e outras formas que a vida pode assumir.

HÁ 3 BILHÕES DE ANOS

Um bilhão de anos depois do surgimento da vida na Terra, o mundo era todo de *Archaea* e bactérias unicelulares. Na verdade, boa parte da vida hoje em dia ainda é composta por *Archaea* e bactérias. A persistência de formas de vida unicelulares ilustra quanto a relação entre os processos vivos e não vivos pode se tornar íntima. *Archaea* e bactérias só são as formas mais simples de vida por serem constituídas de uma única célula, embora até mesmo uma bactéria unicelular contenha 10^9–10^{11} átomos. Mas, como estão por aqui há muito mais tempo, elas são as formas de vida mais resistentes e podem ser consideradas as evoluídas.

As bactérias são essenciais para a continuidade da vida no planeta. Equilibram não só os níveis de oxigênio, como os de nitrogênio, carbono e enxofre no ecossistema. Sabe-se que as bactérias estão envolvidas na formação do petróleo. A madeira não apodreceria se não fossem as bactérias. Algumas bactérias foram encontradas em rochas a 1000 metros de profundidade, digerindo material orgânico com a ajuda de oxigênio e dividindo-se apenas uma vez a cada milhares de anos, com certeza a mais preguiçosa de todas as formas de vida da Terra. As bactérias podem até estar relacionadas com depósitos de metais subterrâneos.

As formas de vida bacteriana não se tornaram supérfluas com o surgimento de formas superiores de vida. Pelo contrário, elas se desenvolveram e podem estar mais bem adaptadas para sobreviver do que as formas de vida multicelulares. É a bactéria que tem a maior probabilidade de sobreviver a uma futura catástrofe. Algumas bactérias conseguem viver em ácido sulfúrico, ou até mesmo em resíduos nucleares. Cristais de magnetita encontrados em algumas bactérias as ajudam a se orientar pelo eixo magnético da Terra. Há indícios de existência de formas de vida que poderiam se dar bem em lugares bem diferentes da Terra, o que mostra que a chamada vida simples não exige na verdade o privilégio de um planeta idêntico ao nosso.

Pode não haver dúvida sobre o tipo de forma de vida mais bem adaptado a uma futura catástrofe. Nós teríamos de usar nosso cérebro supercomplexo e evoluído para nos safar da natureza, mas, como nossa complexidade surge da natureza, por certo essa é uma competição que não podemos vencer. As bactérias, por outro lado, têm sido há muito testadas contra tudo o que a natureza vem usando contra elas, tendo existido num mundo muito mais violento que o de hoje.

A espécie humana passou a competir com os vulcões e as atividades de equilíbrio de carbono do planeta. Quando Gaia precisar reequilibrar o planeta para compensar essas e outras atividades incômodas, é improvável que seja em benefício da humanidade. Se os seres humanos desaparecerem, o mais provável é que as formas bacterianas sobrevivam e evoluam ainda mais à medida que as condições permitirem. Escapando ou não da ira de Gaia, o homem não conseguiria sobreviver se as bactérias desaparecessem. Nós não temos uma existência independente das bactérias. As bactérias estão integradas não só à vida do planeta como ao funcionamento do corpo humano. Existem dez vezes mais células bacterianas do que células humanas no corpo humano, a maior parte na pele e no aparelho digestivo.

HÁ 2 BILHÕES DE ANOS

As *Archaea* e as bactérias fotossintéticas são organismos unicelulares sem um núcleo, chamadas de procariotos, o que significa literalmente "antes de um caroço": a palavra grega para caroço é *karyose*. A primeira vida unicelular eucarótica, isto é, células com um núcleo, surgiu entre 2 bilhões e 1,5 bilhão de anos. O núcleo abriga e protege o DNA. Não se sabe se as eucarióticas evoluíram das procarióticas, mas deve ter havido um ancestral comum que talvez fosse bem diferente de ambas. Modernas análises de DNA indicam que não existe uma definição para um procarioto; trata-se apenas de um termo comum que conferimos a duas diferentes linhagens ancestrais chamadas *Archaea* e bactéria. Começa até a parecer possível que as *Archaea* tenham uma relação mais próxima com os eucariotos do que com as bactérias. A vida dos eucariotos unicelulares parece ter surgido quando os níveis de oxigênio subiram o suficiente (cerca de 0,4%) para manter esse tipo de vida mais complexo.

Existe uma teoria amplamente aceita que foi popularizada pela bióloga americana Lynn Margulis (1938) no final dos anos 60. A teoria propõe que algumas bactérias procarióticas se inseriram na vida eucariótica como organelas, a denominação coletiva para dois novos tipos de estruturas: cloroplastos e mitocôndria. Lynn Margulis sugere que os procariotos se tornaram organelas de alguma outra forma de vida unicelular a partir de uma ligação simbiótica. Um dos indícios dessa teoria vem do fato de que o DNA das organelas (que surge com a invasão dos procariotos) é inteiramente distinto do DNA encontrado no núcleo hospedeiro.

Os eucariotos com cloroplastos são chamados protófitos, e os eucariotos com mitocôndria, protozoários. Um cloroplasto é o que no futuro tornará a fotossíntese eficiente nas plantas. Nos protozoários, a mitocôndria possibilita que as células usem oxigênio como combustível pela primeira vez. São essas organelas que no futuro, quando essas coisas existirem, vão separar os reinos animais do vegetal.

Toda a vida permanece unicelular e confinada aos oceanos.

HÁ 1 BILHÃO DE ANOS

Considera-se que a vida multicelular tenha surgido há cerca de 1,2 bilhão de anos. A formação rochosa da Terra era um único continente chamado Rodínia.[9] Supõe-se que a vida multicelular tenha começado a partir de outro tipo de simbiose, uma cooperação frouxa entre células únicas que se tornaram cada vez mais complexas. Alguns eucariotos fotossintéticos se desenvolveram em colônias e se tornaram as primeiras algas marinhas (parte do agrupamento denominado alga vermelha). As esponjas são outro exemplo de forma de vida multicelular primitiva. Ainda não conhecemos em detalhes o mecanismo de como se deu o salto de vida unicelular para a vida multicelular. Há algum tempo, embora mais uma vez não saibamos por qual mecanismo, alguns eucariotos inventaram o sexo: o processo em que um óvulo (um tipo de célula) é fertilizado antes de ocorrer uma divisão.

A vida pode ter sido unicelular por 3 bilhões de anos, mas, quando o mecanismo está pronto para permitir o surgimento da vida multicelular, não há razão para que isso não aconteça quase da noite para o dia, em termos geológicos. Na verdade, esse mecanismo deve surgir assim que as condições o tornarem possível.

A evolução parece ter se acelerado outra vez há cerca de 550 milhões de anos, quando nos deparamos com o súbito surgimento de animais de sangue quente nos registros fósseis. O fato de não haver fósseis anteriores a essa data era um problema desde antes da época de Darwin. Ele achava que era a única e grande ameaça à sua teoria da evolução. Se já era difícil para ele explicar a ausência de formas intermediárias entre as espécies, era muito mais difícil explicar a falta de qualquer fóssil mais antigo que os encontrados em rochas que remontam a meio bilhão de anos.

Até os anos 80, antes de a biologia molecular ter realmente o que dizer, os registros fósseis disponíveis eram escassos, e eram só o que tínhamos para mapear o desenvolvimento evolutivo. Mas esses registros fósseis eram perturbadores: não só não existiam fósseis que remontassem a antes de 550 milhões de anos, como uma explosão de formas de vida aparece de uma só vez. O indício da chamada explosão cambriana é chocante, em especial em Burgess Shale — um sítio de fósseis encontrado nas Montanhas Rochosas canadenses em 1909 —, embora o significado dos fósseis lá encontrados só tenha ficado claro quando estes foram reexaminados nos anos 80. O achado de Burgess Shale foi levado a conhecimento público pelo biólogo americano Stephen Jay Gould (1941-2002) em seu livro *Vida maravilhosa*, em 1989. Ficou claro que existem longos períodos de tempo geológico em que nada parece mudar, seguidos de rápidos períodos de desenvolvimento evolutivo.

Em 1954, o biólogo americano Ernst Mayr (1904-2005) observou que grandes populações permanecem estáveis: não mostram o tipo de mudanças evolutivas que a teoria da evolução natural parece prever. O significado dessa estase evolutiva foi discutido pela primeira vez por Gould e o biólogo americano Niles Eldredge (1943) nos anos 70. O achado de Burgess Shale parece mais um sinal de que estabilidade é uma norma seguida por súbitos períodos de mudança, o que Eldredge e Gould chamaram de equilíbrio pontuado. Explicar por que populações permanecem estáveis por milhões de anos, mesmo havendo mudanças no nível genético, se tornou assunto de debates acalorados, às vezes até cáusticos.

Evolução é algo que pode ser reduzido à competição entre genes, uma definição popularizada pelo biólogo evolucionista Richard Dawkins (1941) em seu famoso livro *O gene egoísta* (1976). A evolução precisa acontecer em nível genético, pois os genes são a única forma pela qual uma característica pode passar de uma geração a outra. Mas a seleção natural não trabalha só com genes, mas com todas as ordens de grandeza. Eldredge diz que a visão de

Dawkins funciona melhor quando a evolução está sendo estudada de geração para geração, mas "é inútil como teoria evolucionista geral cobrindo eventos em grande escala na história da vida". Estabelecer relações entre mudanças evolutivas no nível do organismo (ou de uma população) e mudanças no nível genético é algo muito difícil de se fazer. O que falta, e sobre o que ainda se discute, é um mecanismo para explicar a interação entre o ambiente, os genes e os organismos representados pelos genes. Não faz muito sentido perguntar o que é mais fundamental: o gene ou a população. É como perguntar o que é mais fundamental, a cadeira ou os átomos de que é formada. Se estamos falando de cadeiras, então uma cadeira não tem significado no nível atômico, pois os átomos não apresentam propriedades de cadeiras. Grandes estruturas (cadeiras e gatos) apresentam características ("cadeiridade" e "gatidade") que só existem no mundo macroscópico, que não são as características das partes de que são feitas. Mas, se quisermos saber do que uma cadeira é feita, teremos em última análise de falar sobre os átomos e sobre as partículas subatômicas.

A explosão do Cambriano pode parecer uma explosão por ter surgido numa escala de tamanho que nós, seres humanos, vemos como complexa. Nossa posição privilegiada estará garantida se pensarmos que essas novas formas são mais complexas que as anteriores, cuja complexidade pode ser aparente apenas nos níveis moleculares. Se atribuirmos uma característica especial a alguma coisa só por ser mais ou menos do nosso tamanho, corremos o risco de ser anticopernicanos. A alteração que trouxe as formas de vida multicelulares à existência é prova de que a evolução pode se acelerar. E a primeira aparição de organismos com corpos rígidos é mais uma prova. Mas, quer a evolução esteja se acelerando ou apenas dando a impressão disso, talvez tudo não passe de uma questão de ênfase. Essa aparência de aceleração deriva do fato de nós, seres humanos, levarmos mais em consideração os organismos multicelulares, ou com corpos rígidos.

Devido ao seu significado histórico e visual, o período cambriano se tornou o eixo em torno do qual gira a datação geológica. Os cerca de meio bilhão de anos da faixa de tempo desde a explosão cambriana são chamados de era fanerozoica, que chega até os dias presentes. Fanerozoica significa literalmente "vida visível". Todo o tempo geológico anterior à explosão cambriana é chamado de era pré-cambriana, um longo período que retrocede até a formação da Terra, há 4,5 bilhões de anos atrás. As eras se subdividem em outras eras. A última era do período pré-cambriano é chamada neoproterozoica e tem origem há 1 bilhão de anos, estendendo-se ao início do período fenerozoico, há 542 bilhões de anos, que é também o início da era paleozoica e do (mais uma subdivisão) *período* cambriano. Até pouco tempo atrás os sinais de formas de vida independentes em larga escala começavam com o Cambriano, mas no século XX começaram a ser coletados indícios de grande quantidade organismos vivendo no período anterior ao Cambriano, embora tenha levado algum tempo para se interpretar a descoberta. Esse período, chamado Ediacarano, recebeu esse nome em 2004. Agora vamos relacionar os nomes dos tempos geológicos.

O FIM DO ÉON PRÉ-CAMBRIANO

ERA NEOPROTEROZOICA
(ENTRE 1 BILHÃO E 542 MILHÕES DE ANOS)

Período ediacarano (entre 630 milhões e 542 milhões de anos)

Embora não existam indícios de formas de vida independentes em larga escala antes desse período, isso não quer dizer que não existia vida. As primeiras criaturas microscópicas que conhecemos são glóbulos de matéria chamados biota ediacarana, semelhantes a "sacos cheios de lama, ou colchões estofados". A vida ediacarana surge em mangues rasos de junco que permitiam que boa parte da superfície desses organismos absorvesse a maior quantidade de oxigênio possível. Algumas dessas formas de vida são as primeiras criaturas a se enterrar na lama, uma habilidade adquirida pela evolução de um celoma, um saco contendo órgãos. O celoma não apenas permite que os corpos dessas primeiras criaturas abram túneis como mais tarde permitirá que organismos maiores, com esqueleto, se curvem e se retorçam. Não existe vida complexa em terra firme. A biota ediacarana e outros organismos já estão separados por longas linhagens e devem ter ancestrais comuns num passado mais remoto, mas que não foram preservados em registros fósseis, talvez por serem moles demais, fossilizar ou por terem formado fósseis ainda não descobertos.

Criaturas semelhantes a medusas podem ter surgido nessa época. (Até há pouco se pensava que teriam surgido mais tarde.) Animais relacionados com a medusa pertencem a um filo chamado cnidária. Certas simetrias no planejamento do corpo da medusa as relacionam ao que consideramos a vida mais complexa que se seguiu.

Uma medusa não tem órgãos respiratórios, circulatórios ou excretores, nem sistema nervoso e nenhuma cabeça aparente a não ser o local onde se encontra a boca, mas já tem órgãos distintos. As medusas não têm cérebro, mas contam com diversos olhos. Não dispõem de boa visão à distância, mas enxergam o suficiente para distinguir o dia da noite e o que está em cima do que está embaixo.

Tudo indica que olho e cérebro se desenvolveram juntos desde o início. Nossas duas formas de ver — com os olhos (quando recebem a luz) e com o cérebro (onde a luz é interpretada e compreendida) — estão interligadas. Existem conjuntos de moléculas dentro das células de muitos organismos, inclusive em muitas formas de vida unicelulares, que são formadas por uma proteína sensível à luz chamada rodopsina. Depois de desenvolvida, essa proteína aparece em todos os olhos de todos os tempos. Embora ainda não se saiba como as rodopsinas dos procariotos se relacionam com as rodopsinas encontradas nos eucariotos desenvolvidos, é provável que elas estejam relacionadas, e que essa família de proteínas se tornará mais uma prova da evolução das formas comuns.

A Terra tinha se tornado mais uma vez uma só massa rochosa, chamada Panótia, há cerca de 600 milhões de anos. Não durou muito, tendo se fragmentado 60 milhões de anos depois.

O INÍCIO DO ÉON FANEROZOICO

ERA PALEOZOICA (ENTRE 542 MILHÕES
E 488 MILHÕES DE ANOS)

Período cambriano (entre 542 milhões e 488 milhões de anos)

A datação do período cambriano mudou de maneira significativa no século xx. (Algumas autoridades determinavam o início do Cambriano há 570 milhões de anos, ou até antes, mas em 2002 a Subcomissão Internacional de Estratigrafia Global, entidade encarregada de definir esses parâmetros, determinou o início do Cambriano há 545 milhões de anos aproximadamente, uma data que foi alterada para 542 milhões de anos em 2004. Rochas desse período foram encontradas no País de Gales. Uma antiga tribo galesa foi a inspiração para o nome Cambriano.

Os primeiros animais dentro de conchas aparecem no período cambriano. São uma ordem específica de animais em concha chamados artrópodes, que se diferenciam por seus exoesqueletos e corpos segmentados. O formato físico de todos os animais existentes hoje foi herdado de animais que surgiram no período cambriano.

Os primeiros artrópodes foram os trilobitos — estranhas criaturas parecidas com piolhos de madeira. Sobreviventes após 200 milhões de anos, são o segundo fóssil mais famoso depois dos dinossauros. Houve um tempo em que eles enxameavam os mares como uma das mais prolíficas formas de vida. Os artrópodes são o maior filo de animais não extintos e incluem insetos, aranhas e crustáceos (todos esses apareceram muito depois). Muitos filos que surgiram no cambriano estão agora extintos. É possível que alguns animais tenham deixado os primeiros rastros no solo durante esse período; as outras formas de vida estavam confinadas aos oceanos. Não havia plantas terrestres. A superfície da Terra era formada por desertos e oceanos.

Durante o Cambriano as massas rochosas da Terra estavam organizadas como dois principais continentes, chamados de Gonduana e Laurência.

No final do Cambriano supõe-se ter havido um período de extinção, durante o qual muitas espécies são eliminadas ou drasticamente reduzidas.

As divisões entre *períodos* geológicos são marcadas por extinções maciças, que resultam em uma mudança distinta no registro fóssil. As razões das extinções são muito especulativas, mas a maioria se originou de um aumento da atividade vulcânica e de subsequentes alterações no efeito estufa. É necessário um cataclismo dessas proporções para perturbar a forte estabilidade dessas populações. Nenhuma mudança menos drástica de sistema ecológico consegue impelir a evolução. Incêndios e tempestades provocam apenas uma perturbação temporária. Os ecossistemas podem se reorganizar a partir da informação contida em populações próximas, nas quais a história evolutiva é um pouco diferente da população local que foi destruída. Uma população se ajustará com facilidade a um glaciar que se move lentamente, enquanto novas regiões reprodutivas podem ser encontradas para preservar o *status quo*. É preciso uma perturbação tão grave que o planeta inteiro seja envolvido para ocorrer uma rápida evolução nas novas formas de vida: um terremoto, um impacto de meteorito ou uma súbita alteração nas quantidades de gases de efeito estufa na atmosfera. É essa estabilidade geral do nível populacional que explica por que a evolução parece progredir com rapidez quando ocorrem mudanças cataclísmicas no planeta.

Período ordoviciano (entre 488 milhões e 444 milhões de anos)

Os primeiros estudos geológicos foram dominados pelos geólogos britânicos. Por isso esse período recebeu o nome de uma antiga tribo britânica, assim como o período seguinte. Existem fósseis de hepáticas — algo entre um musgo e uma alga — de 475 milhões de anos. Surgem os primeiros peixes, os primeiros vertebrados (animais com uma espinha dorsal). Entre os períodos ordoviciano e o siluriano acontece o primeiro dos chamados cinco grandes eventos de extinção, durante o qual metade de toda a fauna existente é extinta. A razão para essa extinção não é bem conhecida, embora possa ter coincidido com o início de uma era glacial especialmente severa.

Período siluriano (entre 444 milhões e 416 milhões de anos)

Há mais ou menos 440 milhões de anos, os primeiros animais que respiram oxigênio passam a colonizar a Terra. São minúsculas criaturas semelhantes aos ácaros. Ao mesmo tempo, as primeiras plantas começam também a colonizar o solo, embora alguns relatos controversos indiquem que já havia plantas terrestres bem antes desse período. Os primeiros animais terrestres começam a processar as primeiras matérias vegetais para formar os primeiros compostos.

Foram encontrados na Irlanda fósseis de plantas macroscópicas terrestres de 425 milhões de anos. Nesse período, a maior parte das formações rochosas da Terra estava no hemisfério Sul. O que hoje é o Saara estava no polo Sul.

Período devoniano (entre 416 milhões e 359 milhões de anos)

Há cerca de 400 milhões de anos havia esporos, miriápodes, aranhas e tubarões primitivos. Há sinais dos primeiros peixes de água doce. Peixes com mandíbulas e esqueletos proliferam. O celacanto é um desses peixes. Surgido há mais ou menos 390 milhões de anos, sua aparência externa continua inalterada até os dias de hoje. Acreditava-se que estivesse extinto há mais de 60 milhões de anos, até que uma espécie foi apanhada na costa da África do Sul em 1938. As sementes aparecem pela primeira vez. A biomassa muda do mar para a terra. O solo está cheio de ácaros e miriápodes e existem carnívoros para comê-los, a primeira vez que animais começam a comer uns aos outros. Os anfíbios se originam de peixes semelhantes ao celacanto. No final do período, anfíbios semelhantes às salamandras estão entre os primeiros vertebrados em terra. No final do devoniano acontece a segunda das cinco grandes extinções regulares em um período de 3 milhões de anos, e por várias razões. Um terço de todas as famílias das formas de vida se extingue.

Período carbonífero (entre 359 milhões e 299 milhões de anos)

Os níveis de oxigênio atingem um pico de 35%. Surgem grandes árvores semelhantes a esporos, não relacionadas com as árvores modernas, que vão se fossilizar na forma de carvão. Existem miriápodes com mais de 2 metros de comprimento. O mais antigo indício físico de vida animal, além de ossos fossilizados, é uma pegada de miriápode feita há 350 milhões de anos encontrada na Escócia. Surgem os primeiros répteis, originários de um ancestral comum com os anfíbios. No final desse período os répteis se tornam independentes da água. Artrópodes começam a sair do mar.

Período permiano (entre 299 milhões e 251 milhões de anos)

Alguns insetos (artrópodes) desenvolvem a capacidade de voar. Libélulas são uma das primeiras criaturas a conquistar o novo elemento. No final do permiano acontece a maior das extinções, destruindo até 96% de todas as espécies. Nessa época a Terra é composta por apenas um continente, chamado Pangeia, quase todo deserto. A Grande Extinção perdura por 60 milhões de anos. Existem indícios de que um meteoro pode ter sido a causa.

ERA MESOZOICA (ENTRE 251 MILHÕES E 66 MILHÕES DE ANOS)

Período triássico (entre 251 milhões e 200 milhões de anos)

Surgem as primeiras árvores (coníferas). Alguns lagartos se transformam em crocodilos e outros em dinossauros. Existem abelhas. No final desse período acontece outra grande extinção.

Período jurássico (entre 200 milhões e 146 milhões de anos)

Há mais ou menos 200 milhões de anos a Pangeia começa a se fragmentar. O período jurássico é dominado por répteis, em especial pelos dinossauros. O arqueópterix e os répteis voadores se desenvolvem. Há cerca de 200 milhões de anos surgem as tartarugas e também os roedores. Existem moscas, cupins, caranguejos e lagostas.

Período cretáceo (entre 146 milhões e 66 milhões de anos)

Alguns dos primeiros mamíferos são marsupiais. Existem cangurus primitivos há 136 milhões de anos. Já se pensou que os mamíferos só surgiram depois do desaparecimento dos dinossauros, mas as duas espécies conviveram por pelo menos 65 milhões de anos; os mamíferos no entanto não prosperaram. Agora já existem todos os principais grupos de insetos. Plantas com flores chegaram atrasadas, há cerca de 75 milhões de anos. Dinossauros aviários se transformam em pássaros.

A última grande extinção, fora a que está em curso, ocorreu há 65 milhões de anos, quando os dinossauros foram extintos. Embora as razões da maior parte das grandes extinções sejam conjeturais, o motivo dessa extinção é quase unânime. Em 1978 o geólogo americano Walter Alvarez (1940) e seu pai, o físico Luis Alvarez (1911-88), propuseram a ideia de que um cometa de 10 quilômetros de diâmetro tenha se chocado contra a Terra naquele período. Em maio de 1984 foram encontrados sinais de um cometa de 30 quilômetros de diâmetro caído na península de Yucatán, no México, há 64,4 milhões de anos, a maior colisão do sistema solar desde o final do último bombardeio. Ainda há quem apoie a teoria de que foi um vulcão que acabou com os dinossauros. Catástrofes globais interrompem períodos de estases evolutivas e limpa o nicho para a ocorrência de evoluções rápidas. A remoção dos dinossauros, assim como metade das outras espécies, permite que os mamíferos se desenvolvam, ainda que muitos dos que evoluíram mais cedo tenham se extinguido depois.

ERA CENOZOICA (ENTRE 66 MILHÕES DE ANOS E OS DIAS DE HOJE)

Período paleoceno (entre 66 milhões e 23 milhões de anos)

Não se sabe ao certo quando surgiram os primeiros mamíferos com placenta, mas indícios fósseis nos dizem que eles já estavam por aqui no início do período paleoceno. Análises de DNA poderiam indicar que houve um ancestral comum de todas as ordens placentárias entre 100 milhões e 85 milhões de anos. Sem fósseis que possam provar o ocorrido, essa previsão continua controversa. Os primeiros primatas surgem no início do período paleoceno. Mais uma vez, o relógio molecular do DNA indica que houve um ancestral comum muito antes, talvez em meados do Cretáceo.

Lebres e coelhos aparecem há 55 milhões de anos. O Himalaia começa a se erguer há 50 milhões de anos. A face da Terra parece reconhecível como a de agora, só que a Australásia está ligada à Antártica. Morcegos, ratos, esquilos e muitas aves aquáticas (inclusive garças e cegonhas) surgem nesse período, assim como musaranhos, baleias e os atuais peixes. Surgem também todas as principais plantas e as gramas.

Há cerca de 30 milhões de anos ou mais, as eras glaciais se tornam um aspecto regular da vida na Terra. As primeiras eras glaciais foram drásticas, porém esporádicas. Era glacial é um período em que existem camadas de gelo nos hemisférios Norte e Sul, o que significa que teoricamente ainda estamos numa delas.

Há 26 milhões de anos existem pradarias espalhadas pela América do Norte. Com a chegada dos pastos, desenvolvem-se animais que pastam, como cavalos, por exemplo. Macacos primitivos habitam as pradarias; e existem porcos, veados, camelos e elefantes.

Período neógeno (entre 23 milhões de anos e os dias de hoje)

Época miocênica (entre 23 milhões e 5,3 milhões de anos)

Os períodos são divididos em épocas. Agora que nos aproximamos da nossa época, podemos observar o tempo geológico mais de perto. Todas as modernas famílias de aves estão presentes. Muitos mamíferos evoluem para gêneros reconhecíveis nos dias de hoje: quanto às baleias, há o gênero cachalote. Surgem as algas marrons, também chamadas de algas marinhas, que permitem que novas espécies marinhas evoluam, como as lontras-do-mar. Existem cerca de cem espécies de macacos vivendo nessa época. Indícios moleculares sugerem que chimpanzés, gorilas e hominídeos começam a divergir entre 15 milhões e 12 milhões de anos.

O Mediterrâneo seca algumas vezes por um período de 1,5 milhão de anos: cerca de quarenta vezes nos últimos 6 milhões de anos. Esses detalhes não se encontram disponíveis para nós no passado mais remoto, razão por que nossa história parece ficar mais complexa ao nos aproximarmos da nossa época.

Época pliocênica (entre 5,3 milhões e 1,8 milhão de anos)

No início do Plioceno, o ancestral comum de seres humanos e chimpanzés se muda para a savana aberta. Nossos ancestrais bípedes começam a surgir entre 5 milhões e 3 milhões de anos.

Há cerca de 2 milhões de anos tem início a mais recente era glacial. Períodos interglaciais duram entre 60 mil e 100 mil anos e levam 10 mil anos para decantar. (Mais uma vez, esses detalhes não se encontram disponíveis no passado mais remoto.) No auge dessa era glacial, o gelo cobre uma área do planeta três vezes maior que a atual. O nível do mar cai cerca de 130 metros. Os períodos interglaciais dessa era do gelo poderiam ser fruto da ação do Himalaia como uma barreira para a circulação atmosférica. Conjetura-se também se esses períodos interglaciais não seriam resultado de pequenas alterações na órbita da Terra em torno de seu eixo, como num passado mais remoto, ou alterações na temperatura do Sol ou do efeito estufa.

Época plistocênica (entre 1,8 milhão e 11,8 mil anos)

Grandes camadas de gelo avançam e recuam pela América do Norte e Eurásia em locais abaixo do paralelo 40, até Denver e Madri. A temperatura varia muito nos últimos 900 mil anos. É sempre mais frio que agora, às vezes muito mais frio. As pradarias diminuem e existem desertos frios e secos. O mais recente período glacial começa há cerca de 70 mil anos, atingindo seu auge gelado há 21 mil anos.

Época holocênica (entre 11,8 mil anos e os dias de hoje)

No início dessa época o clima fica mais ameno. A espécie humana começa a prática da agricultura.

Ainda estamos saindo do último período glacial, o que em parte explica por que a calota polar do norte, o gelo da Groelândia e os glaciares alpinos estão derretendo. Mas no geral todos concordam que esse gelo está derretendo muito mais rápido do que deveria por conta da influência da espécie humana.

Atualmente existe 1,8 milhão de espécies conhecidas pela ciência. Existem milhões de espécies de micro-organismos sem denominação. As espécies vivas nos dias de hoje são uma minúscula fração se comparadas com as que já viveram.

* * *

A espécie humana surgiu por acaso a partir da vastidão do passado remoto e da multiplicidade de formas de vida que evoluíram. Nesse sentido, a história da complexidade evolutiva do Universo não tem nada a ver conosco. Então, será que perdemos nosso rumo em meio à diversidade da natureza? Será que ficamos sem endereço e sem privilégios? Não exatamente, ou ao menos ainda não. Somos a primeira espécie que conhecemos a ter o poder de descrever o mundo do qual fazemos parte. Isso realmente deveria nos tornar muito privilegiados.

12. Dentro e fora da África

Só de olhar eu sabia que o que tinha nas mãos não era um cérebro antropoide normal. Aqui nesse limo transformado em areia estava a réplica de um cérebro três vezes maior que o de um babuíno e consideravelmente maior que o de um chimpanzé adulto.[1]

Raymond Dart em 1925, ao segurar pela primeira vez o crânio do que seria mais tarde chamado *Australopithecus africanus*.

Será que existe razão para supor que a história de uma complexidade cada vez maior chame a nossa atenção para os seres humanos? Por que não para outras formas de vida — as bactérias, por exemplo — e até mesmo por que para as formas de vida? Temos a sensação de que o Universo evoluiu para estruturas mais complexas, mas não é fácil provar isso. O físico Eric Chasson observou: "A erva mais primitiva [...] é por certo mais complexa do que a nebulosa mais intrincada da Via Láctea". Mas, ainda que acreditemos que isso seja verdade, é difícil dizer por quê. Chasson propôs uma maneira de organizar uma hierarquia de complexidade baseada na quantidade de energia processada por um sistema em relação ao seu tamanho, seja uma erva, seja uma galáxia. Como é de supor, as ervas processam mais energia em relação ao seu tamanho do que as galáxias. Estratégias como essas nos permitem acreditar que o cérebro pode estar na verdade entre as estruturas mais complexas do Universo, ao menos até onde sabemos. Existem até razões para supor que o cérebro humano — um sistema de cerca de 100 bilhões de neurônios em que cada neurônio é ligado a até 10 mil outros neurônios — é o maior ou quase o maior cérebro de um ser vivo comparado ao tamanho do corpo, ainda que a rigor esse prêmio poderia ser do musaranho.

A própria existência dessa história se deve ao fato de nós, seres humanos, a estarmos contando. Precisamos pensar para poder descrever o mundo, e pensamentos pertencem à mente, que como materialistas acreditamos ser uma propriedade emergente do cérebro. Se o cérebro é uma parte indissociável da história do desenvolvimento da complexidade, podemos nos sentir justificados em relacionar essa história com a do aumento do tamanho do cérebro de nossos ancestrais humanoides. Como copernicanos, queremos acreditar que existem por aí muitos outros contadores de histórias contando uma história parecida.

Tudo o que resta de nossos ancestrais humanoides é um modesto conjunto de ossos fossilizados. A maior parte dos poucos milhares de espécimes são lascas, muito raramente um crânio inteiro ou um esqueleto completo. E, desses poucos milhares, apenas algumas centenas serviram de base para os paleoantropólogos[2] elaborarem uma história da descendência humana. O fato de haver tão poucos indícios físicos para trabalhar faz que a engenhosidade e a imaginação, aliadas a uma grande dose de especulação, impulsionem a pesquisa nesse campo relativamente moderno da investigação científica.[3]

Os paleoantropólogos se interessam não apenas por fósseis de crânios e partes de crânios, mas também pela pélvis e por partes da pélvis. Estas contam a história do aumento do tamanho do cérebro e da bipedalidade.

As lacunas dos registros fósseis são ainda mais claras e impeditivas agora que nosso enfoque se afunila para as poucas dezenas de milhões de anos que acompanham o desenvolvimento dos seres humanos a partir dos primeiros primatas. Nas últimas décadas, os indícios fósseis foram suplementados por amostras de DNA, que começam a ajudar a preencher algumas lacunas. As amostras de DNA não costumam ser retiradas de fósseis,[4] por isso até o momento sabemos mais sobre nosso parentesco com outras espécies vivas[5] do que com muitas espécies humanoides que sobreviveram apenas como ossos fossilizados ou não sobreviveram de modo algum. Mas isso está mudando. Em 2006, no nordeste da Espanha, foi descoberta a primeira medula óssea fossilizada preservada nos ossos de sapos e salamandras de 10 milhões de anos. Nem sempre os ossos são totalmente petrificados no processo de fossilização, e em alguns raros casos, como esse, tecidos podem ser preservados dentro de ossos parcialmente petrificados. É possível que pudéssemos fazer novos achados desse tipo se reexaminássemos as atuais coleções, embora os curadores se mostrem relutantes em abrir suas peças raras, mesmo diante da perspectiva de descobertas ainda mais raras.

A partir das diversas técnicas disponíveis nos dias de hoje, diz a história que em algum momento entre 100 milhões e 65 milhões de anos um primata semelhante a um lêmure evoluiu a partir de um ancestral insetívoro. Há cerca de 25 milhões de anos esse nosso lêmure ancestral começou a se diversificar em primatas símios: símios do Velho Mundo, símios do Novo Mundo e macacos. Os homens descendem deste último ramo: os macacos. Há mais ou menos 19 milhões de anos os macacos se subdividiram em inferiores e superiores. O gibão, por exemplo, é um macaco inferior. Macacos inferiores ou superiores e todos os seus parentes extintos são chamados hominoides. Houve períodos em que existiam dezenas de hominoides. O orangotango é o único sobrevivente dos grandes macacos asiáticos. Há indícios moleculares de que o orangotango se diferenciou de um ancestral comum aos macacos africanos entre 12 milhões e 16 milhões de anos. Os indícios fósseis não podem nos ajudar aqui, pois os registros fósseis desaparecem da África há cerca de 16 milhões de anos, sendo reencontrados há 5-6 milhões de anos. Nesse ínterim, surgem fósseis de grandes macacos na Europa e na Ásia. Supõe-se que os macacos superiores continuaram a evoluir na África e que talvez o solo ácido da floresta tropical não seja um ambiente adequado para a formação de fósseis. Uma proposta bem menos popular porém alternativa é que os grandes macacos saíram da África para continuar evoluindo na Europa e na Ásia antes de retornar à África, onde a história continuou. Seja como for, todos os fósseis de hominídeos datados dos últimos milhões de anos foram encontrados na África, o que indica que nossa origem está naquele continente, como Darwin tinha imaginado.

Os grandes macacos africanos deram origem a apenas três sobreviventes: chimpanzés,[6] gorilas e seres humanos, um grupo (incluindo seus parentes extintos) chamado hominoides. Existem duas espécies sobreviventes de chimpanzés: o *Pan troglodytes*, ou chimpanzé comum, e o *Pan paniscus*, conhecido como bonobo (ou chimpanzé-pigmeu). Infelizmente, não existem indícios de chimpanzés nos registros fósseis.

A biologia molecular nos diz que seres humanos e gorilas divergiram há 8-6 milhões de anos, e seres humanos e chimpanzés talvez há 7 milhões de anos.[7] Os inúmeros ancestrais bípedes que divergiram dos ancestrais dos gorilas e chimpanzés são chamados de homínidas.

Os seres humanos são os únicos sobreviventes do gênero *Homo*. São também os únicos sobreviventes da espécie *Homo sapiens*, e os únicos membros da subespécie *Homo sapiens sapiens*. Os neandertalenses pertencem à subespécie *Homo sapiens neanderthalensis*, mas talvez seja mais apropriado dizer que pertencem a uma espécie distinta, *Homo neanderthalensis*.

Para separar essas bonecas russas os paleoantropólogos às vezes precisam decidir se um fóssil é mais parecido com um macaco (o que significa ser mais parecido com chimpanzés ou gorilas) do que com um homem, e às vezes essas diferenciações são um tanto quanto arbitrárias. A semelhança entre o homem e o macaco deve ter sido visível desde que homens e macacos se encontraram. Quando a rainha Vitória visitou Jenny, um orangotango fêmea em exposição em Londres em 1839, ela anotou em seu diário que a criatura era "assustadora, aflitiva e desagradavelmente humana". Talvez Jenny tenha ficado surpresa também. A rainha reconheceu um temor que nem mesmo a noção pré-darwiniana de que as espécies são definidas e criadas em separado conseguia aliviar. Para uma rainha, cuja própria existência depende da convicção na superioridade de sua linhagem, a proximidade que a repugnou deve ter sido ainda mais inquietante. Darwin também fez uma visita a Jenny, mas teve uma experiência diferente, tendo escrito em seu diário em termos desabridamente antropomórficos que ela parecia uma criança levada cheia de alegria. "O homem em sua arrogância se vê como uma grande obra [...] Eu e outros mais humildes acreditamos mais verdadeiro considerá-lo criado a partir de outros animais." Essa resposta ao impacto visceral de estar na presença de um parente distante foi registrada vinte anos antes de publicação da sua teoria da evolução.

O mais antigo ancestral homínida não pode ser encontrado nem mesmo entre os competidores conhecidos. Fósseis de *Sahelanthropus tchadensis* remontam a 7 milhões de anos. Alguns entendidos o citam como o mais antigo ancestral do gênero *Homo*, mas isso se baseia na suposição de que chimpanzés e seres humanos divergiram há mais de 7 milhões de anos, e não há 5 milhões, como a análise molecular poderia sugerir. Se considerarmos a data mais recente, o *Sahelanthropus tchadensis* pode muito bem ser o ramo que deu origem aos chimpanzés e não aos seres humanos. Da mesma forma, um fóssil de *Ardipithecus ramidus kadabba* datado de 5,8 milhões a 5,2 milhões de anos deve pertencer ao ramo dos chimpanzés e não ao dos seres humanos. O mesmo já foi dito do *Orrorin tugenensis*, outro exemplo de homínida ancestral, também provavelmente pertencente ao ramo dos chimpanzés e dos gorilas. O *Orrorin tugenensis* viveu há 6,1-5,8 milhões de anos.

De maneira geral, há consenso de que os seres humanos são de algum ramo que descendeu de um gênero de homínida chamado *Australopithecus*, surgido há cerca de 4 milhões de anos.

Existem porém duas espécies de *Australopithecus*: os mais esguios (os antropólogos usam a palavra "gráceis") — que talvez se relacionassem mais de perto com nossos ancestrais — e os mais robustos, os parantropos (membros do gênero *Paranthropus*), com seus grandes molares mastigadores de plantas, que derivaram dos gráceis há cerca de 2,7 milhões de anos e se extinguiram pouco mais de 1 milhão de anos depois, bem depois de os seres humanos terem surgido em paralelo.

Um gênero de australopitecinos chamado *Australopithecus afarensis* parece ter vivido há 4-3 milhões de anos e evoluído para diversos outros homínidas. O mais famoso *A. afarensis* é Lucy, também conhecida como AL288-1. Ela foi descoberta em 1974 na

Etiópia e seus ossos fossilizados remontam a 3,18 milhões de anos. Sua capacidade cerebral é de cerca de 380 a 430 milímetros, entre um quarto e um terço do tamanho de um cérebro humano.

O *Australopithecus africanus* tinha mais ou menos 1,2 metro de altura, e pela aparência dos ossos pélvicos e dos dentes parece ter sido mais parecido com o homem do que com os macacos, com um cérebro do tamanho do de um chimpanzé ou maior que o de um *A. afarensis*, com 485 milímetros. A linhagem do *A. africanus* é desconhecida, e também não se sabe para que lado terá evoluído, exceto que mais ou menos por essa época o *A. afarensis* estava desaparecendo, tendo afinal desaparecido há 2,5 milhões de anos.

Entre 2,5 milhões e 1,5 milhão de anos havia pelo menos cinco espécies de *Australopithecus* e de *Paranthropus* coexistindo na África, mas acredita-se que nenhuma teve participação direta na evolução do gênero *Homo*. Acredita-se que os seres humanos não tenham descendido diretamente de nenhum desses homínidas extintos. Todos são formas transitórias, e afirmar mais que isso é pura especulação: existem muitas lacunas nos registros fósseis. Parentes distantes, não ascendentes diretos, é o máximo que podemos afirmar que fossem. Só o que podemos dizer é que há cerca de 2 milhões de anos algum gênero de homínida, cuja existência talvez permaneça desconhecida de nós para sempre, evoluiu até o gênero que chamamos *Homo*.

A espécie mais antiga do gênero *Homo* conhecida pode ter sido o *Homo habilis*, batizado pelo arqueólogo queniano Louis Leakey (1903-72) em 1964. O tamanho do seu cérebro variava entre 590 e 650 milímetros, pouco maior que o cérebro dos australopitecinos. Considera-se que tenha surgido há 2,2 milhões de anos. Foram encontrados utensílios de pedra entre restos mortais do *Homo habilis* (embora a utilização de utensílios de pedra não seja característica apenas do gênero *Homo*, tendo sido registrada pelo menos 300 mil anos antes do *Homo habilis*). Sob outros aspectos, o *Homo habilis* é o menos parecido com o homem de todas as antigas espécies de *Homo*, e autoridades como o paleontólogo queniano Richard Leakey (1944) excluem o *Homo habilis* do gênero *Homo* (por conta do tamanho, dos braços muito longos e de outras características não humanas). Para eles, o nome correto é *Australopithecus habilis*.

Para aumentar a confusão, o *Homo rudolfensis* pode ter sido uma espécie anterior do gênero *Homo* (embora essa atribuição seja muito contestada) e da qual descenderia o *Homo habilis*. A classificação do *Homo rudolfensis* se baseia num único crânio e de início foi considerado exemplo de *Homo habilis*. Sua capacidade cerebral relativamente grande, de 752 mililitros, foi recalculada em 526 mililitros pelo antropólogo Timothy Bromage em 2007.

A escassez de registros fósseis ilustra a fragilidade de fazer qualquer enunciado nesse campo que possa ser considerado prova científica. Não que a ciência seja inexata, mas trata-se de um ramo da ciência que luta para tirar o melhor proveito dos poucos indícios existentes. Já foi dito, talvez de forma apócrifa, que alguns fragmentos ósseos foram dispostos em todas as permutações possíveis a fim de respaldar diferentes teorias. O paleoantropólogo John Reader observou de forma maldosa: "É notável com que frequência as primeiras interpretações de novos indícios confirmaram as concepções iniciais de seu descobridor". O que pode vir a justificar a observação de Nietzsche de que toda teoria é uma confissão particular. Até há bem pouco tempo, fósseis e utensílios eram a única forma de que dispúnhamos para datar nosso passado evolutivo, mas agora a análise de DNA começa a ajudar a consolidar as descrições científicas do passado arqueológico.

O *Homo ergaster* surgiu há cerca de 1,9 milhão de anos. Existe certa concordância em que afinal aqui está uma espécie que realmente pertenceu ao gênero *Homo*. Tinha um cérebro de cerca de 1000 mililitros, mais que o dobro do tamanho do *A. africanus*, e era bem parecido conosco. Isso não significa que o *Homo ergaster* era um ancestral direto, mas o que sabemos é que no período de 1 milhão de anos ou menos o tamanho do cérebro de alguns homínidas tinha pelo menos dobrado. O *Homo ergaster* desapareceu, talvez promovido à espécie *Homo erectus*, há cerca de 1,4 milhão de anos.

O esqueleto do Garoto de Turkana, descoberto em 1984 no lago Turkana, no Quênia, remonta a 1,6 milhão de anos, e é classificado alternativamente como *Homo ergaster* e *Homo erectus*. O esqueleto é de um garoto com onze ou doze anos de idade que tinha 1,60 metro de altura quando morreu. Considera-se que, se tivesse vivido mais tempo, teria chegado à altura de 1,85 metro.

O *Homo erectus* conviveu com o *Homo ergaster*, e a ele sobreviveu, dominando a Terra por 1 milhão de anos. (O *Homo ergaster* pode ter evoluído até o *Homo erectus*.) Há mais ou menos 1,5 milhão de anos, o *Homo erectus* sai da África, sendo talvez a primeira espécie do gênero *Homo* a migrar para fora do continente e se disseminar por todo o mundo. Espécimes de fósseis famosos do *Homo erectus* incluem o Homem de Java, encontrado na Indonésia, e o Homem de Pequim, encontrado na China. No entanto, desde os anos 90 pairam dúvidas até mesmo sobre essa teoria.

Fósseis anteriores de espécies pertencentes ao gênero *Homo* estão começando a ser encontrados por toda a Eurásia: na Indonésia, na Geórgia e na Espanha, por exemplo. Alguns desses fósseis parecem ter sido predadores do *Homo erectus*. Se essa parte da história da África for confirmada, deve ter havido espécies pertencentes ao gênero *Homo* que partiram antes do que se pensava, ou então precisaremos de uma nova história. Para muitos cientistas, a Eurásia está substituindo a África como novo ponto quente onde a evolução humana prosperou.

Contudo, há cerca de 350 mil anos a história remete de volta à África, onde surge uma nova espécie pertencente ao gênero *Homo*, chamada *Homo heidelbergensis*. Algum tempo depois, parte da população migra e se transforma no *Homo neanderthalensis*, conhecido popularmente como Homem de Neandertal. Algumas autoridades chamam os Homens de Neandertal de *Homo sapiens neanderthalensis*,[8] mas em 1977 havia indícios de que os Homens de Neandertal eram bem diferentes dos seres humanos em termos genéticos, e por isso não parecem ser da mesma espécie nem ter sido ancestrais diretos.[9]

Entre 150 mil e 200 mil anos a história mais uma vez retorna à África, onde uma população de alguma espécie desconhecida do gênero *Homo* evolui para o *Homo sapiens*. Estima-se que os mais antigos restos fossilizados do *Homo sapiens* remontem a 130-195 mil anos, os chamados vestígios do Omo, por conta do rio Omo, na Etiópia, onde foram encontrados. Houve diversos achados de vestígios humanos no Oriente Médio que remontam a 100 mil anos, mas essas populações parecem ter se extinguido ou retornado à África. Os vestígios fósseis mais antigos de um homem moderno depois desse foram encontrados em Mungo, na Austrália, e remontam a apenas 42 mil anos.

Os paleontólogos nos dizem que a espécie humana surgiu na África, e sem dúvida todos os mais antigos espécimes humanos fossilizados foram encontrados na África. Os biólogos moleculares ajudam a confirmar esse cálculo. Todos nós portamos dois tipos de DNA em cada célula: existe o DNA contido no núcleo e um DNA diferente, chamado DNA mitocondrial, fora do núcleo. O DNA mitocondrial permanece inalterado a não ser que haja uma mutação genética de uma geração para outra. Ao contrário do DNA do núcleo, que é dividido em dois de uma geração para a seguinte, o DNA mitocondrial é quase todo herdado da mãe. Calculando-se o desvio mutacional ocorrido no DNA mitocondrial da população do mundo, tem sido possível, a partir do cálculo das mutações no DNA mitocondrial, dividir a população do mundo em uma série de clãs maternos. Como irmãos que partilham a mesma mãe pertencem ao clã dessa mãe, podemos relacionar todos os primos que partilham a mesma avó, todos os descendentes que partilham a mesma bisavó, e assim por diante. Os 6,5 bilhões de habitantes do planeta podem ser organizados em apenas 33 clãs maternos, dos quais 13 estão na África. E esses clãs também convergem para um único clã e uma única mãe, que teria vivido na África há 150 mil anos.

O desvio no DNA nuclear também acrescenta algo mais a essa história. Embora os seres humanos sejam parentes próximos dos gorilas e dos chimpanzés, uma comparação do desvio do DNA entre esses diferentes hominídeos revela uma diferença chocante. Enquanto populações separadas, gorilas e chimpanzés não são diversificados em termos geográficos, mas o são em termos genéticos. Mas os seres humanos, que se espalharam pelo planeta, têm uma relação genética próxima entre si. A conclusão parece ser que todos os nossos ancestrais se extinguiram, com exceção de um único grupo do qual todos os seres humanos existentes são os atuais descendentes. Esse grupo não era maior do que algumas centenas de pessoas vivendo numa única região do mundo há cerca de 50 mil anos, talvez até antes. Pensa-se que esse grupo vivia na África Oriental, e de lá partiram juntos para migrar para o nordeste, contornando ou cruzando o delta do Nilo ou — mais discutível — através do mar Vermelho. O mar Vermelho era 70 metros mais raso há 50 mil anos, e também mais estreito que hoje. Esse pequeno grupo prosperou e seus descendentes povoaram todo o resto do mundo por um período de dezenas de milhares de anos, substituindo e não se miscigenando com outras espécies do gênero *Homo* que encontraram. O problema dessa teoria, embora seja bem aceita entre as teorias modernas, é não conseguir explicar os relatos de descobertas recentes de que existem ainda hoje populações aborígines com um DNA diferente, o que mostra que elas não têm os ancestrais comuns partilhados pelo resto do mundo.

Só nos últimos 40 mil anos, em processo que demorou 15 mil anos, o homem moderno se espalhou até a região que hoje chamamos Europa, vindo do Levante ou — mais discutível — da Índia.[10] Tudo indica que os seres humanos povoaram a Austrália bem antes de chegar à Europa. Os indícios que respaldam a ideia de assentamentos anteriores na Austrália são o súbito e misterioso desaparecimento de todos os animais com mais de 100 quilogramas na Austrália, o que aconteceu há cerca de 50 mil anos. Grandes e plácidos mamíferos teriam sido alvo fácil para os caçadores. Não existem provas reais de que a espécie humana tenha sido a causa dessas matanças, mas já existiam seres humanos por aqui quando ocorreram essas extinções em massa por todo o planeta. As Américas receberam seus primeiros visitantes humanos há mais ou menos 11 mil anos,[11] o que coincidiu com o abrupto desaparecimento de 70% de todos os grandes mamíferos da América do Norte. Depois de 33,7 milhões de existência, o tigre-dente-de-sabre se extingue há cerca de 9000 anos. Depois de 4 milhões de anos de existência, o mastodonte se extingue há 10 mil anos. O alce irlandês surgiu há cerca de 400 mil anos e foi extinto há 8 mil anos. O mamute, que ainda existia na época pliocênica, há 4,8 milhões de anos, se extingue em data recente, há 4,5 mil anos.

Não se sabe por que esse pequeno bando de *Homo sapiens* que saiu da África há 50 mil anos cresceu tanto, nem como substituíram outras espécies do gênero *Homo sapiens*. Não existem sinais de uso de violência, embora nossa natureza atual possa desmentir essa hipótese. Segundo um relato, reconhecido como mero palpite por parte da autora, a psicóloga americana Judith

Rich Harris (1938), o *Homo sapiens* caçava e comia o *Homo neanderthalensis*, considerando seu corpo mais peludo como prova de seu status animal.[12] O problema é que sabemos menos sobre os primeiros *Homo sapiens* do que sobre outras espécies do gênero *Homo*, e ainda menos do que sabemos sobre os Homens de Neandertal. Nos dias de hoje, o ponto de vista científico consensual considera o *Homo neanderthalensis* a última espécie do gênero *Homo* a ter convivido com a espécie humana. Há alguns anos foi sugerido que o *Homo floresiensis* seria mais recente, que há 12 mil anos ainda convivia com o *Homo sapiens*. As controvérsias quanto ao acesso aos indícios tornam essa afirmação ainda mais polêmica que o normal, mesmo nesse campo. O contra-argumento é que o indício fóssil não é de uma espécie em separado, mas sim uma indicação de nanismo ou de outras doenças. A mais recente população de Homens de Neandertal que conhecemos viveu na costa sul de Gibraltar e foi extinta há cerca de 30 mil anos.

Se o aumento do tamanho do cérebro é prova de maior complexidade em evolução no Universo, os neandertalenses foram o cume da criação até agora, ou ao menos entre os produtos da criação que conhecemos, já que tinham os maiores cérebros de qualquer espécie do gênero *Homo* conhecida até agora. Acredita-se que o Neandertal também fosse mais forte que nós.

Mas o tamanho do cérebro e a força podem não ter sido suficientes. A natureza não seleciona pelo mais cerebral, mas sim pelo mais apto. Nem mais apto significa o mais forte: significa mais capaz de se adaptar ao ambiente em que habita. O psicólogo britânico Nicholas Humphrey (1943) escreveu sobre uma espécie de macaco inteligente o bastante para partir uma noz muito difícil de abrir. Mas o interior da fruta por azar se revela venenoso. Nesse caso, os macacos mais aptos dessa população são os que não são inteligentes para conseguir chegar até o fruto.

Inúmeras mudanças culturais significativas parecem ter acontecido à população humana durante a época do último êxodo africano, ou antes. Enterros rituais e utilização do peixe como alimento parecem ter sido um dos primeiros universais culturais, como são chamados, algo partilhado por todas as tribos humanas mas não por nenhuma outra espécie. Mesmo quando os neandertalenses viviam perto de ricas fontes de peixe, não há evidências de que comiam esse animal. Tudo indica que enterros rituais e alimentação com peixe surgiram há mais de 110 mil anos no Levante. A arte é outro universal cultural. Escavações de 1991 na caverna de Blombos, na África do Sul, revelaram contas gravadas feitas de conchas. Com cerca de 75 mil anos, são os mais antigos exemplos de arte[13] já encontrados. Pinturas em cavernas são mais difíceis de serem datadas. Embora algumas possam ter até 50 mil anos, as mais antigas que puderam ser datadas têm 32 mil anos e se encontram na França.

O uso de ferramentas — quer dizer, ferramentas de pedra — por seres humanos e neandertalenses não pode ser discriminado antes dos últimos 50 mil anos. Na verdade, o uso de ferramentas permaneceu inalterado por alguns milhões de anos, mas de repente, há mais ou menos 50 mil anos, as ferramentas se tornaram tecnologicamente mais desenvolvidas. Ferramentas de ossos e de chifres também passaram a ser usadas.[14] É possível que a linguagem tenha começado a se desenvolver nos seres humanos nesse período, embora existam outras teorias, algumas das quais defendem que uma mudança gradual estaria em curso durante um período bem mais longo (talvez de até milhões de anos). Não há unanimidade quanto à capacidade de fala dos neandertalenses.

Ao longo de dezenas de milhares de anos subsequentes, os seres humanos modernos começaram a desenvolver outros universais culturais: religião, música, anedotas, o tabu do incesto e a culinária,[15] por exemplo. O conflito estratégico que chamamos guerra se desenvolveu a partir do conflito estratégico que chamamos jogo (ou vice-versa).

Ao que tudo indica, a civilização começou no Mediterrâneo, em particular no Levante. A tribo de caçadores e coletores nômades Kebaran, os primeiros seres humanos modernos em termos anatômicos, viveu ali de 18 000 a.C a 10 000 a.C e foi sucedida pelo povo de Nafutian.

Há cerca de 12 mil anos o clima mudou, e a cultura humana mudou para sempre. Em diversos lugares, mas talvez primeiro entre o povo de Nafutian, o clima mais ameno permitiu o início da agricultura. Lavouras eram cultivadas e animais foram domesticados. Foi a primeira vez que uma espécie começou a controlar o ambiente e o ecossistema. Ao selecionar algumas plantas e animais, a espécie humana começou a mudar o mundo para sempre.

13. Estamos aí

Doce é o saber que a natureza traz;
Nosso intelecto metediço
Deforma as formas belas das coisas:
— Matamos para dissecar.

Basta de Ciência e Arte;
Feche estas páginas inúteis:
Adiante-se e traga consigo
Um coração que vê e sente.

William Wordsworth, "Mesas viradas"*

E o resto é história.

A história chega ao fim quando encontra o presente, o ponto em que a história encontra o narrador da história. É no *agora*,

---

* Tradução de Luís Carlos Ascêncio Nunes em *A divina proporção*, de H. E. Huntley, Brasília, EdUnb, 1985. (N. T.)

esse eixo que liga o passado ao futuro, que nos encontramos. As leis da natureza, porém, descrevem um Universo diferenciado no passado e no futuro. No que tange ao destino do Universo, é difícil fugir da conclusão de que nada mudaria se a raça humana desaparecesse amanhã. James Lovelock previu que bilhões de seres humanos terão morrido até o final do século como resultado direto do aquecimento global, e que Gaia pode muito bem encontrar um equilíbrio para o planeta que impeça a vida humana. O biólogo americano Jared Diamond (1937) nos lembra que ao longo da história todas as sociedades que destruíram seus ambientes foram extintas, citando exemplos de civilizações que outrora prosperaram no leste da Islândia e na Groenlândia. Em algumas centenas de milhões de anos os continentes se juntarão, como já fizeram tantas vezes antes. Em 1 bilhão de anos o Sol estará 10% mais brilhante do que agora. Em 3 bilhões de anos o núcleo de ferro da Terra terá se solidificado. Em 5 bilhões de anos o Sol estará sem hidrogênio e se tornará uma gigante vermelha. Em mais alguns bilhões de anos nossa galáxia terá se fundido com a galáxia vizinha de Andrômeda. Em dezenas de bilhões de anos, os bilhões de galáxias que vemos hoje do ponto de vista da Terra (que até lá há muito será um habitat impróprio para a vida) terá se movido para além do horizonte do Universo visível. O céu noturno (o que quer que isso signifique no futuro) gradualmente se esvaziará até a escuridão total.

O destino do Universo a longo prazo é descrito pelas teorias mais avançadas da pesquisa científica atual. Essas teorias são sempre especulativas. O mais surpreendente talvez seja a grande divergência entre os destinos possíveis que o Universo pode tomar, e como são sensíveis a pequenas alterações em um pequeno número de parâmetros. O que será do Universo depende do quanto de massa e de energia escura existir, o que vai determinar o futuro ritmo de aceleração (ou desaceleração) do Universo. A Morte

Térmica (também conhecida como Grande Congelamento ou Big Freeze) parece ser o resultado mais provável. As estrelas se apagam. Galáxias se contraem em buracos negros e evaporam-se lentamente. O Universo se torna uma sopa de radiação que pouco a pouco se esfria em direção ao zero absoluto, a temperatura teórica em que os átomos se aproximam da ausência de movimento proposta pelo Princípio de Incerteza de Heisenberg. Um Universo que começou como radiação na mais alta temperatura possível, uma característica de seu mais remoto passado. Esse Universo seria dominado pelos buracos negros 10^{40} anos depois do Big Bang, e terá evaporado por inteiro depois de outros $1,7 \times 10^{106}$ anos. Depois disso será a Era da Escuridão, que dura para sempre.

Se as interpretações dos muitos mundos da física quântica for verdadeira, todos os destinos possíveis do Universo visível estão em jogo. E se existir o multiverso, do qual terá surgido o nosso Universo visível local, existirão muito outros universos (talvez um número infinito) que sobreviverão à morte deste aqui, universos nos quais as leis da natureza podem ser bem diferentes do que são aqui.

Embora o Universo descrito por essas rarefeitas leis físicas pareça indiferente à nossa presença, talvez ainda possamos deixar nossa marca nele. O ex-astrônomo real Martin Rees (1942) previu que a espécie humana conseguirá descobrir uma forma de rasgar o tecido do espaço-tempo, de abrir o Universo. Paradoxalmente, se conseguirmos destruir o Universo, será possível afirmar que provamos a nós mesmos que somos privilegiados de uma forma muito especial. Se ainda houver anticopernicanos para dizer alguma coisa, eles poderiam dizer: "Eu não falei?". Mas nem mesmo esse ato violento será conclusivo. A existência do multiverso significaria que teremos conseguido destruir a região local que chamamos Universo visível. Nosso ato seria reduzido à insignificância total. Mais uma vez, contemplar o Universo é o mesmo que estar em dois polos ao mesmo tempo: somos especiais e somos insignificantes. O método científico avança ao insistir na insignificância, mas continua descobrindo o privilégio. Para avançar, os cientistas são forçados a encontrar formas cada vez mais engenhosas de restabelecer nossa inconsequência, e por sua vez o Universo responde se recusando a repudiar nossa centralidade. Não está claro se esse jogo chegará a um fim. Mas ansiamos por uma resolução. Queremos acreditar que existe uma resposta final para terminar nosso questionamento. Acreditar que a ciência chegará a um ponto final é ansiar pela certeza de um fim; é acreditar que existem leis da natureza que descrevem o Universo, é acreditar que essas leis podem ser conhecidas.

Mas, em termos filosóficos, há algo inquietante em leis da natureza escritas na pedra. Ao questionar todas as certezas, por que a ciência deveria acreditar que as leis da natureza são eternas? Para Galileu e Newton, Deus criou as leis da natureza, e o trabalho do cientista era descobrir seu funcionamento. Nesse quesito, o método científico se originou de um sistema de convicções partilhado pelo monoteísmo: a existência de alguma coisa eterna e imutável no Universo. Foi John Wheeler, há trinta anos, quem passou a questionar o que queremos dizer com leis eternas, e suas ideias voltaram à moda. Ele especulava se no futuro não poderíamos descobrir que as próprias leis da natureza evoluíram. O que chamamos de leis pode ter começado como algo difuso e evoluído através de um processo de seleção natural até chegar às leis como as observamos hoje. Mas, se as leis da natureza evoluem pela seleção natural, onde fica a própria seleção natural? Será que a seleção natural se transforma na definitiva lei da natureza? Ou será algo mais, uma espécie de inevitabilidade lógica, talvez uma inescapável consequência de se contar uma história? Por enquanto, essas perguntas são para filósofos. Os materialistas pragmáticos estão preparados para esperar por respostas materiais.

As leis eternas não entendem o que significa falar do presente, do momento que chamamos *agora*. Se as leis da natureza são mesmo eternas, nossa percepção humana do presente deve ser uma ilusão. Um Universo de leis eternas não tem emendas. Tudo existe para sempre como uma teia interligada e inseparável de fenômenos. Einstein acreditava que suas teorias da relatividade descreviam essa realidade: que o passado e o futuro existem eternamente e que nossos egos não conseguem reconhecer esse fato. Um mês antes de sua morte, Einstein escreveu sobre a recente morte do velho amigo Michele Besso: "Agora ele partiu deste estranho mundo um pouco antes de mim. Isso não significa nada. Para nós, físicos convictos, a distinção entre passado, presente e futuro é apenas uma teimosa e persistente ilusão". Se essa for a natureza da realidade, poderíamos dizer que o tempo não flui, simplesmente é. O sentido da seta do tempo é uma ilusão da existência, um caráter emergente que vivenciamos na escala de tamanho que por acaso ocupamos no Universo, assim como é uma ilusão que tempo e espaço sejam separados, se é verdadeiro o conceito do *continuum* tempo-espaço de Einstein.

Se o momento presente não for uma ilusão, isso nos distingue com uma posição privilegiada. Nossa experiência do aqui e agora nos traz de volta ao contador de histórias. Para diluir esse privilégio, e propiciar algum consolo aos copernicanos, devemos torcer para que haja muitos outros contadores de histórias no Universo, espalhados pelo espaço e através do tempo, contando a mesma história. Mas, como observou Enrico Fermi, se alienígenas existirem, onde estarão? Será que devemos nos preocupar com o fato de nenhum deles ter entrado em contato, já que sua existência funciona tanto como defesa dos materialistas quanto contra o privilégio humano? Uma das razões de nunca termos sido visitados é a vastidão e a baixíssima densidade do espaço. Um modelo de computador elaborado pelo físico Rasmus Björk em

2007 prevê que em 10 bilhões de anos exploraríamos apenas 4% do Universo, mesmo se pudéssemos viajar a um décimo da velocidade da luz, uma velocidade bem além da nossa capacidade num futuro próximo, e talvez até para sempre. Pelo menos por enquanto, a história do mundo material permanece sendo apenas a nossa história. Começa com a descrição de um Universo simples demais para ser completamente apreendido, e termina com contadores de história complexos demais para serem totalmente descritos. Na balança, colocamos de um lado o Universo como um todo, e do outro o cérebro humano que o concebe. Se é alguma coisa do cérebro que parece nos garantir um privilégio no Universo, podemos nos perguntar se existe alguma separação significativa a ser feita entre o cérebro e o Universo. Em última análise, poderemos especular se existe alguma separação significativa a ser feita entre qualquer coisa. Só parecemos especiais porque não conseguimos fazer uma separação entre a história e o contador de histórias. Mas, como somos copernicanos e materialistas, a história continua, porque nos perguntamos: Quem está contando a história? E como poderiam ser outros contadores de histórias? Será que existe alguma coisa especial em nosso cérebro que permite aos seres humanos encontrar significado em símbolos e objetos e organizar passado e presente numa concepção de futuro? Se houver, então o que é essa alguma coisa?

A busca humana pela compreensão do mundo material ao nosso redor deve ter começado na Terra assim que a espécie humana se tornou consciente. Então o que queremos dizer como consciência?

Por mais de trezentos anos o método científico dividiu o mundo entre corpo e mente. A ciência ficou com o corpo e deu a mente e a alma para a religião. De um lado está o mundo dos valores subjetivos, da estética, da fé e da moralidade; do outro está a ciência. "A ciência ficou com a melhor parte do acordo", diz o biólogo britânico Rupert Sheldrake (1942), "pois ficou praticamente com quase tudo."

Embora a filosofia do dualismo de Descartes tenha mantido a máquina do corpo separada de uma mente que não consegue ser descrita pelas leis físicas, essa separação rígida não era sua intenção. Ele tentava defender a singularidade dos seres humanos no Universo: que só os seres humanos possuem essa mente misteriosa. Como a mente poderia interagir com o corpo foi um problema que ele não conseguiu resolver. Ele acreditava, incorretamente, que a glândula pineal era um ponto de encontro físico entre esses dois mundos. A concepção de mente de Descartes garante aos homens a espécie de privilégio que os copernicanos devem considerar detestável, mas ao negligenciar a mente por tanto tempo a ciência tem corrido o perigo de não conseguir explicá-la.

O neurobiólogo americano Roger W. Sperry (1913-94) argumentava que a consciência é uma propriedade emergente, assim como a propriedade de "cadeiridade" inerente à cadeira como a vemos no mundo visível, que desaparece quando observamos a cadeira de perto. Ao nos aproximarmos, vemos que as moléculas de que a cadeira é formada apresentam características que reconhecemos no mundo maior como sendo uma cadeira. Sperry, que foi o primeiro a descrever as funções distintas dos hemisférios esquerdo e direito do cérebro, afirmou que a consciência é assim: não é redutível a processos físicos, mas surge como consequência da complexidade no funcionamento do cérebro, mas que desaparece se essa complexidade física for removida.

O método científico tem tratado a mente e a matéria como pertencentes a mundos separados, mas a relação íntima entre o corpo e mente fica clara em todos os seres humanos existentes. Como escreveu certa vez Nietzsche: "O corpo é uma grande razão, uma multiplicidade com um único sentido, uma guerra e uma paz, um rebanho e seu pastor [...] Há mais razão no teu corpo do que na tua melhor sabedoria".* Até agora, os cientistas têm procurado a mente mais no cérebro que no corpo como um todo. Estudos recentes diretos de estados mentais começam a mostrar evidências de uma relação física entre o cérebro e aspectos do mundo que costumávamos separar como sendo do domínio da mente. Um estímulo elétrico do cérebro pode alterar (enquanto perdurar o estímulo) o sistema de convicções de um indivíduo; estudos realizados em monges budistas mostram que a meditação altera estruturas físicas do cérebro, e em taxistas londrinos a parte do cérebro relacionada com a memória é maior do que a da maioria de nós.

O que diferencia o cérebro humano do cérebro de um de nossos parentes mais próximos, o chimpanzé, é a capacidade de fazer conexões entre as células. Essa maleabilidade é peculiar a nós. Então aqui encontramos indícios de que a mente tem base material. Alguns cientistas, porém, começaram a cogitar — ainda que uma minoria — se o mundo é de fato o conteúdo da mente e não o contrário. "Para mim, a consciência e seus conteúdos são tudo o que existe", declara o filósofo cognitivo Donald D. Hoffman. "O espaço-tempo, a matéria e os campos nunca foram os ocupantes fundamentais do Universo, mas sempre estiveram entre os mais humildes conteúdos da consciência e dependentes dela para sua própria existência." A característica essencial das coisas materiais, de acordo com essa visão, é que são de alguma forma manifestações da consciência, uma conclusão a que Proust já tinha chegado e que se desenvolve em seu longo romance *Em busca do tempo perdido* (1909-22). "A imobilidade das coisas que nos cercam talvez lhes seja imposta pela nossa certeza de

---

* Tradução de Mário da Silva em *Assim falou Zaratustra*, Rio de Janeiro, Civilização Brasileira, 2005. (N. T.)

que essas coisas são elas mesmas e não outras, pela imobilidade de nosso pensamento perante elas."*

Mesmo se supusermos que a mente é uma propriedade emergente do cérebro, apenas nós, entre as formas de vida que conhecemos, dispomos de conexões neurais complexas o bastante para o tipo de consciência que surgiu em nós e que nos permite compreender o Universo. Poderíamos até perguntar o que significaria o Universo se não fosse observado por cérebros tão complexos como os nossos. "É impossível que exista uma realidade independente da mente que a conceba, a veja e a perceba", escreveu o matemático francês Henri Poincaré (1854-1912). "Mesmo se existisse, esse mundo seria totalmente inacessível a nós." Se não existir uma consciência que compreende o Universo, a grande apresentação, como definiu certa vez Schrödinger, se passa num teatro vazio. Será que a consciência é o Universo se tornando consciente de si mesmo pela primeira vez? Se assim for, mais uma vez isso deposita uma carga de privilégio no cérebro e em sua característica emergente da mente (se isso for de fato o que vemos como mente). O cérebro se torna o soberano numa descrição materialista do Universo. Ainda assim não é fácil separar o cérebro nem mesmo do resto do corpo físico que o contém, ligado como está ao sistema nervoso. Tudo indica que o corpo e o seu ambiente são inseparáveis. A percepção parece ser uma atividade dinâmica impossível de ser fragmentada. Em vez de ser separado do que vivenciamos, o próprio mundo físico se torna parte da experiência. Como diz Freeman Dyson, "A mente é tecida no tecido do Universo". Nós não estamos separados do mundo. O mundo físico é uma manifestação do ato de percebê-lo.

---

* Tradução de Mario Quintana. *Em busca do tempo perdido*, volume "No caminho de Swann", Porto Alegre, Globo, 1972. (N. T.)

Se o momento presente em que você lê este livro é real e não está previsto pelas leis da natureza, podemos considerar isso uma prova de que o método científico é incompleto e nunca descreverá exatamente a natureza da realidade. Os cientistas fazem medições com a convicção de que, se a medição condiz com a previsão feita pela teoria, isso quer dizer que estamos medindo um mundo lá fora que existe a despeito de nós. A partir da repetição da afirmação dessa realidade externa — a marca da fé dos cientistas —, a teoria se enriquece e as medições se tornam mais refinadas. A ciência é uma coleção de fatos e sacações que segue a pista de sua metodologia, ilumina o que chamamos de mundo material e define o que denominamos progresso. Não importa se a ciência descobre ou não a verdade. O sucesso é julgado em seus próprios termos, e é construído em mistérios profundos e não respondidos (o que é energia? O que é um campo?) que podem ser postos ao lado dos mistérios descobertos pelo artista, pelo filósofo e pelo místico. Os materialistas são tentados a olhar para um futuro em que enxergam mais sabedoria;[1] e os místicos para o passado, onde enxergam mais sabedoria. Mas, como preveniu Einstein: "Seja quem for que assumir o papel de juiz no campo da verdade e do conhecimento será naufragado pelas risadas dos Deuses". Felizmente, existem cientistas e artistas felizes por "não disputar ou afirmar, mas sim sussurrar resultados ao seu vizinho".[2] A fé se transforma em dogma quando existem lados opostos, e quando um dos lados insiste em ver a Verdade não vista pelo outro. E os dogmas conduzem à guerra: eu estou certo, você está errado, nós somos invencíveis, eles são o inimigo. A fé é a "substância das coisas que se esperam, a prova das coisas não vistas".[3] O dogma é a insistência em que o que não vemos está de fato aí. Um ponto de vista alienígena poderia não ter nada mais importante a nos dizer a não ser que o que nos serve pode não servir a outros. "Tente não brigar", dizemos a crianças brigonas, de uma perspectiva que não pode ser tão diferente da de um alienígena. Ciência e religião parecem estar em guerra há séculos. A história da ciência tem sido pontuada por uma série de conflitos com a Igreja, mas a forma como esses conflitos são interpretados é assimétrica. Observamos esses conflitos de forma retroativa, da perspectiva do que se tornou o método científico. Quando removeu a Terra do centro do cosmo, Copérnico deu início a um processo que precisa ser compreendido como o início histórico do método científico, não apenas como uma reação à Igreja. Por ter sido constituída dentro dessa metodologia, a ciência se preocupa com a noção de privilégio. Mas a ciência desvia a atenção de sua preocupação ao se propor como corretivo a uma ideologia à qual se opõe. É verdade que a Terra está no centro do cosmo de Aristóteles, mas a Terra aristotélica está também na base da pirâmide. É o lugar para onde caem as coisas terrestres — coisas que contêm as coisas degradadas da Terra. A Terra é literalmente o lugar das coisas caídas. Na cosmologia adotada pela Igreja, a Terra estava no centro físico do cosmo, mas esse não era um local privilegiado para se estar. A oposição da Igreja ao modelo de Copérnico não se devia ao temor de rebaixar a Terra. Foi o método científico que veio equacionar a centralidade física como um privilégio.

Em outro grande confronto, Darwin destruiu a noção de que a espécie humana está à frente de uma grande cadeia do ser; mas a noção de que a Terra e o reino animal existem para ser explorados por uma espécie superior está tão implícita no método científico como na doutrina judaico-cristã. Pode-se até dizer que a ciência ampliou esse território de exploração para incluir todo o Universo. Tanto as religiões monoteístas como a ciência têm por objetivo povoar o Universo, uma de forma mais explícita que a outra.[4] A ciência tenta e consegue tornar a vida mais confortável para alguns, mas também favorece um aumento da população e só parcialmente fornece os meios de provê-la, a um custo cada vez maior para o planeta. Com o tempo, a ciência espera povoar outros planetas no Universo. Na verdade, não poderia desejar outra coisa. A ciência e a religião aliviam o sofrimento no mundo, mas também aumentam o sofrimento no mundo. Se a religião com frequência é motivo para guerras, é a ciência que fornece formas cada vez mais sofisticadas de matar pessoas.

Quando nosso desejo é conquistar o espaço, qual pode ser a natureza desse desejo a não ser subjugar? A natureza resiste às nossas tentativas de descobrir seus segredos. São necessárias enormes quantidades de energia para chegar ao espaço cósmico, enormes quantidades de energia para romper a barreira do átomo. Incontroladas, tanto a ciência como o monoteísmo querem conquistar a natureza. Mas, se o nosso desejo é uma guerra contra a natureza, não deveríamos ficar surpresos ao descobrir que a natureza gosta de uma batalha.

Nós não conseguimos desvendar o mundo material, mas quem desejaria isso? O materialismo é a maior história já contada. Mas podemos tentar entender o que queremos dizer como mundo material e qual a nossa relação com ele. O materialismo é a história de um Universo cheio de significado, porém sem propósito. A despeito do que entendemos como significado, esse significado é um fenômeno local centrado em nós mesmos. Nós, que somos observadores humanos vivendo no aqui e agora, vivemos no meio do Universo; parece que vivemos no meio do caminho entre o que podemos ver e como podemos explicar as maiores e as menores coisas. Por isso não deveria surpreender que esse significado drene o Universo pelas suas bordas. Tem de ser assim. Somos nós que definimos essas bordas. O próprio significado é inseparável da nossa interação com o mundo. Um significado que não dependa de nós é insignificante. O Universo deve parecer e significar algo bem diferente visto da perspectiva de um átomo, digamos. Se conseguíssemos perceber as menores passagens do tempo, seria possível ver os processos nucleares em evolução. No outro extremo do espectro do tempo, uma diferente espécie de consciência poderia ver as plantas crescendo, planetas surgindo e desaparecendo, ou galáxias colidindo e se fundindo. Se a complexidade parece expressar-se de forma mais completa em corpos de tamanho médio, isso pode se dever apenas ao fato de pensarmos que somos esses corpos de tamanho médio. Quando olhamos para o horizonte, equivocamo-nos ao pensar que estamos no centro de tudo o que pesquisamos.

Se imaginarmos nosso Universo de 10^{80} partículas como uma máquina de processamento de dados (medidos em dígitos binários zero ou 1, conhecidos como "bits"), calcula-se que até agora foram processados 10^{120} bits de dados, e que existem ainda 10^{120} bits de dados a serem processados. Como máquina de processamento, podemos dizer que o Universo visível já está metade concluído. De outra forma, vivemos num Universo já decadente em termos de formação estelar, nos primeiros dias de seu longo declínio. Os cientistas se preocupam com o que será da vida humana depois do remoto fim da vida do Sol. Mas talvez *esse* seja o nosso tempo no Universo. A preocupação com o destino da espécie humana no fim dos tempos é um disfarce para este eterno terror: o da nossa própria mortalidade. Não nos preocupamos com os primeiros dias do Universo, quando não existíamos como seres humanos, assim como não nos preocupamos com a nossa não existência antes de nascermos. Então por que ficamos tão apreensivos com o que poderá nos acontecer nos confins do tempo, a não ser por uma esperança vã de controlar o destino do próprio Universo? Poderemos ser menos brutos com o Universo se entendermos que ele não está separado de nós. Por mais que tentemos, e seja qual for a forma como o descrevemos, somos inseparáveis do Universo. O Universo é portátil.

A possibilidade de ter um endereço no Universo depende do que queremos dizer com a palavra universo, o que queremos dizer com *o* Universo, e o que queremos dizer com *no* Universo. O lugar onde estamos no Universo também depende do que queremos dizer por *nós*. Como seres humanos, *somos* egos separados olhando para um mundo de coisas separadas. "Estou sozinho com a pulsação do meu coração." A ciência, no entanto, é uma experiência coletiva de mundo que torna o *nós* cada vez mais abrangente, e, ainda que a ciência também parta da premissa de que o mundo é feito de coisas separadas, seu progresso vem da unificação dessa separação em um universo de inseparabilidade. A ciência nos diz que existe um *nós* que descende de uma única mãe que viveu há 150 mil anos. Nosso DNA nos mostra que existe um *nós* que é todas as coisas vivas partilhando o mesmo código DNA: 3 bilhões de anos de evolução da vida. Mas por que parar aqui? *Nós* somos — todas as coisas são — tecidos a partir do hidrogênio primordial que preenchia o Universo há cerca de 14 bilhões de anos. E nem precisamos parar por aqui. *Nós* somos — todas as coisas são — uma radiação simétrica evoluída. E, antes disso, somos algo que está além de qualquer coisa que pudesse ter significado antes. Eu estou aqui. Você está aí. Nós somos tudo e estamos em toda parte. Eles são nós.

Desejar um endereço é o mesmo que desejar status. Mas a ideia de privilégio perde o sentido num mundo feito de uma só peça. Muitos cientistas não acreditam que a ciência consiga algum dia descrever o todo, mas a metodologia científica ao menos aponta em direção à unidade dos fenômenos que chamamos Universo. Em última análise, essa convicção não é muito diferente da apreensão direta da vida que chamamos misticismo, ou que de outras formas é o objetivo da vida de artistas, filósofos ou teólogos. Os cientistas dividem a realidade em pedaços e a estendem ao longo de uma linha chamada progresso. Para o artista e o místico, a realidade é um só pedaço, o tempo é circular e a palavra progresso não tem sentido: Picasso não é um avanço em relação a Ticiano (nem uma regressão). Mas, seja qual for a forma como examinamos a realidade, é tudo uma questão de observar e de ver. E, mesmo se a ciência conseguisse um dia descrever tudo o que existe, se todas as outras formas de busca da verdade não fossem negadas, a ciência, a arte, a religião e a filosofia acabariam se encontrando afinal. Como previu o astrônomo e físico Robert Jastrow (1925-2008): os cientistas que galgaram os mais altos picos podem, "ao chegar à pedra final, serem recebidos por um bando de teólogos que já estavam ali há séculos".

Num mundo moderno obcecado pela certeza e pelas coisas eternas, podemos aprender a viver na incerteza de um interminável progresso científico (sem por isso acreditar em um interminável progresso científico). Queremos acreditar que as coisas duram para sempre, seja amor, vida, Deus ou as leis da natureza. Mas a morte, como Freud sempre nos lembra, é a grande certeza. Talvez o máximo que possamos esperar é viver na incerteza pelo maior tempo que pudermos aguentar.

Notas

1. ORIENTAÇÃO (pp. 11-24)

1. Muito foi especulado a respeito dos pontos de vista religiosos de Einstein. Tudo indica que não acreditava em um Deus pessoal, mas sua visão pode ser mais bem compreendida a partir do que ele de fato falou. A palavra Deus está espalhada por seus escritos.

2. Já foi sugerido que podemos reduzir o aquecimento global injetando dióxido de enxofre na atmosfera superior, ou bombeando água fria desde o fundo do oceano até a superfície.

3. Da romancista inglesa nascida na Alemanha Sybille Bedford (1911-2006) em *A legacy* (1956).

4. Na verdade, ainda se pode fazer muita ciência em um galpão, mas a pesquisa das leis do Universo ficou muito cara.

5. Educar: das palavras latinas *e* (desde) e *ducere* (conduzir).

6. Como Gwendolen em *A importância de ser prudente* (1895): "Ah! Isso é, nitidamente, especulação metafísica; e, como a maior parte das especulações metafísicas, muito pouca relação tem com os fatos da vida real, tais como nós os conhecemos". [Tradução de Guilherme de Almeida e Werner Loewenberg, Rio de Janeiro, Civilização Brasileira, 1998.]

7. *New Scientist*, 23 de setembro de 2006.

8. Crise: um ponto de inflexão, um período de aflição. Do grego *krinein*, decidir.

2. 26 GRAUS DE SEPARAÇÃO (pp. 25-60)

1. Uma tonelada métrica é igual a 1000 quilogramas, não muito diferente da tonelada imperial.

2. No leste do Kentucky, ao que parece, a distância ao horizonte é chamada "*see*", ou seja, até onde o olho alcança.

3. Um bilhão é o equivalente a mil milhões. Os astrônomos se acostumaram a separar o vasto do mais vasto. Em geral, uma mudança de unidade ajuda. No dia a dia, normalmente usamos 1 milhão querendo dizer "bastante", ou descrevemos um acontecimento raro como um em 1 milhão. Os cientistas, especialmente os cosmólogos, tendem a usar 1 bilhão da mesma forma. Com frequência é uma abreviação para bastante quando se deseja informações mais exatas. Você pode ficar surpreso ao saber a frequência com que 1 bilhão é a resposta para questões cosmológicas.

4. Planetas são corpos astronômicos no sistema solar que orbitam o Sol e com massa suficiente para terem se transformado em objetos esféricos por força da própria gravidade. Nossa Lua poderia ser considerada um planeta se não estivesse sob a gravidade da Terra. Um planeta anão tem massa suficiente para ter sido arredondado pela gravidade, mas não para sair da área de pequenos corpos irregulares menores que planetas, chamados simplesmente pequenos corpos do sistema solar.

5. A luz da supernova de Kepler demorou muitas centenas de anos para chegar até nós, e hoje percebemos que a fonte não é mais tão brilhante. Só foi tão brilhante quando Kepler e outros a viram durante as primeiras semanas.

6. Nome dado em homenagem ao filantropo e ex-presidente da General Motors Alfred P. Sloan Jr. (1875-1966).

3. MEDIDA POR MEDIDA (pp. 61-78)

1. O filósofo irlandês George Berkeley (1685-1753) especulava se poderíamos dizer que uma árvore não observada existia. Em resposta, o arguto crítico, ensaísta e lexicógrafo inglês Samuel Johnson (1709-84) declarou: "Eu o refuto assim", e chutou uma pedra.

2. Como a Terra não é uma esfera perfeita, a distância seria ligeiramente diferente se fosse escolhida outra rota direta que não passasse por Paris.

3. São os filósofos, como Heráclito, que surgiram antes de Sócrates (c. 470--389 a.C).

4. Na introdução a *Who is it that can tell me who I am?*, de Jane Haynes (2007).

5. Marcel Proust, *Em busca do tempo perdido* (1909-22).

6. Thomas Mann, *A montanha mágica* (1924). [Tradução de Herbert Caro, São Paulo, Círculo do Livro, 1986.]

4. NÃO TEM NADA A VER COM VOCÊ (pp. 79-102)

1. John Gray, *Straw dogs* (2002). [Ed. brasileira *Cachorros de palha*, Rio de Janeiro, Record, 2005.]

2. Friedrich Nietzsche, *O nascimento da tragédia* (1872). [Ed. brasileira *O nascimento da tragédia*, São Paulo, Companhia das Letras, 1999.]

3. O *trivium* (onde três estradas se encontram e da qual também deriva a palavra trivial) eram a gramática, a retórica e a lógica. O *quadrivium* e o *trivium* juntos formavam as sete artes liberais.

4. O teorema de Pitágoras, como todo estudante sabe, diz que nos triângulos retos o quadrado da hipotenusa é igual à soma dos quadrados dos outros dois lados.

5. Por exemplo, uma corda pode tocar uma oitava acima se a dividirmos ao meio. Uma quinta é obtida dividindo a corda na proporção 3:2, e uma quarta, na proporção 4:3.

6. Cristóvão Colombo (1451-1506) ignorou a medição feita por Erastóstenes e outros, argumentando que a Terra deveria ser bem menor. Talvez ele nunca tivesse feito sua viagem se fosse convencido do contrário.

7. A palavra grega é *ostrakois*, que também significa telha. Então talvez tenham sido usadas telhas quebradas para esfolá-la. (Os gregos tinham um sistema pelo qual cidadãos eram expulsos por votação. Os votos eram escritos em telhas, por isso a palavra "ostracismo".)

8. Ele também pode ter sido o homem que introduziu o tabaco nas Ilhas Britânicas.

5. REPETINDO OS MOVIMENTOS (pp. 103-23)

1. O crítico literário americano Harold Bloom argumentou que Shakespeare nos "inventou" como seres humanos modernos. Será que podemos dizer o que significava ser humano antes de Shakespeare ter criado a linguagem da sensibilidade moderna? (*Shakespeare: The invention of the human*, Harold Bloom, 1998). [Ed. brasileira *A invenção do humano*, Rio de Janeiro, Objetiva, 2000.]

2. Na verdade a palavra "galáxia" vem da palavra grega para leite [*lactis*].

3. Se você não ouvir o efeito Doppler quando uma ambulância se aproximar, é porque a ambulância está vindo diretamente na sua direção. Seria uma boa ideia sair da frente.

4. É um pouco mais complicado que isso. As galáxias têm seus próprios movimentos, algumas estão se movendo em nossa direção enquanto outras se afastam. A questão é que, no todo, a expansão do espaço também está levando essas galáxias para mais longe de nós. Quanto mais distante for uma galáxia, mais nítido se torna o fenômeno, pois o movimento intrínseco da galáxia se torna menos significativo que a expansão do espaço.

6. A SAÍDA PELO OUTRO LADO (pp. 124-38)

1. Um nanômetro é um bilionésimo do metro, 10^{-9}.

2. Pudim de ameixa não é bem apropriado. O que se costuma esquecer sobre esse antigo modelo é que Thomson deu liberdade para que as cargas elétricas se movessem, uma liberdade vetada às ameixas de um pudim.

3. Um núcleo pode variar em tamanho de 10^{-15} metro de diâmetro (o núcleo do átomo de hidrogênio, que é um simples próton) a cerca de $1,5 \times 10^{-14}$ metro, para o núcleo de um átomo grande como o do urânio.

4. Para relaxar do trabalho, Feymann visitava bares de *striptease*, onde bebia Seven UP e rabiscava suas ideias num guardanapo em momentos de inspiração.

5. A cantora de música *country* americana Dolly Parton (1946) pode ser a única pessoa na história a ter seus dois nomes usados pela ciência. A primeira ovelha clonada, Dolly, criada a partir de tecido de um úbere, também teve seu nome inspirado na cantora.

7. LUZ SOBRE A MATÉRIA (pp. 139-79)

1. Einstein formulou a matemática envolvida na caminhada aleatória que o pólen faz na superfície da água, que acabou sendo o mesmo tipo de caminho que a luz do Sol faz entre as moléculas do ar na atmosfera da Terra. A razão de o céu ser azul, e azul em todas as direções, se dá pelo fato de a luz azul ser mais facilmente disseminada que as outras cores. Esse fato já era conhecido havia algum tempo, mas Einstein foi quem primeiro explicou o fenômeno em termos matemáticos.

2. Unidade usada para medir a radiação de energia no tempo.

3. Faraday especulou se os átomos não poderiam ser concentrações em linhas de um campo de força em vez de objetos físicos, uma ideia que parece revolucionária até hoje.

4. Raios catódicos são também jatos de elétrons, mas com menos energia.

5. A primeira tentativa importante de testar e explicar que espécie de realidade física a mecânica quântica representa foi discutida por Niels Bohr e Werner Heisenberg em Copenhagen em 1927. No mesmo ano, o trienal Congresso Solvay, promovido em Bruxelas, que tem o nome do industrial belga Ernest Solvay, também se dedicou à interpretação da física quântica. Dos 23 delegados, dezessete eram ou viriam a ser ganhadores de prêmio Nobel, e Marie Curie era a única duas vezes premiada. Foi nesse congresso que Einstein declarou, em relação ao Princípio da Incerteza de Heisenberg, que "Deus não joga dados", afirmação à qual Niels Bohr respondeu: "Albert, pare de dizer o que Deus deve fazer".

6. No final do século XX, a teoria do caos solapou o determinismo da mecânica clássica, da mesma forma como as leis dos gases no passado. A teoria do caos nos mostra que existem na natureza sistemas tão precisamente ajustados, como estamos começando a entender a duras penas, que as menores diferenças entre dois sistemas idênticos em todos os outros aspectos levam a resultados muito diferentes. A teoria do caos mostra que muitos sistemas naturais são descritos por equações matemáticas instáveis, que só na teoria são deterministas. O clima é um desses sistemas. Por mais que tenhamos sido precisos na descrição do clima em um momento específico, o tempo pode contradizer drasticamente nossa previsão, pois a menor imprecisão em uma das variáveis medidas pode levar a um resultado muito diferente. Esse efeito é conhecido como "efeito borboleta": por não levar em conta a perturbação do ar exercida pela borboleta, podemos não conseguir prever um subsequente furacão. O filósofo francês Blaise Pascal (1623-62) expressou uma ideia similar quando especulou como a história poderia ter sido diferente se o nariz de Cleópatra tivesse outro tamanho, e o historiador inglês A. J. P. Taylor (1906-90) ao refletir que, se a carruagem do arquiduque Ferdinando não tivesse entrado na rua onde ele foi morto, a Primeira Guerra Mundial não teria acontecido. Por um triz... mas a batalha foi perdida. As equações caóticas são deterministas; mas nos fazem pensar no que entendemos como determinismo. Acontece o mesmo na física quântica. Heisenberg nos diz que um átomo é imprevisível individualmente. Mesmo assim, os sistemas quânticos são descritos por funções ondulatórias deterministas, embora a própria realidade que descrevem seja em si imprevisível. Costuma-se dizer que o livre-arbítrio é impossível num mundo determinista, mas é como se o mundo fosse organizado de tal maneira que a *ilusão* do livre-arbítrio estivesse garantida. É a complexidade do mundo envolvido que torna essa ilusão atraente, como se a natureza estivesse determinada a nos salvar de uma crise existencial.

8. ALGUMA COISA E NADA (pp. 180-203)

1. Um elétron-volt é a carga de um elétron multiplicada por um volt. Pode também ser definido como a quantidade de energia necessária para acelerar um elétron a uma diferença de potencial através de um condutor de um só volt.

2. Na mecânica quântica o espaço e o tempo são rígidos como na mecânica newtoniana, não maleáveis como nas teorias da relatividade especial e geral.

3. Citada na revista *New Scientist*, 9 de dezembro de 2006.

4. A lendária história da invenção do xadrez, que teria sido na Índia há 1400 anos, mostra como dobrar repetidas vezes um número de coisas logo nos leva ao domínio do impossivelmente grande. Um camponês dá de presente o jogo que inventou (ou descobriu) ao imperador, que, muito satisfeito, pede ao camponês que solicite sua recompensa. O humilde camponês diz apenas que quer receber uma porção de arroz a ser medida pelos quadrados do tabuleiro, um único grão no primeiro quadrado e o dobro dos grãos para cada um dos 63 quadrados subsequentes. O imperador, que não devia ser bom de matemática, concorda na mesma hora; fica inclusive contente por pagar tão pouco. Sacos de arroz são trazidos e a porção começa a ser medida. Um grão, dois grãos, quatro grãos, oito grãos, e assim por diante. Trinta e dois grãos no sexto quadrado, 512 no décimo, mas a porção chega a 134 217 728 grãos no 28º quadrado. Imagina-se que a essa altura o imperador esteja furioso. Mas no último quadrado chegamos 2^{63} grãos, que podemos demonstrar ser mais do que todas as colheitas de arroz na história da Terra. Se você tiver paciência de fazer esse cálculo, 2^{63} equivale a 9 223 372 036.854 775 808, ou quase 10^{18} — 1 bilhão de bilhão de grãos. Mil grãos de arroz pesam cerca de 25 gramas, então são 40 mil grãos em um quilograma. Isso perfaz cerca de 230×10^{12} quilogramas, ou 230 bilhões de toneladas de arroz. Uma pequena pesquisa mostra que a produção total de arroz da China em 2005 foi de 31,79 milhões de toneladas. Se o mundo produzisse essa quantidade de arroz todos os anos, o último quadrado do tabuleiro equivaleria a 3000 anos de produção. Mas a produção de arroz devia ser mínima há um milênio e tem crescido exponencialmente nos anos recentes em função do aumento da população do planeta. Na verdade, as mudas de arroz de caule curto só passaram a existir depois do final da Segunda Guerra. Por isso podemos afirmar com confiança que a produção de arroz desde que a humanidade começou a plantar, há mais ou menos de 12 mil anos, é muito menor que a quantidade alcançada no último quadrado do tabuleiro.

5. Lembre-se de que não existe uma forma intuitiva para entender o que significa meio *spin*. *Spin* é uma dessas propriedades quânticas peculiares que apresentam uma espécie de relação com uma propriedade correspondente no mun-

do clássico, mas começam a se destacar de qualquer significado clássico quanto mais se incorporam ao peculiar mundo da física quântica.

6. Isótopos são átomos instáveis com o mesmo número de prótons no núcleo que a forma estável do átomo. É a contagem de prótons que determina as principais propriedades de um elemento.

9. VIVA O NASCIMENTO DAS ESTRELAS (pp. 204-24)

1. Um núcleo de hélio é idêntico a uma partícula alfa. Um jato de núcleos de hélio altamente energizados é o que chamamos radiação alfa. Um jato de elétrons de alta energia é o que conhecemos como radiação beta.

2. Em homenagem ao físico teórico austríaco Wolfgang Pauli (1900-58), que fez a descoberta.

3. Na verdade, estão muito mais distantes. O Universo tem 13,7 bilhões de anos, e em 13,7 bilhões de anos a luz percorre 13,7 bilhões de anos-luz. Mas o Universo é ainda maior que isso, pois temos de levar em conta o fato de o próprio espaço estar se expandindo, esticando o Universo de uma esfera com um raio de 13,7 bilhões de anos-luz para uma esfera de cerca de 40 bilhões de anos-luz. Na prática, quando os astrônomos falam da distância de antigos corpos astronômicos, essa expansão é deduzida, porém ignorada.

4. Em 2004 foi descoberto um enorme espaço vazio de 1 bilhão de anos-luz de diâmetro no espaço. É 40% maior do que qualquer outro espaço vazio descoberto até agora, e entre 30 a 45% mais frio que o resto do espaço. Conjetura-se que isso pode ser o indício de uma colisão com outro universo.

5. Da mesma forma que existe uma espécie de ruído associado ao Big Bang. Ondas de energia ressoam pelo Universo primordial como ondas de som se deslocando através de um meio, embora o meio nesse caso não seja o ar ou a água (uma moderna concepção da música das esferas, talvez).

10. VOLTANDO PARA CASA (pp. 225-46)

1. Apesar do grande número de nuvens de gás que se condensam pelo Universo, comparado com o número de nuvens existentes, esse ainda é um evento raro.

2. Quando falam de estrelas de segunda geração, os astrônomos se referem a qualquer estrela que não seja de primeira geração. Parte do material do nosso sol se origina de uma terceira etapa de formação estelar.

3. A Terra é a unidade local dos astrônomos, útil para comparar objetos de diferentes tamanhos no sistema solar. Mais uma vez, os alienígenas terão de escolher outra medida comparativa.

4. Cachinhos Dourados era exigente. A temperatura do seu mingau tinha de ser exata: nem muito quente, nem muito fria.

5. Há algum tempo a Terra, por sua vez, reduziu a rotação da Lua, de forma que a Lua e a Terra estão sincronizadas, a Lua sempre mostrando a mesma face. Na verdade a Lua, assim como a Terra, oscila em seu eixo, e por isso mostra um pouco mais que um lado. Com o tempo a Lua retribuirá o cumprimento e a Terra irá sempre mostrar o mesmo lado visto da Lua.

6. O matemático americano nascido na Hungria John von Neumann (1903-57) descobriu uma relação ainda mais peculiar entre o urânio e a espécie humana. Ele observou: "Se o homem e sua tecnologia tivessem surgido em cena muitos bilhões de anos antes, a separação do urânio 235 (crucial para a produção de bombas atômicas) teria sido mais fácil. Se o homem surgisse depois — digamos, uns 10 bilhões de anos depois —, a concentração de urânio 235 seria tão baixa que na prática não serviria para nada". Parece existir um delicado equilíbrio entre a época em que descobrimos os meios de aniquilar nossa espécie e a inteligência necessária para fazer essa descoberta. Pesando nessa balança está a pergunta que não quer calar: será que somos inteligentes o bastante para não nos aniquilarmos?

7. Não é tanta água assim: suficiente para encher uma piscina de 100 metros de comprimento, 30 metros de largura e 10 metros de profundidade.

8. A famosa avaliação de Walter Pater da obra-prima de Leonardo da Vinci em *The Renaissance* (1983).

11. COMEÇANDO PELO COMEÇO (pp. 247-89)

1. No livro de Dennett *Darwin's dangerous idea* (1995). [Ed. brasileira *A perigosa ideia de Darwin*, Rio de Janeiro, Rocco, 1998.]

2. No século VI a.C., Anaximandro imaginou que a vida tinha começado no mar por causa da semelhança estrutural visível entre o homem e o peixe.

3. Palavras do naturalista inglês T. H. Huxley (1825-94), conhecido como o buldogue de Darwin, por conta de sua feroz defesa da teoria da evolução. Talvez ele tenha sido o Richard Dawkins do seu tempo.

4. O processo é muito mais complicado do que faço parecer. Por exemplo, antes que possam ser lidas, as receitas são primeiro transcritas para outra molécula, relacionada com a molécula DNA e chamada de RNA. Mas na verdade não precisamos saber disso. Por essa razão me concentrei no essencial.

5. Excepcionalmente, os glóbulos vermelhos não contêm informação genética.

6. Foi estimado que existem cerca de 2^{2000} formas nas quais seres humanos podem ser expressos de formas diferentes. O maior número neste livro até agora.

7. O DNA não sobrevive a uma fossilização total. Mas já foram recolhidos DNAs degradados de animais preservados no gelo ou na lama. Ver também p. 292.

8. Ou o que costumava ser chamado de alga azul-esverdeada. Hoje em dia o termo alga se restringe a formas de vida mais complexas.

9. A Rodínia se partiu novamente há cerca de 750 milhões de anos.

12. DENTRO E FORA DA ÁFRICA (pp. 290-304)

1. Raymond Dart, *Adventures with the missing link* (1959).

2. Das palavras gregas *palaios*, "antigo" e *anthropos*, "homem".

3. Curadores de restos mortais sagrados, se é que existe tal atividade, devem enfrentar problemas semelhantes: como separar o genuíno do espúrio entre as relíquias ósseas do passado? As relíquias da Igreja Católica Romana são divididas em três classes. Relíquias de primeira classe são partes de corpos de um santo ou qualquer objeto diretamente ligado à vida de Cristo (a manjedoura e a cruz, por exemplo). João Calvino disse certa vez que, se tudo o que se alega ser parte da Vera Cruz fosse reunido, haveria material suficiente para construir um navio. No entanto, estudo realizado em 1870 revelou que todas essas relíquias combinadas pesariam menos de 1,7 quilograma. Uma segunda classe de relíquia é qualquer coisa com que um santo tenha tido contato durante sua existência (uma peça de vestuário, por exemplo), e a terceira classe é qualquer objeto que tenha tido contato com uma relíquia de primeira classe, talvez o manto que alguma vez envolveu o cadáver de um santo. A Igreja de São Pedro em Roma abriga quatro importantes relíquias, embora a Igreja não anuncie nenhuma delas, e essas mesmas relíquias podem ser encontradas em outros lugares: há um pedaço da Vera Cruz, a Santa Lança que perfurou a lateral de Cristo, a cabeça de santo André e o Véu de Verônica, um pano que mostra a imagem do rosto de Cristo. Espalhadas pelo mundo existem três cabeças de são João Batista, dois corpos do papa Silvestre, 28 polegares e dedos de são Domingos, o que cria um curioso problema para a taxonomia desse campo especializado. Certa vez visitei um museu em Siena onde importantes restos mortais sagrados eram cuidadosamente classificados, mas o que mais me chocou foram os vidros de ossos nos fundos da galeria, com um simples rótulo de "*Varie santi*", na falta de classificação mais definida.

4. O enredo do romance *O parque dos dinossauros*, de Michael Crichton (1990), é baseado na retirada de DNA de dinossauro não de fósseis, mas de sangue sugado por um mosquito jurássico encontrado preservado em âmbar.

5. Esse parentesco pode ser útil para rastrear a evolução humana. Podemos, por exemplo, seguir nossos ancestrais humanos até a África por meio de uma bactéria bucal chamada *Streptococcus mutans* (*New Scientist*, 18 de agosto de 2007).

6. Os chimpanzés são às vezes chamados símios; para sermos precisos, os símios nem sequer são macacos.

7. Não existe unanimidade quanto à época em que os chimpanzés divergiram. Pode ter acontecido há cerca de 8 milhões de anos.

8. É por essa razão que o homem moderno é designado de forma mais exata como *Homo sapiens sapiens*, mas não sabemos ao certo se houve alguma subespécie dentro dessa espécie.

9. Alguns registros argumentam que o *Homo erectus*, o Homem de Neandertal e o *Homo sapiens* se miscigenaram de formas complexas e que não houve uma substituição uniforme da anatomia das espécies anteriores pelos seres humanos modernos.

10. Recentemente tem sido discutido que o *Homo heidelbergensis* foi substituído pelo *Homo sapiens* na Índia há 70 mil anos. De lá, o *Homo sapiens* fez seu caminho pela Austrália e pela Europa entre os últimos 50 mil e 40 mil anos.

11. Há uma teoria controversa que sustenta que as Américas só foram povoadas há 33 mil anos.

12. Também já foi sugerido que os *Homo sapiens* são canibais.

13. A ave-do-paraíso pode fazer objeções. Mas estamos falando de arte consciente, mas aí teremos que perguntar o que queremos dizer com consciência.

14. Existem diversos achados que contrariam essa teoria. Lanças de madeira descobertas no final dos anos 90 numa mina de carvão em Schoemingen (100 quilômetros a leste de Hanover, na Alemanha) parecem remontar a 400 mil anos.

15. O fogo pode existir há 1 ou 2 milhões de anos, portanto a cozinha quase certamente precede essa época. A culinária deve ter começado a surgir nesse período.

13. ESTAMOS AÍ (pp. 305-20)

1. Embora o inventor americano Thomas Edison (1847-1931) esteja absolutamente certo em sua afirmação de que "não sabemos nem um milionésimo de um por cento sobre nada".

2. Em carta escrita pelo poeta inglês John Keats.

3. Hebreus 11:1.

4. O astrônomo americano Frank Drake (1930) chegou a calcular que a energia do Sol poderia manter 10^{22} almas humanas.

Bibliografia

BARNES, Jonathan. *Early Greek Philosophy* (Penguin Classics, 1987, revisado em 2001).

BARROW, John D. *The constants of nature* (Jonathan Cape, 2002).

BOHM, David. *Wholeness and the implicate order* (Routledge, 2002)

BRECHT, Bertolt. *Life of Galileo*, trad. John Willets, Ralph Manheim, org. (Penguin Classics, 2008). [Ed. brasileira *A vida de Galileu*, São Paulo, Abril Cultural, 1977.]

BROCKMAN, John, org. *What we believe but cannot prove* (HarperCollins, 2006).

BRYSON, Bill. *A short history of nearly everything* (Doubleday, 2003). [Ed. brasileira *Breve história de quase tudo*, São Paulo, Companhia das Letras, 2005.]

CADBURY, Deborah. *The dinosaur hunters* (Fourth Estate, 2000).

_____. *The space race: The battle to rule the heavens* (Fourth Estate, 2005)

CALAPRICE, Alice. *The quotable Einstein* (Princeton University Press, 1996). [Ed. brasileira *Assim falou Einstein*. Rio de Janeiro, Civilização Brasileira, 1998.]

CHARLESWORTH, Brian e CHARLESWORTH, Deborah, *Evolution* (Oxford University Press, 2003).

CHEETHAM, Nicholas. *Universe: A journey from Earth to the edge of the cosmos* (Smith Davies, 2005).

COLES, Peter. *Cosmology* (Oxford University Press, 2001).

CONZE, Edward. *Buddhist wisdom books* (Allen and Unwin, 1958).

COOK, Michael. *A brief history of the human race* (Granta Books, 2004)

DALAI-LAMA, Sua Santidade o. *The universe in a single atom* (Morgan Road Books, 2005). [Ed. brasileira *O Universo em um átomo*, Rio de Janeiro, Ediouro, 2006.]

DART, Raymond. *Adventures with the missing link* (Hamish Hamilton, 1959).

DARWIN, Charles. *On the origin of species* (John Murray, 1859). [Ed. brasileira *Origem das espécies*, Belo Horizonte, Itatiaia, 2002, e *A origem das espécies*, Rio de Janeiro, Ediouro, 2004.]

_____. *The descent of man* (John Murray, 1871). [Ed. brasileira *A descendência do homem e a seleção natural*. Rio de Janeiro, Marisa, 1933.]

DAVIES, Merryl Wyn. *Darwin and fundamentalism* (Icon Books, 2000).

DAVIES, Paul, *Other worlds* (J. M. Dent, 1980). [Ed. portuguesa *Outros mundos*, Lisboa, Edições 70, 1987.]

_____. *God and the new Physics* (J. M. Dent, 1983). [Ed. portuguesa *Deus e a nova física*, Lisboa, Edições 70, 2000.]

DAWKINS, Richard. *The selfish gene* (Oxford University Press, 1976). [Ed. brasileira *O gene egoísta*, São Paulo, Companhia das Letras, 2007.]

_____. *The blind watchmaker* (Longman, 1986). [Ed. brasileira *O relojoeiro cego*, São Paulo, Companhia das Letras, 2001.]

DELSEMME, Armand. *Our cosmic origins* (Cambridge University Press, 1998).

DENNETT, Daniel C., *Darwin's dangerous idea* (Simon and Schuster, 1995). [Ed. brasileira *A perigosa ideia de Darwin*, Rio de Janeiro, Rocco, 1998.]

DIAMOND, Jared. *Collapse: How societies choose to fail or survive* (Viking Books, 2005). [Ed. brasileira *Colapso: Como as sociedades escolhem o fracasso ou o sucesso*, Rio de Janeiro, Record, 2005.]

DRESSLER, Alan. *Voyage to the great attractor: Exploring intergalactic space* (Knopf, 1994).

ECCLES, John C. *The human mystery* (Springer, 1979).

ELDREDGE, Niles. *The triumph of evolution and the failure of creationism* (Henry Holt, 2000).

ELIOT, T. S. *Collected poems 1909-1962* (Faber and Faber Ltd., 1963); trechos de "The love song of J. Alfred Prufrock" e de "The waste land", citados com permissão do espólio de T. S. Eliot e da Faber and Faber.

FERGUSSON, Kitty. *The fire in the equations: Science, religion and the search for God* (Bantam Press, 1994)

FERREIRA, Pedro G. *The state of the universe* (Weidenfeld and Nicolson, 2006).

FEYNMAN, Richard P. *Surely you're joking Mr. Feynman* (W. W. Norton, 1985). [Ed. brasileira *O senhor está brincando, sr. Feynman?*, Rio de Janeiro, Campus, 2006.]

_____. *The meaning of it all* (Addison-Wesley, 1998). [Ed. portuguesa *O significado de tudo*, Lisboa, Gradiva, 2001.]

FISHER, Len. *Weighing the soul* (Weidenfeld and Nicolson, 2004).

FORBES, Peter. *The gecko's foot: Bio-inspiration, engineering new materials from nature* (Fourth Estate, 2006).

FORTEY, Richard. *The Earth* (HarperCollins, 2004).

GEE, Henry. *Deep time* (Fourth Estate, 2000).

_____. *Jacob's ladder* (Fourth Estate, 2004).

GLEICK, James. *Chaos* (William Heinemann Ltd., 1988). [Ed. brasileira *Caos*, Rio de Janeiro, Campus, 1989.]

_____. *Genius: Richard Feynman and modern Physics* (Little, Brown, 1992). [Ed. portuguesa *Feynman: A natureza do gênio*, Lisboa, Gradiva, 1993.]

_____. *Isaac Newton* (Fourth Estate, 2003). [Ed. brasileira *Isaac Newton: Uma biografia*, São Paulo, Companhia das Letras, 2004.]

GOULD, Stephen Jay. *Wonderful life* (W. W. Norton, 1989). [Ed. brasileira *Vida maravilhosa*, São Paulo, Companhia das Letras, 1990.]

_____. *Bully for brontosaurus* (W. W. Norton, 1991). [Ed. brasileira *Viva o brontossauro*, São Paulo, Companhia das Letras, 1992.]

GRANT, Edward. *Physical science in the Middle Ages* (John Wiley and Sons, 1971).

GRAY, John. *Straw dogs* (Granta Books, 2002).

GREENE, Brian. *The elegant universe* (Vintage, 2000). [Ed. brasileira *O Universo elegante*, São Paulo, Companhia das Letras, 2001.]

GRIBBIN, John. *Science: A history* (Allen Lane, 2002).

GUTH, Alan, H. *The inflationary universe* (Jonathan Cape, 1997). [Ed. brasileira *O Universo inflacionário*, Rio de Janeiro, Campus, 1997.]

HALDANE, John. *An intelligent person's guide to religion* (Duckworth Overlook, 2003).

HALL, A. Rupert, e HALL, Marie Boas. *A brief history of science* (The New American Library, 1964).

HAWKING, Stephen. *A brief history of time* (Bantam Press, 1988). [Ed. brasileira *Uma breve história do tempo*, Rio de Janeiro, Rocco, 1989.]

HAXTON, Brooks, trad., *Heraclitus fragments* (Viking, 2001).

HAYNES, Jane. *Who is it that can tell me who I am?* (prefácio de Hilary Mantel, intheconsultingroom.com, 2006).

HOFFMAN, Paul. *The man who loved only numbers* (Hyperion, 1998).

HUGHES, Ted. *Tales from Ovid* (Faber and Faber Ltd, 1997). Trecho citado com permissão do espólio de Ted Hughes e da Faber and Faber.

JASTROW, Robert. *God and the astronomers* (W. W. Norton, 1978).

JUNG, C. G. *Memories, dreams, reflections*, registrado e organizado por A. Jaffe (Collins, 1962)

_____. *Synchronicity* (1952; Princeton University Press, 1973). [Ed. brasileira *Sincronicidade*, Petrópolis, Vozes, 2001.]

KIRK, G. S. e RAVEN, J. E. *The presocratic philosophers* (Cambridge Univeristy Press, 1957).

KUHN, Thomas S. *The structure of scientific revolutions* (University of Chicago Press, 1962). [Ed. brasileira *A estrutura das revoluções científicas*, São Paulo, Perspectiva, 2003.]

MANN, Thomas. *The magic mountain*, trad. John E. Woods (Everyman's Library, 2005). [Ed. brasileira *A montanha mágica*, Rio de Janeiro, Nova Fronteira, 2006.]

MAY, Brian; MOORE, Patrick e LINTOTT, Chris. *Bang: The complete history of the universe* (Carlton, 2006).

MONOD, Jacques. *Chance and necessity: Essay on the natural philosophy of modern biology*, trad. A. Wainhouse (Collins, 1972). [Ed. brasileira *O acaso e a necessidade*, Petrópolis, Vozes, 2006.]

MORING, Gary F. *The complete idiot's guide to theories of the universe* (Alpha Books, 2002).

NEMIROFF, Robert J. e BONNELL, Jerry T. *The universe: 365 days* (Harry N. Abrams, 2003).

NEWTON, Roger G. *Galileo's Pendulum* (Harvard University Press, 2004).

NIETZSCHE, Friedrich. *The birth of tragedy*, trad. Shaun Whiteside (Penguin Classics, 1993). [Ed. brasileira *O nascimento da tragédia*, São Paulo, Companhia das Letras, 1999.]

_____. *Twilight of the idols*, trad. R. J. Hollingdale (Penguin Classics, 1990). [Ed. brasileira *Crepúsculo dos ídolos*, São Paulo, Companhia das Letras, 2006.]

OERTER, Robert. *The theory of almost everything* (Pi Press, 2006).

PANEK, Richard. *Seeing and believing* (Viking, 1998).

_____. *The invisible century: Einstein, Freud and the search for hidden universes* (Viking, 2004).

PENROSE, Roger, *The road to reality* (Knopf, 2004).

PHILLIPS, Adam. *Darwin's worms* (Faber and Faber Ltd., 1999).

POLKINGHORNE, J. C., *The quantum world* (Longman, 1984). [Ed. portuguesa *O mundo dos quanta*, Lisboa, Europa-América, 1984.]

POPPER, Karl. *The logic of scientific discovery* (tradução para o inglês: Hutchinson, 1959). [Ed. brasileira *A lógica da pesquisa científica*, São Paulo, Cultrix, 1972.]

POPPER, Karl R. e ECCLES, John C. *The self and its brain* (Springer, 1977).

PRIMACK, Joel R. e ABRAMS, Nancy Ellen, *The view from the center* (Riverhead Books, 2006).

PROUST, Marcel. *In search of lost time* (Allen Lane, 2002). [Ed. brasileira *Em busca do tempo perdido*, Porto Alegre, Globo, 1972.]

RAMSEY, Frank, *The foundations of Mathematics and other logical essays* (London, 1931).

RANDALL, Lisa, *Warped passages: Unravelling the mysteries of the universe's hidden dimensions* (HarperCollins, 2005).

READER, John, *Missing links* (Little, Brown, 1981).

REDFERN, Martin, *The Earth: A very short introduction* (Oxford University Press, 2003).

REES, Martin, *Just six numbers* (Basic Books, 2001). [Ed. brasileira *Apenas seis números*, Rio de Janeiro, Rocco, 2001.]

_____. *Our final hour* (Basic Books, 2003). [Ed. brasileira *Hora final: Alerta de um cientista*, São Paulo, Companhia das Letras, 2005.]

RICARD, Matthieu e THUAN, Trinh Xuan. *The quantum and the lotus* (Three Rivers Press, 2001).

RIDLEY, Matt, *Genome* (Fourth Estate, 1999). [Ed. brasileira *Genoma*, Rio de Janeiro, Record, 2001.]

_____. *Nature via nurture* (Fourth Estate, 2003).

ROLLINS, Hyder E., org. *The letters of John Keats* (Harvard University Press, 1958).

SEIFE, Charles. *Decoding the universe* (Viking, 2006).

SHELDRAKE, Rupert. *A new science of life* (J. P. Tarcher, 1982).

SINGH, Simon. *Big Bang* (Fourth Estate, 2004). [Ed. brasileira *Big Bang*, Rio de Janeiro, Record, 2006.]

SOBEL, Dava. *Galileo's daughter* (Fourth Estate, 1999). [Ed. brasileira *A filha de Galileu*, São Paulo, Companhia das Letras, 2000.]

_____. *The planets* (Fourth Estate, 2005).

SWAIN, Harriet, org. *Big questions in science* (introdução de John Maddox, Jonathan Cape, 2002).

TAYLOR, Timothy. *The prehistory of sex: Four million years of human sexual culture* (Fourth Estate, 1996).

_____. *The buried soul: How humans invented Death* (Fourth Estate, 2002).

WEINBERG, Steven, *The first three minutes* (Andre Deutsch, 1977, edição revisada, Basic Books, 1993). [Ed. portuguesa *Os três primeiros minutos do Universo*, Lisboa, Gradiva, 1987.]

WILBUR, Richard. *New and collected poems* (Faber and Faber Ltd., 1989). Trecho de "Epistemology" citado com permissão de Richard Wilbur e da Faber and Faber.

Durante a elaboração deste livro, consultei com frequência o recurso on-line Wikipedia, que tem seus detratores, mas entre os quais não me incluo. Descobri ser preciso e consistente, e estar sempre atualizado. Fiz uso de sites da web numerosos demais para serem citados, mas destacam-se entre eles a turnê pelas partículas elaboradas pelo Particle Data Group do Lawrence Berkeley National Laboratory (http://particleadventure.org/) e o site da NASA (www.nasa.gov). Tenho ainda uma grande dívida de gratidão com a revista semanal *New Scientist*.

Agradecimentos

Este livro estaria mais sujeito a erros não fosse a generosidade, assessoria e conhecimentos de Andrew Coleman, Stacey D'Erasmo, Peter Forbes, Meg Giles, Tim Hughes, Kate Jennings, Daniel Kaiser, Gerald McEwen, Hilary Mantel, Graeme Mitchison, Cynthia O'Neal, Richard Panek, Seth Pybas, Matt Ridley, Steven Rose, Simon Singh, Dava Sobel e Timothy Taylor, que leram este trabalho em algum estágio de sua gestação.

Escrever este livro teria sido uma experiência menos prazerosa, e talvez nunca tivesse ocorrido, não fosse o estímulo de Gillon Aitken, Jason Arbuckle, Thomas Blaikie, Carol Bosiger, Melanie Braverman, Bill Clegg, Hazel Coleman, Michael Cunningham, Michael Gormley, Courtney Hodell, Sarah Lutyens, Blue Marsden, Kathleen Ollerenshaw, Shabir Pandor, Molly Perdue, Beth Povinelli, Noni Pratt, Sally Randolph, Joyce Ravid, Jana Warchalowski e Cathy Westwood.

Sou eternamente grato ao meu agente Michael Carlisle.

O processo de publicação foi muito facilitado pelas contribuições de Stephen Appleby, Ethan Bassoff, Tess Callaway, Tim Duggan, Sue Freestone, Caroline Gascoigne, Eddie Mizzi, James Nightingale, Susan Sandon e Michael Schellenberg.

Este livro não existiria sem o amor e o apoio de Jane Haynes, James Lecesne, Peter Parker e Salley Vickers.

E, de forma mais óbvia, este livro não existiria se não fosse minha mãe, a quem este trabalho é dedicado.

Índice remissivo

Abraão, o patriarca, 81

Academos, 86

acádio, império, 89

aceleradores de partículas, 21, 75, 161, 164, 170, 189

adenina, 258, 262

Afonso x, rei da Espanha, 95

África: e as origens do homem, 290, 296-300

Agostinho, santo, 69, 90, 98, 191

agricultura: início da, 304

água: na Terra, 241, 243, 246; no espaço, 227

Akila, Groenlândia, 267

Alcibíades, 93

Aldebarã (ou Alfa Tauri, gigante vermelha), 46

Alexandre, o Grande, 89

Alexandria (Egito): biblioteca, 89, 90; fundação, 89

Alfa do Centauro A & B (estrelas), 45

alienígenas, 55, 65-8, 70, 117, 211, 241, 309, 328

alquimia, 91, 271

Alvarez, Luis, 285

Alvarez, Walter, 285

Américas: assentamento humano, 301

aminoácidos, 240, 259, 260, 262, 264, 265, 270

amor: formas de, 92

anãs brancas, 212

anãs marrons, 210

anãs negras, 210, 212

anãs vermelhas, 45, 54, 210

anatomia (animal), 252

Anaxágoras, 142

Anaximandro, 83, 328

Anaxímenes, 83

Andrômeda (M32), galáxia, 55, 108, 121, 306

animais: anatomia, 252; tamanho, 27; *ver também* formas de vida

341

anos-luz, 45
antimatéria, 160, 199
Apolônio de Perga, 95
aquecimento global, 306, 321; *ver também* efeito estufa
árabes: aprendizado e conhecimento, 49, 90, 91, 106
Archaea, 267, 268, 270, 271, 272, 273
Arcturus (estrela), 46
Aristarco, 96, 97
Aristóteles, 80, 85, 87-9, 94, 95, 97, 98, 99, 103-5, 107, 140, 160, 315
Arquimedes, 96
arroz; colheitas de, 326
arte: primórdios, 303
artrópodes, 280, 281, 284
árvores: tamanho, 28
Aspect, Alain, 178
Assíria, 89
asteroides, 37, 38
atmosfera: densidade, 31
átomos e atomismo: Demócrito, filosofia de, 85, 132; e campos de força, 165; e física quântica, 152, 258; e formação de estrelas, 206, 207; Einstein, julgamento da existência de, 149; estrutura, 136; modelo de Bohr, 153; modelo de Rutherford, 136; modelo do pudim de ameixas, 136; supostamente indivisível, 85, 132; tamanho, 127, 132, 133, 135
Aureliano, imperador romano, 90
Austrália: assentamento humano, 301
australopitecinos, 295, 296
azul (cor), 324

Babilônia, 80
bactérias, 129, 259, 266-70, 272-4, 290
Barnard, galáxia de, 45, 55, 56

Barrow, John, 225
Becquerel, Henri, 135, 168, 169
Beda, o Venerável, 248
Bedford, Sybille, 321
berílio, 214
Berkeley, George, bispo de Cloyne, 322
Besso, Michele, 309
Betelgeuse (supergigante vermelha), 47, 48, 49
Bíblia, 81, 101, 141, 248; como história, 81; composição (Velho Testamento), 86; e genealogia, 247, 248; história da Criação, 251
Big Bang, 77, 122, 123, 186, 189, 191, 193, 197, 198, 200, 202-5, 211, 216, 217, 219, 221, 223, 226, 271, 307, 327
biologia molecular, 130, 265, 275, 294
biota ediacarana, 279
Björk, Rasmus, 309
Bloom, Harold, 323
Boccaccio, Giovanni, 93
Boécio, Anício Mânlio Severino: *Consolatio philosophiae*, 91
Bohm, David, 177
Bohr, Niels, 152, 153, 158, 325
bombardeio pesado tardio, 234
Born, Max, 159
bóson (e campo) de Higgs, 170, 181, 192, 197, 198, 222
bósons, 170, 182, 192
Bostrom, Nick, 14
Boyle, Robert: *Dialogue on the transmutation of metals*, 92
braços em espiral (galácticos, galáxias de), 53, 225
Brahe, Tycho, 100
Brecht, Bertolt, 18

342

Broglie, Louis, sétimo duque de, 159
Bromage, Timothy, 297
Brown, Robert, 150
buckminsterfulereno, 131, 173
Buda, 86
Buffon, Georges-Louis Leclerc, conde de, 249, 253
Bumerangue, nebulosa do, 50
buracos negros, 52, 53, 57, 59, 118, 213, 217, 221, 307
Burgess Shale, 276
Burj Dubai, edifício, 29

Cabala, 84
cabeça de alfinete, 128
cães: ancestrais, 265
Calabi, Eugenio, 184
Calabi-Yau, variedade de, 184
calcário, 269
calendários, 69, 70, 82, 94, 95
calor, 151
Calvino, João, 329
camada de ozônio, 245
Cambriano, explosão do, 277, 278
cambriano, período, 278, 280, 281
campos: de força, 145, 146, 165; e a física quântica, 159, 161, 165-8, 170
Cão Maior, galáxia anã do, 51, 52, 54, 55, 56
caos, teoria do, 325
capitalismo, 19, 254
Caranguejo, nebulosa do, 49
carbonato de cálcio, 268
carbonatos, 268
carbonífero, período, 283
carbono: átomos, 131; distribuição de, 269; em estrelas de segunda geração, 228; formado, 209, 210, 214, 227

Carnivora (ordem), 252, 253
carvão, 181, 269, 284, 330
Casimir, efeito, 166
células: e os genes, 260, 261; núcleo, 273, 299; tamanho, 129
cenozoica, era, 286
cérebro: complexidade, 290, 291; desenvolvimento, 279, 302; e a mente, 312, 313; e o Universo, 310
César, Júlio, 70
césio, átomo de, 132
céus (como morada dos deuses), 124
Chandrasekhar, limite de, 212
Chasson, Eric, 290, 291
chimpanzés, 266, 287, 290, 293, 294, 295, 296, 300, 312, 330
China: e genealogia, 248; primeira civilização, 81
Chrysler, Walter, 29
Church, Miss (professora de matemática), 21
cianobactérias, 268
ciência: apelo da, 19, 20; como palavra, 74; crença na realidade e perspectiva universal, 65, 66, 67; e a descrição de objetos, 175; e a filosofia, 22; e a medição, 77, 93, 112, 143, 314; e descrições universais do mundo, 73, 74, 165; e entendendo o mundo material, 314, 315; e o provisório, 110, 214; e religião, 17, 93, 315, 319; história da, 79, 80; na escola, 20; perguntas e respostas, 13, 14, 15; teorias falsificáveis, 142
51 Pegasi, 46, 47, 235
cinturão de asteroides, 37, 231, 234
círculo: e a forma perfeita, 84, 87; e o movimento celeste, 87
citosina, 258, 262

civilização: origens, 80, 81
Clerk Maxwell, James, 148
clima: e a cultura humana, 304
cloroplastos, 274
CMB *ver* radiação cósmica de fundo em micro-ondas
COBE *ver* Cosmic Background Explorer
Colombo, Cristóvão, 323
cometas, 31, 39, 40, 41, 43, 230, 231, 232, 234, 241, 246, 285
computação quântica, 176
conchas, animais em, 269, 280
condritos, 240, 241
Confúcio, 86
Congresso Solvay, Bruxelas (1927), 325
conhecimento: e experiência pessoal, 76
consciência, 310, 311, 313
constante cosmológica, 118, 119, 122, 221, 222, 237
constelações, 47, 51, 96
Conze, Edward, 12
Copenhague, interpretação da física quântica de, 171, 177
Copérnico, Nicolau, 83, 96-101, 106, 107, 111, 113, 117, 236, 315; *De revolutionibus orbium coelestium*, 97
cores, 140, 148, 150, 324
corpo negro, problema da radiação de, 150
Corpus hermeticum (escritos), 92
Cosmic Background Explorer (COBE), 122
cosmo: como mundo, 82; e ordem, 84; *ver também* Universo
crescimento (biológico), 264
cretáceo, período, 285
Crichton, Michael: *Parque dos dinossauros*, 330

Crick, Francis, 258
cromodinâmica quântica (QCD), 168, 182, 199
cromossomos, 261
Curie, Marie, 325
Cuvier, George Léopold Dagobert, barão, 252
Da Vinci, Leonardo, 35, 140, 328; *Mona Lisa*, 246
Dalton, John, 133
Dante Alighieri, 93, 98
Dart, Raymond: *Adventures with the missing link*, 290
Darwin, Charles, 250-7, 263, 265, 275, 293, 294, 315, 328; *A descendência do homem*, 250; *A origem das espécies*, 251, 256, 257
Darwin, Erasmus, 253
darwinismo social, 254
Davy, Sir Humphry, 145
Dawkins, Richard, 276, 277, 328; *O gene egoísta*, 276
decaimento alfa, 168
decaimento beta, 169
decoerência, 174
Delsemme, Armand, 15, 190, 241
Demétrio, 89
Demócrito, 85, 86, 132
Dennett, Daniel: *A perigosa ideia de Darwin*, 250, 328
Descartes, René, 107, 108, 311
desvio para o vermelho, 120, 121, 203
determinismo, 177, 325
Deus: Leis de, 119, 308; natureza e ideia de, 17, 84, 321; *ver também* religião
deutério, 201, 202
Deutsch, David, 175, 176

devoniano, período, 283
dia: medição do, 70
Diamond, Jared, 306
dimensões: número de, 184
dinossauros, 27, 28, 281, 284, 285, 330
dióxido de carbono, 227, 243, 244, 268
Dirac, Paul, 159, 160
distância, 33, 34, 35, 36, 37, 38, 40, 42
DNA (ácido desoxirribonucleico), 129,
   132, 227, 258-66, 274, 286, 292,
   297, 299-301, 318, 328-30
dobro (de números e medidas), 38,
   210, 235, 298, 326
domos geodésicos, 131
Doppler, Christian, 120
Doppler, efeito, 120, 324
Drake, Frank, 331
Dressler, Alan, 16
Drexler, Eric, 131
Dyson, Freeman, 167, 313

$E = mc^2$, 115, 180, 181
eclipses: solar, 239
ecossistemas, 281
Eddington, Sir Arthur, 120
ediacarano, período, 278
edifícios: altura, 28, 29
Edison, Thomas, 330
Eduardo I, rei, 64
efeito estufa, 243, 244, 269, 281, 288;
   ver também aquecimento global
Egito (antigo), 81
Einstein, Albert: constante cosmológica, 221; contesta a existência do
   éter, 143; demonstra a existência
   dos átomos, 150; e a criação a partir do nada, 181; e o espaço-tempo,
   109, 111, 112, 113, 114, 115; equação $E = mc^2$, 115, 180; equações

relativísticas, 22, 114, 115, 158, 221;
   física quântica, 152, 176; no Congresso Solvay, 325; sobre a distribuição do Universo, 205; sobre a
   luz, 150; sobre a morte de Besso,
   309; sobre a natureza unificada,
   116, 164; sobre a verdade e o conhecimento, 314; sobre as equações de Maxwell, 148, 149; sobre
   Deus, 17, 321; sobre gravidade, 114,
   115, 118; sobre o movimento, 111,
   112, 123; sobre um mundo completo além do quantum, 176; teorias cosmológicas, 117, 118
Eldredge, Niles, 276
elementos: consistência e espectroscopia, 120; formados no espaço,
   210, 213; números, 132, 137
eletricidade: campos, 145, 146, 147; e
   a luz, 148; e o magnetismo, 145,
   146, 147, 148; positivo e negativo,
   144
eletricidade estática, 144
eletrodinâmica quântica (QED), 167
eletromagnéticas, força e radiação, 147,
   165-9, 198, 217
elétrons, 135-7, 152, 153, 162, 169,
   176, 183, 200-2, 207, 212, 219, 230,
   233, 239, 325, 327
elétron-volt, 326
Eliot, T. S., 180; "A terra desolada",
   180
Empédocles, 85, 87
energia: e a complexidade, 291; e massa, 180, 181; escura, 221, 222, 223,
   306; na física quântica, 188, 189,
   194, 198; negativa, 159, 160; no vácuo, 222; partículas como, 183
Enuma Elish (história de criação), 81

345

epiciclos, 95, 118, 143

Epopeia de Gilgamesh, 80

equação ondulatória de Schrödinger, 159

Era da Escuridão, 307

era do gelo, 288

era do hádron, 199

Eratóstenes, 89, 90

Eris (planeta anão), 40

erosão (de rochas), 256

esfera: na filosofia de Aristóteles, 87

espaço: conteúdo, 34, 125; e o tempo, 44, 108, 109, 111-5, 122, 139, 309; espaço-tempo, 113-6, 146, 181, 188, 197, 307, 312; infinito do, 109; *ver também* Universo

espécies (biológicas), 251; *ver também* formas de vida

espectro eletromagnético, 148, 163, 208

espectroscopia, 120

especulação metafísica, 321

espuma quântica, 194, 195

estrelas: como fontes de luz, 42, 208; formação e composição, 206, 207, 208, 214, 225, 226, 227; identificadas, 45; movimento, 46; tamanho e ciclo de vida, 208, 209, 210, 211, 213

estrelas de nêutrons, 49, 52, 115, 213

estromatólitos, 267

estrôncio, 169

éter, 140, 142, 143

éter (aristotélico), 88

eu: natureza do, 62

eucariotos, 274, 275, 280

Euclides, 89

Eurásia: e a evolução humana primordial, 298

Everett, Hugh, 175

evolução: e a genética, 264, 265, 275, 276; e ancestralidade, 266; e extinção, 249; humana, 291, 292, 293, 294; teoria da, 250, 253, 254, 256, 257

existência: no mundo quântico, 173, 174, 178

experiência: pessoal, 75

fanerozoico, éon, 280

Faraday, Michael, 145, 146, 165, 325

fenômenos: investigação científica dos, 75

Fermi, Enrico, 161, 200, 309

férmions, 182

ferramentas: primeiras, 296, 303

ferrugem, 268

feto (humano): tamanho, 127

Feynman, Richard, 22, 137, 154, 167

Ficino, Marsilo, 92

filosofia, 22, 33, 82-7, 91-3, 132, 133, 254, 311, 319; e os gregos antigos, 85

Fisher, Ronald, 257

física e mecânica quânticas: computação, 175; e a descrição da luz, 150, 151, 152, 153; e a existência, 173, 174; e a gravidade, 183, 186, 188; e a inflação, 193; e a multiplicidade das partículas, 160; e a multiplicidade dos mundos, 175, 179, 307; e a realidade, 157; e a relatividade geral, 186, 257; e comunicação instantânea, 178; e dimensões múltiplas, 184; e o movimento do elétron, 136; e o mundo clássico, 157, 171, 172, 173; e o mundo das coisas grandes, 186; e o paradoxo

EPR, 177; e o Universo, 193, 195, 196; *momentum* e posição das partículas, 156, 160; *quarks*, 161, 163; sobre energia, 188; *spin*, 162, 163, 200; teoria de campo, 163, 165, 166, 167

física quântica, 50, 136, 150, 152-4, 157-9, 171-2, 174-7, 182, 186, 188, 189, 190, 257, 258, 307, 325, 327

fissão nuclear, 208

Fizeau, Armand, 111

Florença: e a Renascimento, 92

fogo: utilização por seres humanos, 330

força eletrofraca, 170, 192, 198

força nuclear forte, 167, 168, 169, 182, 192, 198, 199, 200, 201, 233

força nuclear fraca, 169, 170, 182, 200, 233

formas de vida: classificação, 251, 252, 265; complexidade, 290, 291; desenvolvimento, 279, 280, 281, 282, 284, 285, 286, 287; e adaptabilidade, 272; e DNA, 263; e moléculas pré-bióticas, 227; e objetos inanimados, 130; extinções de espécies, 281, 282, 284, 301; multicelular, 275, 277; no Universo, 237; número de espécies conhecidas, 288; pequenas, 127, 128, 130; plantas, 282; respirando ar, 282; *ver também* homem

fósforo, 241

fósseis, 27, 249, 250, 252, 256, 265, 267, 275, 279, 282, 283, 286, 292, 293, 296-330

fotinos, 182

fotoelétrico, efeito, 150, 151

fótons, 152, 153, 167, 170, 182, 183, 198, 199, 202, 203

fotossíntese, 181, 268, 274

Fourier, Joseph, 249

Franklin, Benjamin, 144, 162

Franks, Felix, 242

Freud, Sigmund, 137, 254, 319

Friedman, Aleksandr, 119

Fuller, Buckminster, 131

fundamental: como palavra, 110

fusão nuclear, 201, 207, 227

Gacrux (ou Gamma Crucis; gigante vermelha), 46

Gaia (teoria), 269, 273, 306

galáxias: aglomerados, 57; anãs, 54, 55; conteúdo, 52; definidas e descritas, 42, 52, 54, 55, 56; e buracos negros, 53; e força gravitacional, 52, 54; formação, 216, 217; movimento, 121, 219, 222, 306

Galileu Galilei, 18, 71, 98-108, 111, 121, 125, 308; *De motu*, 103; *Discursos e demonstrações matemáticas sobre duas novas ciências*, 103

Galton, Francis, 254

Gámov, Gueórgui, 181, 191

gás: leis dos, 177, 206; na formação de estrelas, 206, 207, 226

Gell-Mann, Murray, 137, 165

genes, 257, 259, 260, 261, 263, 264, 265, 276

genes homeóticos, 264

genética, 257, 261, 264, 299, 300, 329

genoma, 259, 263

geometria fractal, 196, 217

gigantes vermelhas, 46, 47, 54, 209, 210, 212, 306

Gilbert, William, 83

Gisin, Nicolas, 178

giz, 268

Gliese 581 (estrela), 236

gluínos, 182

glúons, 168, 170, 198, 199, 231

Gödel, Kurt, 22

Gonduana, 281

gorilas, 287, 293, 294, 295, 300

Gould, Stephen Jay: *Vida maravilho-sa*, 276

Grande Atrator (galáxias), 108

"grande cadeia de ser", 251, 315

Grande Colisor de Hádrons (LHC), 164, 182, 183, 185

Grande Muralha (superaglomerado de galáxias), 58, 59

Grande Muralha da China, 33, 58

Grande Muralha de Sloan, 58

Grande Nuvem de Magalhães, 54

gravidade: descrição quântica, 183, 186, 188, 189; e a luz, 39, 123, 139, 165, 219; e a teoria da relatividade geral de Einstein, 114, 115, 118; e compreensão do Universo, 123; e massa, 206; efeitos, 116; na forma-ção de estrelas, 206, 207, 226; no espaço, 43, 56; poder da força, 187; repulsiva, 222; teoria de Newton da, 106, 107, 115, 142, 146

grávitons, 183, 186

Gray, John, 81, 323

Grécia (antiga): civilização e filosofia, 82; e a astronomia, 95

Gregório XIII, papa, 70

Gribbin, John, 134

Groenlândia, 267, 306

Grupo Local (de galáxias), 56, 57, 59, 108, 225

guanina, 258, 259, 262

Guilherme de Occam, 176

Guth, Alan, 192

hádrons, 199

Haldane, John Burdon Sanderson, 257

Halley, cometa, 40, 231

halos (galácticos), 53, 54

Harris, Judith Rich, 302

Hartle, James, 189

Hawking, Stephen, 17, 18, 20, 189

Haynes, Jane: *Who is it that can tell me who I am?*, 322

Heisenberg, Werner, 155-60, 168, 172, 307, 325

hélio: no Universo, 141, 201, 205, 207, 209, 214, 228; núcleo, 214

heliopausa, 42

hemoglobina, 260

Henrique I, rei, 63

Heráclito, 68, 69, 84, 322

Hermes Trismegisto (Thoth), 92

Herschel, William, 38, 39

Hertz, Heinrich, 148, 150

Hidra-Centauro, superaglomerado de, 58

hidrocarbonetos, 227

hidrogênio: no espectro, 120; no Uni-verso, 205, 209, 210, 215, 228; nú-cleo, 201, 207

Higgs, Peter, 170

Hiparco, 94

Hipátia, 90

hipergigantes (estelares), 49, 213

história, 305

história de criação, 81, 84, 119, 224, 248, 251

Hoffman, Donald D., 312

Holanda: invenção dos telescópios, 98

homem (seres humanos): clãs mater-nos e ancestral comum, 299, 300; complexidade, 290; dependência de bactérias, 273; destino, 317; e ex-

348

tinção de espécies, 301; formação genética, 261; influência como observador de objetos quânticos, 172; lugar no Universo, 318; mudanças culturais, 303; o objetivo de compreender o mundo material, 309; origens e evolução, 251, 289-300; tamanho, 26, 127

Homem de Java, 298

Homero, 82, 83, 93

homínidas, 294, 295, 296, 298

hominídeos, 287, 293, 300

hominoides, 293

Homo, gênero *ver* homem

Hooke, Robert: *Micrographia*, 125; sobre a luz, 140, 141

horizonte: distância, 29

Hoyle, Fred, 17, 32, 214, 270

Hubble, Edwin, 120, 121

Hubble, telescópio, 32, 50

Hughes, Ted: *Tales from Ovid*, 247

Hume, David, 62

Humphrey, Nicholas, 302

Hutton, James, 256

Huxley, Thomas Henry, 328

Huygens, Christiaan, 71, 140

I Ching, 84

Igreja cristã: como autoridade no pensamento espiritual e material, 93, 94, 95, 101; conflitos com a ciência, 315; e a teoria da evolução de Darwin, 251; e as descobertas de Galileu, 99, 100; e o humanismo, 93; e relíquias, 329

imortalidade, 13

Indo, civilização do vale do, 81

indutância, 145

inércia, lei da, 105

infinito: do espaço, 109

inflação, 193, 195, 196, 197, 198, 205, 262

Inquisição católica, 100, 101, 103

insetos: evolução, 284

interferência: na luz, 141

isótopos, 201, 208

Isótopos, 327

Jastrow, Robert, 319

Jó, Livro de, 86, 204

Jogos Olímpicos: fundação (776 a.C.), 82

Johnson, Samuel, 62, 322

Jorge iii, rei, 39

Joyce, James: *Finnegans Wake*, 137

Jung, Carl Gustav, 61

Júpiter (planeta), 38, 42, 99, 183, 229, 230, 231, 232, 235, 237

jurássico, período, 284, 330

Kaku, Michio, 116

Kant, Immanuel, 62, 69, 249

Kármán, Theodor von, 31

Keats, John, 18, 26, 331

Kebaran, tribo, 304

Kelvin, William Thomson, barão, 233

Kepler, Johannes, 50, 55, 100, 322

Kibble, Thomas, 162

King, Stephen, 26

Kuiper, cinturão de, 40, 41, 44, 230, 232, 234

Lamarck, Jean-Baptiste Pierre Antoine de Monet, cavaleiro de, 253

Lao Tse, 86

Laplace, Pierre-Simon de, 155, 231

Laurência, 281

Leakey, Louis, Leakey, Richard, 296, 297

Leeuwenhoek, Anton van, 125

Leibniz, Gottfried, 13, 69

Lemaître, George, 119, 120, 121

lentes, 98

léptons, 200, 201, 202

Leucipo, 85, 132

Lewis, Gilbert, 152

LHC *ver* Grande Colisor de Hádrons

Lincoln, catedral de, 28

Lineu, Carlos, 251

língua grega (e o Renascimento), 93

linguagem: desenvolvimento, 303

lítio, 201, 202

livre-arbítrio, 15, 325

logos, 84

Lovelock, James, 269, 306

Lua: condições, 244; crateras, 234; distância da Terra, 34, 238; efeitos no movimento da Terra, 238; idade das rochas, 246; origens, 233

Lutero, Martinho, 93

luz: como origem do Universo, 122; descrição material da, 139, 140, 147, 148, 149, 150, 151, 152, 170; e a física quântica, 150, 151, 152, 153; e a gravidade, 39, 219; e a matéria, 123; e matéria escura, 219, 220; e o efeito fotoelétrico, 150, 151; e o tempo, 113; teorias ondulatória e particular, 140, 141, 142, 143, 150; velocidade da, 44, 53, 67, 111, 112, 113, 114, 116, 143, 148, 149, 152, 164, 178, 180, 187, 196, 205, 310; visível, 147; *ver também* radiação

Lyell, Sir Charles: *Princípios de geologia*, 256

M, teoria, 184

macacos, 251, 287, 293, 294, 296, 302, 330

Mach, Ernst, 111, 133, 134

Magalhães, Fernão de, 54

magnetismo: campos, 145, 146, 147; e a luz, 148; e eletricidade, 145, 146, 147, 148

Makemake (planeta anão), 40

mamíferos: evolução, 285, 286; pequeno tamanho, 128

Mann, Thomas, 124

Mantel, Hilary, 75

Maomé, profeta, 91

mar *ver* oceanos

Margulis, Lynn, 274

Mars Climate Explorer, 64

Marte (planeta), 36, 64, 231, 233, 238, 239, 244

Marx, Karl, 19

massa: das partículas, 170, 198; e a gravidade, 106, 115, 206; e energia, 180; no Universo, 197, 306

matemática: características, 190; e a descrição da natureza, 76; e a mecânica quântica, 157, 158, 159; e a teoria da gravidade de Newton, 106; e a teoria da relatividade geral, 115, 116; natureza da, 20, 21; primórdios, 83

matéria e antimatéria, 198, 222

matéria escura, 220, 223

materialismo, 19, 73, 82, 108, 179, 316

Maxwell, James Clerk *ver* Clerk Maxwell, James

Mayflower (navio), 247

Mayr, Ernst, 276

medição: e a ciência, 77, 93, 112, 143, 314; e a física quântica, 156, 157,

160, 172, 175, 189; unidades de, 62-7, 72
Mediterrâneo: seco, 287
medusa, 264, 279
melanina, 263
Mendel, Gregor, 256, 257
mente: e o cérebro, 312, 313
Mercúrio (planeta), 36, 116, 231, 232
mésons, 199, 200
Mesopotâmia, 80, 81, 89, 248
mesozoica, era, 284
messênia, civilização, 82
Messier, Charles, 48
metais: nas estrelas, 211
meteoros e meteoritos, 31
método científico, 19, 61, 73, 74, 75, 79, 84, 88, 100, 104, 118, 175, 178, 215, 308, 310, 311, 314, 315
metro: definido, 63, 64, 65, 66, 67
Michelson, Albert, 18, 142, 143
microscópios, 77, 125, 139, 164
miocênica, época, 287
mitocôndrias, 274
Modelo Padrão (teorias quânticas de campo), 162, 163, 164, 165, 166, 171, 182, 183, 186
moléculas: formadas, 227; pré-bióticas, 227; visibilidade, 173
Monod, Jacques, 14
Monroe, Marilyn, 26
Morley, Edward, 142, 143
morte: e certeza, 319; e o nada, 12, 13
Morte Térmica (o Grande Congelamento), 306
Mo-tzu, 106
movimento, 70, 103-14, 123, 148, 154, 155
movimento browniano, 149, 170
multiverso, 195, 238, 271, 307

mundo clássico (material), 160, 177
Mungo, Austrália, 299
múons, 200
Murchison, Austrália, 240
mutações (genéticas), 259, 263, 265, 300

nada, 12, 13, 126, 160
Nanoarchaea (organismos), 130
nanóbios, 130
nanômetros, 130, 131, 132
nanotecnologia, 131
nanotubos, 131
Napoleão I (Bonaparte), imperador, 247
NASA: sobre a idade do Universo, 122
natureza: constantes, 187; e a decoerência, 174; e a linguagem da matemática, 76, 87, 106; e o materialismo, 75, 77; leis da, 19, 53, 65, 93, 119, 123, 175, 187, 194, 195, 271, 306, 307, 308, 309, 314, 319; teoria unificada, 78, 145
navalha de Occam, 176
Neandertal, Homens de, 299, 302, 330
Nelson, almirante Horatio, visconde, 26
neógeno, período, 287
neoproterozoica, era, 278
Netuno (planeta), 39, 40, 230
Neumann, John von, 328
neutralinos, 221
neutrinos, 200, 201, 207
nêutrons, 49, 137, 163, 167-9, 199, 201, 202, 207, 208
Newton, Sir Isaac: e alquimia, 271; e as leis de Deus, 119, 308; leis do movimento, 70, 105, 107, 108, 111, 148, 155, 232; leis modificadas pe-

351

las teorias de Einstein, 109, 111-5; mecânica, 109, 143, 149, 232, 326; plano planetário, 231; sobre a gravitação, 105, 106, 115, 141, 146; sobre a idade da Terra, 248; sobre a natureza da luz, 140

Nietzsche, Friedrich, 82, 297, 311, 323

Nilo, rio, 33, 91, 300

numerologia, 83

nuvens: altura, 31

objetos de halo compacto maciço (MACHOS), 220

objetos transnetunianos, 39, 40, 230

oceanos: e as formas de vida, 267, 268

Oersted, Hans Christian, 144, 146

olhos: desenvolvimento, 279

Omo, vestígios do, 299

ondas de rádio, 49, 147, 148, 218

Oort, nuvem de, 41, 43, 44, 230, 232, 234

óptica, 140, 148, 178

orangotangos, 293, 294

ordoviciano, período, 282

organelas, 274

Órion, nebulosa de (ou M42), 48

ostracismo, 323

ovos de insetos, 129

oxidação, 268

oxigênio: aumento dos níveis, 283; e a manutenção da vida, 274; e bactéria, 272; formação, 209, 245, 268

ozônio, camada de, 245

Pacífico, oceano: profundidade, 30

paisagem quântica, 193, 194, 195

paladar, 85

paleoantropologia, 291, 294, 299

paleoceno, período, 286

paleozoica, era, 278, 280

Pangeia, 284

Panótia, 280

Paradoxo de Einstein-Podolski-Rosen (EPR), 177, 178

paradoxo do gato, 171, 174, 178

paralaxe, 96, 100, 120

parantropos, 295

Parmênides, 69, 85, 181

"partícula de Deus", 170

partículas: com energia negativa, 159; como energia, 183; e campos, 145, 146; e o decaimento alfa, 168; e o decaimento beta, 168, 169; e *spin*, 163; e tamanho, 157; em física quântica, 156, 157, 158, 163, 165, 166; massa, 171, 183; *momentum* e posição, 155, 156, 160; tipos e números, 161, 164; virtuais, 165, 166, 169, 188, 198

partículas alfa, 136, 168, 233

partículas elementares, 133, 134, 138, 149, 157, 160, 270

partículas maciças fracamente interativas (WIMPS), 221

partículas supersimétricas, 182, 186

partículas W e Z, 170, 202

Parton, Dolly, 137, 324

pártons, 137

Pascal, Blaise, 11, 325

Páscoa: datação, 70

Pater, Walter, 328

Patterson, Clair, 232

Pauli, princípio de exclusão de, 211

Pauli, Wolfgang, 162, 327

pé (unidade de medida), 63

Pegasi, 51 *ver* 51 Pegasi

Pegasus, constelação de, 47

peixe: origens, 282; pequenos, 128

pêndulos, 71, 72, 109
Pepys, Samuel, 125
Pequena Nuvem de Magalhães, 55
pequenez, 125
Pequim, Homem de, 298
Pérgamo, 90
permiano, período, 284
Phillips, Adam, 103
Picasso, Pablo, 319
pinturas em cavernas, 303
pirâmides (Egito), 28
Pistola, estrela da, 213
Pitágoras (e os pitagóricos), 83, 84, 86, 87, 188, 323
Planck, constante de, 152, 187
Planck, Max, 110, 150
Planck, tempo de, 187, 192, 200
planetas: definição, 322; em colisão, 232; forma e direção das órbitas, 87, 95, 100, 231; formação, 229, 232; leis do movimento, 99, 142
planetesimais, 229, 232
plasma *quark*-glúon, 198
Platão, 85, 86, 87, 90, 92, 93, 95, 104
pliocênica, época, 287, 301
plistocênica, época, 288
Plutão (planeta anão), 39, 40, 41, 230
plutoides (planetas anãos transnetunianos), 40
Podolski, Boris, 177, 178
Poincaré, Henri, 313
pólen: movimento na água, 150
polímeros, 132, 271
Popper, Karl, 143
população i, estrelas da, 215, 219, 225, 229
população ii, estrelas da, 215, 216
população iii, estrelas da, 215, 217, 218, 219

pósitrons, 160, 202, 207
pré-cambriano, éon, 278
pré-socráticos, filósofos, 82, 83, 86, 171
primatas: evolução, 286, 287, 293; *ver também* homem
princípio antrópico, 237
Princípio da Incerteza, 155, 157, 325
procariotos, 273, 274, 280
Projeto Genoma Humano, 263
protactínio, 233
Protágoras, 25
proteínas, 241, 260, 261, 263, 265, 270, 280
protófitos, 274
protogaláxias, 216
prótons, 137, 163, 167, 168, 169, 199, 201, 207, 208, 230, 239, 324, 327
protozoários, 274
Proust, Marcel: *Em busca do tempo perdido*, 312, 313, 323
Próxima do Centauro, 45
PSR 1257+12 (pulsar), 235
Ptolomeu, Cláudio, 94, 95, 96, 97, 99, 100, 105, 118, 143, 146; *Almagesto*, 94, 95, 96

quadrivium, 323
quarks, 137, 138, 161, 162, 163, 168, 169, 199, 231
quasares, 59, 205, 217, 218, 219
quatro dimensões, mundo de, 114

radiação: campos eletromagnéticos, 147, 148; de 21 centímetros, 218, 219; descoberta e descrita, 135, 147; do Sol, 239; evolução da, 12, 122, 166, 170, 190, 191, 193, 202, 307, 318

radiação cósmica de fundo em micro-ondas (CMB), 122, 203, 204, 205, 218

radiação infravermelha, 147, 244

radiação ultravioleta, 147, 245, 268

radioatividade, 240; e decaimento, 168, 169, 233

raios alfa, 135

raios beta, 135, 169, 327

raios cósmicos, 239

raios gama, 147, 148

raios X, 147, 148

Ramsey, Frank, 16

Reader, John, 297

recombinação, 202

Rees, Martin, 307

relatividade: especial, 110, 115, 143, 149, 159, 180, 326; geral, 116-9, 122, 139, 158, 184, 186, 193, 194, 197, 221, 257; *ver também* Einstein, Albert

religião: atitude dos cientistas, 17; e o entendimento científico, 93, 315, 319

relíquias (sagradas), 329

relógios, 68, 71, 73, 116

Renascimento: e a redescoberta do conhecimento antigo, 91

repouso (ausência de movimento), 50, 105, 108

reprodução: e herança, 257

ribossomos, 259

RNA (ácido ribonucleico), 227, 328

Rodínia, 275, 329

rodopsina, 280

Rosen, Nathan, 177, 178

Rosse, William Parsons, terceiro duque, 49

Rutherford, Ernest, barão, 135, 136, 152, 169

Sagitário A (buraco negro), 52, 53

Sagitário, galáxia anã, 56

Sákharov, Andrei, 199

satélites (orbitando a Terra), 32

Saturno (planeta), 38, 42, 100, 229, 230, 231

Schrödinger, Erwin, 158, 159, 171, 172, 174, 178, 258, 313; *O que é a vida?*, 258

Schwarzchild, Karl, 118

Schwinger, Julian, 167

sedimentação (de rochas), 256

Sedna (corpo celeste), 41, 42, 43

segundo (unidade de tempo), 72

seleção natural: e as leis da natureza, 308; evolução por, 254, 255, 256, 257, 270

seleção sexual: na evolução, 254, 256

selétrons, 182

seres humanos *ver* homem

sexo, 261, 275

Shakespeare, William, 323

Sheldrake, Rupert, 311

siluriano, período, 282

sistema solar, 19, 34, 36-44, 46, 51-3, 59, 108, 130, 184, 225-37, 240, 285, 322, 328; *ver também* planetas; Sol

sistemas de contagem, 81

sistemas estelares, 45, 46, 235

sistemas planetários, 46, 107, 230, 235

Sloan Digital Sky Survey, 37, 58

Sloan Jr., Alfred P., 58, 322

Smolin, Lee, 22

SN1604 (ou supernova de Kepler), 50

Snow, Charles P., barão, 115

"sobrevivência do mais apto", 254; *ver também* seleção natural

Sócrates, 86, 93, 322

Sol: brilho, 244, 306; ciclo de vida, 208, 227, 228; como centro do Universo, 101; como fonte de luz, 39, 42; composição, 141; dentro da galáxia, 51; distância da Terra, 35, 72, 239; eclipse, 239; efeito gravitacional, 36, 44, 51, 115; formação, 226, 227; iluminando a Lua, 34; massa, 228; movimento, 108; radiação, 239, 243; *ver também* sistema solar

Solvay, Ernest, 325

Spencer, Herbert, 254

Sperry, Roger W., 311

spin, 162, 163, 177, 183, 186, 189, 326

squarks, 182

Subcomissão Internacional de Estratigrafia Global, 280

Sufi, Abd al-Rahman al-, 54

sumérios, 80, 81, 86

superaglomerado de Coma, 58

superaglomerados, 57, 58, 59, 108, 206, 225

supergigantes (estrelas), 47, 49, 213

supernovas, 48, 213, 215

tabaco, 323

Tábua de esmeralda (texto alquímico), 92

Tales de Mileto, 82

tamanho (magnitude), 25, 27, 28, 29, 30, 126, 188, 193, 195

taus, 200

Taylor, A. J. P., 325

tecnologia: desenvolvimento da, 75, 77, 99, 235

telescópios: invenção e desenvolvimento, 98, 139

tempo: como dimensão, 70; como ilusão, 309; e o espaço, 108-15, 139, 309; fluxo, 68; investigação científica do, 255; medição, 70, 71, 72, 187

tempo geológico, 246, 249, 250, 256, 276, 278, 287

Teófilo, bispo de Alexandria, 90

Téon, pai de Hipátia, 90

teoria das cordas, 184, 185, 186, 188

teoria M, 184

teoria unificada, 78, 183, 184, 187

teorias de tudo (TOES), 184

termodinâmica, segunda lei da, 238

Terra: água na, 241, 243; atmosfera, 243, 244; campo gravitacional, 244; campo magnético, 239, 244; circunferência medida, 89; como centro do Universo, 80, 94, 105, 236; como unidade de medida dos astrônomos, 328; composição e rochas, 231, 245; crosta, 30, 31, 267; deslocada como centro do Universo, 101; distância do Sol, 35, 72; e a hipótese Gaia, 269; e outros mundos, 236; em colisão, 231, 233, 240; eras de gelo, 286, 287; idade, 232, 233, 249; massas rochosas e placas tectônicas, 242, 275, 280; núcleo de ferro, 239, 245; velocidade, 72; vida na, 237, 238, 239, 240, 241, 246

tetradimensional, realidade, 114

Thomson, Sir Joseph John, 135, 152, 233, 324

Ticiano, 319

timina, 258, 262

Tomás de Aquino, são, 88, 93

Tomonaga, Sin-Itiro, 167
tório, 168, 233
tradição hermética, 92
Triangulum, galáxia do, 56
triássico, período, 284
trilobitos, 281
trítio, 208
trivium, 323
Turkana, Garoto de, 298

uniformitarianismo, 256
Universo: achatamento, 237; aumento da aceleração, 221; como paisagem quântica, 194, 195, 196; composição e extensão, 59, 79, 117, 123, 124, 223, 309; compreensão do, 11, 12, 13, 14, 15, 19, 23, 61, 77, 123; criação em laboratório, 198; descrição unificada do, 78, 183; destino, 306; distribuição de matéria no, 193; e a teoria da relatividade geral, 118; expansão, 119, 120, 121, 192, 193, 195, 196, 197, 198, 199, 201, 205, 221; habitantes, 66, 67, 237, 309; horizonte e além, 205; idade, 216; lugar do homem no, 318; luz no, 202, 203, 204; massa no, 197; movimento no, 107, 111; multiplicidade do, 176, 307; na filosofia platônica, 86, 87; origens e crescimento primordial, 79, 119, 122, 187, 191, 192, 193, 197, 198, 199, 201, 203, 223, 224; outros mundos, 86; visão de Einstein como isotrópico, 117
Updike, John, 13
Upsilon Andrômeda (sistema de três estrelas), 46, 235
Ur, 80

urânio, 135, 168, 232, 233, 240, 324, 328
Ussher, James, arcebispo de Armagh, 248, 249

vácuo: na física quântica, 160, 164, 166, 168, 222
vácuos, 134
vara (unidade de medida), 63
ventos hidrotermais, 129, 267
Vênus (planeta): atmosfera, 243; brilho, 38, 50; composição, 231; distância da Terra em órbita, 35; fases, 99; placas tectônicas estáticas, 243; temperatura, 243
vertebrados: primeira aparição, 282
Vespúcio, Américo, 54
Via Láctea, 32, 51-59, 108, 117, 213, 217, 225, 290; *ver também* galáxias
vida: evolução, 250, 271; na Terra, 237, 238, 239, 240, 241, 246; no Universo, 237; origens, 240, 246, 266, 267, 270, 271
Virgem, aglomerado (de galáxias) de, 57
Vitória, rainha, 294
Voltaire, François Marie Arouet, *dito*, 248
Voyager 1 (sonda espacial), 42, 44
vy Canis Majoris (hipergigante), 49

Wadlow, Robert, 26
Watson, James, 258
Weinberg, Steven, 17
Wheeler, John, 69, 116, 164, 308
Whewell, William, 251
Whitehead, Alfred North, 86
Wickramasinghe, Chandra, 270
Wilbur, Richard: "Epistemology", 139

Wild 2 (cometa), 41
Wilde, Oscar, 26; *A importância de ser prudente*, 321
Wilkinson Microwave Anisotropy Probe (WMAP), 122
Wollaston, William, 141
Wordsworth, William, 305
Wren, Sir Christopher, 125

Xenófanes, 79

Yau, Shing-Tung, 184
Young, Thomas, 141, 142, 173
Yucatán, península de, México: atingida por cometa, 285

Zarate, Lucia, 127
zero absoluto, 50, 203, 307
"zona Cachinhos Dourados", 235
zona fótica (oceânica), 267
Zoroastro, 86

ESTA OBRA FOI COMPOSTA EM MINION PELO ACQUA ESTÚDIO E IMPRESSA
PELA RR DONNELLEY EM OFSETE SOBRE PAPEL PÓLEN SOFT DA SUZANO
PAPEL E CELULOSE PARA A EDITORA SCHWARCZ EM MAIO DE 2010